KB072091

해양파의 물리

해양파의 물리

미쓰야스 히사시(光易 恒) 저
김경옥, 이한수 옮김

▌국립중앙도서관 출판시도서목록(CIP)

해양파의 물리 / 저자: 미쓰야스 히사시(光易 恒); 역자: 김경옥, 이한수. -- 부산: 한국해양과학기술원, 2017 (p.312: 15.2 × 22.4 cm)

원표제: 海洋波の物理
원저자명: 光易 恒
참고문헌과 색인 수록
일본어 원작을 한국어로 번역
ISBN 978-89-444-9058-3 (93550): ₩20,000

파도(물결)[波濤]
해양 공학[海洋工學]

454.0702-KDC6
551.463-DDC23 CIP2017033127

해양파의 물리

초판인쇄 2017년 12월 12일
초판발행 2017년 12월 19일

저 자 미쓰야스 히사시(光易 恒)
역 자 김경옥, 이한수
발 행 인 홍기훈
발 행 처 한국해양과학기술원
부산광역시 영도구 해양로 385 (동삼동 1166)
등록번호 393-2005-0102(안산시 9호)
인쇄 및 보급처 도서출판 씨아이알(02-2275-8603)

I S B N 978-89-444-9058-3 (93550)
정 가 20,000원

서 론

자연계에는 다양한 종류의 파가 존재한다. 음파, 빛, 전파, 지진파 등 예를 들자면 끝이 없다. 우리는 파에 둘러싸여 살고 있다고 해도 과언이 아니다. 앞에 언급한 파들은 모두 눈으로는 직접 볼 수 없지만 우리가 이 책에서 다룰 해양파는 직접 눈으로 볼 기회가 매우 많은 파이다. 갑자기 바람이 강해졌을 때 순간적으로 해면에 발생하는 잔물결, 폭풍이 불 때 발생하는 흰 거품으로 덮인 거대한 파도, 바람 없는 날에 해안에 느긋하게 밀려와 부서지는 파도, 이들 중 몇 가지는 많은 사람들이 눈으로 감상할 수 있는 것들이다. 이런 파들은 모두 바람에 의해 발생된 것으로, 넓은 의미에서는 풍파(風波)라고 부를 수 있다. 그러나 관례적으로는 예를 든 세 가지 중 앞의 두 가지처럼 바람에 의해 발생하여 바람의 작용을 받는 것을 풍파라고 부른다. 세 번째 예는 외해에서 발생한 풍파가 무풍해협으로 전파되어온 것으로 '너울'이라고 불러 따로 구분한다. 이 책에서는 이러한 바다의 풍파와 너울을 통틀어 해양파라 칭하기로 한다.

해양파는 육지에서 바라보기에는 아름다운 풍경의 일부겠지만, 해양활동 중 외해에서 발생하는 대형 선박 조난, 연안역에서 많이 일어나는 어선 전복, 방파제나 해안제방 파괴 등의 커다란 요인이 된다. 인류는 비교적 오래전부터 해양파에 관심을 기울였지만, 그 현상이 매우 복잡하여 일반적인 수면파에 비해 연구가 많이 뒤처져 있었다. 해양파에 대한 근대적인 연구가 시작된 것은 제2차 세계대전 중이었다. 연구의 주요 목적은 안전한 상륙 작전을 위하여 파랑을 예보하기 위한 것이었지만, 종전 후, 이때 축적된 지식을 기반으로 연구가 급속하게 진행되었다. 풍파의 발생은 매우 흥미로운 현상으로, 현상 자체에 관한 기초 연구도 활발히 이루어져 오늘날에 이르게 되었다.

약 반세기에 걸친 연구 결과, 현재는 실용적으로 활용하기에 충분한 정밀도로 해양파 예보를 실시할 수 있게 되었다. 특히 바람 예보의 발전과 더불어 전 지구적인 파랑 예보도 상당한 정밀도로 예측이 가능하게 되었다. 관측면에서도 파랑 관측망의 정비나 인공위성 리모트센싱 기술의 진보 등에 의해 전 지구적으로 시시각각 파랑 데이터를 얻을 수 있게 되었다.

그런데 바람이 불면 왜 파도가 생기는 것일까? 풍파는 어떻게 바람으로부터 에너지를 흡수하여 발달하는 걸까? 이 같은 기본적인 질문에 관한 문제점은 여전히 남아 있다. 또한 최근 지구의 환경 문제와 관련하여 대기-해양 간의 열, 운동에너지, 가스(이산화탄소) 등의 교환이 문제가 되고 있는데, 이러한 물리량의 교환 과정에서 해양의 풍파가 하는 역할에 대한 새로운 질문도 제기되고 있다. 이 책에서는 이러한 과거와 현재 속의 해양파의 연구성과를 가능한 평이하게 서술하고자 한다. 해양파는 유체역학적인 현상인 동시에 통계적인 현상이므로, 유체역학과 통계학적 지식이 필요하다. 때문에 여러 해양 현상 중에서도, 흥미롭지만 선뜻 손대기 힘든 것 중 하나로 여겨졌다. 이 책에서는 가능한 이러한 문턱을 낮출 수 있도록 하였다. 그러나 이를 위해 수학적 논의를 최소화했기 때문에, 어떤 의미에서는 개론적이라고 생각되어 깊이가 부족하다고 느끼는 사람이 있을지도 모르겠다. 보다 심도 있는 논의에 흥미가 있다면 책의 말미에 실린 전문 참고서와 참고 논문을 참조하기 바란다.

이 책은 독자가 일반적인 유체역학 책에 실린 여러 가지 수면파에 관한 지식을 어느 정도 갖추고 있다는 가정하에 집필되었다(그 이유에 대해서는 책의 마지막 부록 부분에 서술하였다). 따라서 수면파에 대해 처음 배우는 사람은, 책 끝의 부록－수면파의 기본적 성질－부터 읽거나 이를 적절히 참조해가며 읽기 바란다.

이 책은 필자가 규슈 대학의 대학원 강의 교재를 토대로 종합한 것으로, 생략하거나 첨가한 부분이 상당히 많기 때문에 전혀 다른 책이라고 해도 과언이 아닐 것이다. 또한 도중에 잠깐 쉬어갈 수 있도록, 혹은 해양파 연구에 조금이라도 친근감을 느낄 수 있도록 본 서의 내용이기도 한 해양파 연구를 발전시킨 대표적 인물들에 대해 간단한 이력과 에피소드를 삽입했다. 물론 이 외에도 일본의 토바 요시아키(鳥羽良明) 박사를 필두로, 캐나다의 마크 도넬란(Mark Donelan), 호주의 마이크 배너(Mike Banner), 네덜란드의 G.J. 코멘(Komen)과 P.E.M.A. 얀센(Jannsen) 등 현재 활약 중인 다수의 연구자들이 있음을 덧붙인다.

이 책을 엮는 데 규슈 대학 응용역학연구소의 혼지 히로유키(本地弘之) 교수, 마스다 아키라(増田章) 교수, 후나코시 미쓰아키(船越満明) 조교수 및 쿠사바 타다오(草場忠夫) 조교수로부터 귀중한 고견을 많이 받았다. 특히 쿠사바 타다오(草場忠夫) 조교수는 원고를 LATEX로 변환하는 매우 번거로운 작업까지 맡아주었다. 이런 사정을 헤아리자면 필자와 쿠사바 타다오(草場忠夫) 조교수가 공동 저자라고도 할 수 있다. 또한 이 책에 사용된 그림의 대부분은 필자가 규슈 대학 응용역학연구소에 있던 시절 마루바야시 켄지(丸林賢次) 사무관이 만들어준 것이며, 사진의 대부분은 이시바시 미치요시(石橋道芳) 사무관이 촬영해준 것이다.

출판과정에서는 카나가와 대학의 데라모토 도시히코(寺本俊彦) 박사에게 신세를 졌다. 그리고 이와나미 서점의 이와모토 토시오(岸本登志雄) 씨, 나가누마 코이치(永沼浩一) 씨에게는 이 책의 구성과 그 외 귀중한 의견과 함께 출판에 관해서도 매우 큰 신세를 졌다.

끝으로 이 보잘것없는 책을 계기로 해양 풍파에 대한 관심이 조금이라도 높아져, 이 흥미로운 자연 현상의 해명에 보다 큰 진전이 있게 되기를 희망하는 바이다.

1994년 12월

세토내해(瀨戶內海)를 바라보며 히로시마에서

미쓰야스 히사시(光易 恒)

역자 서문

기존의 해양파에 대한 연구는 해안공학의 한 분야로써 연안에 도달하는 해양파를 통계적인 기법을 통해 정의하고 예측하여 해양파가 연안의 구조물에 미치는 영향에 대한 연구가 주를 이루었다. 반면 태풍 등의 강한 바람에 의해 발생하는 고파 및 발생역을 벗어나 장거리를 전파해오는 너울과 같은 연안 바깥 해양에서의 파랑은 80년대부터의 에너지 평형(밸런스)방정식에 의해 제시되었다. 바람으로부터의 에너지 입력과 소산의 평형관계에 기초한 파랑에너지 스펙트럼의 생성, 성장 및 발달을 기본으로 하는 해양 파랑 모델에 대한 기본적인 이론은 이미 정립되어 현업에도 널리 이용되고 있다.

최근 기후변화와 이에 따른 환경변화의 분야에서 해양과 대기의 상호작용을 더욱 정밀하게 규명하고자 하는 연구에 대한 필요성이 증대되고 있어, 해양과 대기의 접합자 역할을 하는 파랑에 대한 중요성이 다시 한 번 주목을 받고 있다. 또한 해양 실황예측 및 기후변화를 위한 대기-해양수치 모델의 해상도가 높아지면서, 과거의 제한적인 관측과 실험을 이용해 수립한 모수화를 더욱 정밀한 관측을 통해 다각도로 보완 및 검증하고자 하는 연구도 수행되고 있다. 파랑의 생성, 성장, 발달 및 소멸에 대한 정확한 물리과정에 기초한 모수화를 기반으로 파랑 모델의 에너지 입력 및 소산항의 가감량을 조정한다면 파랑의 변화도 더욱 정밀하게 예측할 수 있을 것이다. 또한 해양과 대기의 상호작용에 대한 정확한 규명과 이해를 통해 해안공학, 해양물리 및 생지화학 분야에서 기후변화, 대기-해양 교환량 산정 및 상호작용에 대한 과학적인 조사 및 연구를 진행하는 데 큰 도움이 될 것으로 생각된다.

이 책은 해양 파랑의 물리에 대한 기본서로서 필요한 내용을 충실히 담고 있어, 해양학이나 토목환경공학 학부생, 대학원생, 관련 기업체 및 공무원들의 해양 파랑에 대한 현상을 파악하는 데 도움을 주는 참고서로 매우 적절할 것으로 판단하여 번역하게 되었다.

끝으로 이 책의 번역을 허락해준 光易 恒(미쓰야스 히사시) 교수님과 일본 岩波書店 출판사에게 감사를 드리며, 번역과 교정을 도와준 한국해양과학기술원 오상호 박사, 방윤경, 김한나 연구원, 성균관대학교 이주용 박사, 또 출판을 위해 애써주신 해양과학도서관 관계자분들과 도서출판 씨아이알 출판부에도 감사를 표한다.

2017년 12월

공동역자 김경옥, 이희수

Contents

CHAPTER 04 발생역에서 풍파 스펙트럼의 상사형

CHAPTER 05 풍파 스펙트럼의 변동 기제

CHAPTER 06 해양파의 추산과 예보

CHAPTER 07 해양파의 계측

CHAPTER 01

해양에서의 물의 파와 풍파

CHAPTER 01

해양에서의 물의 파와 풍파

해양의 풍파(wind waves)는 일반적으로 해파 또는 해양파 등으로 불리며, 이름 그대로 해양 표면에 발생하는 바람에 의한 물의 파(water waves)를 말한다. 그러나 엄밀히 말하자면 해양에서 나타나는 물의 파는 이 외에도 여러 가지가 존재한다. 이 장에서는 우선 해양에서 일어나는 다양한 파 중에서도 풍파에 대해 서술하고 발생에서 소멸에 이르기까지를 개략적으로 살펴본다.

1.1 해양에서의 물의 파

해양에는 원인을 달리하는 여러 종류의 파가 존재한다. 일반적으로 파동은 사물이 외력을 받아 평형점으로부터 벗어날 경우, 복원력에 의해 원래 상태로 돌아가려는 성질 때문에 발생한다. 해양의 표면은 다양한 에너지원에 의한 외력의 영향을 받기 쉽다. 외력에 의해 해면이 수평면에서 벗어나게 되면 중력과 표면장력이 작용하여 원래 상태로 돌아가려 하는데, 이 때문에 파가 발생하기 쉽다. 외력의 종류에 따라 만들어진 파 중 잘 알려진 것으로는 바람에 의해 발생하는 풍파, 달과 태양의 인력 변화로 생기는 조석, 지진에 의한 지진해일, 태풍에 의한 폭풍해일 등이 있다. 이 외에도 장주기파(long period waves)라 불리는 파가 저주파대의 꽤 넓은 범위(약 10^{-2}Hz 이하)에 존재하는데 그 발생 원인이 복잡하다. 이러한 파를 모두 포함하면, 해양에서 발생하는 파의 주파수대는 약 10^{-6}Hz~10^{2}Hz로 매우 넓은 범위에 걸쳐 있다(그림 1.1 참조).

위에서 언급한 해양 표면에 발생하는 파 외에도 해양 내부에 발생하는 내부파가 있다. 단순한 예로써 이를 설명하면, 해수 위를 그보다 약간 가벼운 담수가 덮고 있을 때 해수와 담수의 경계면에 발생하는 파를 말한다. 해수 밀도가 불연속이 아니어도 위아래로 밀도 변화가 클 때에는, 해양 내부의 물이 상하로 변위할 때 복원력이 작용하면서 내부파가 발생

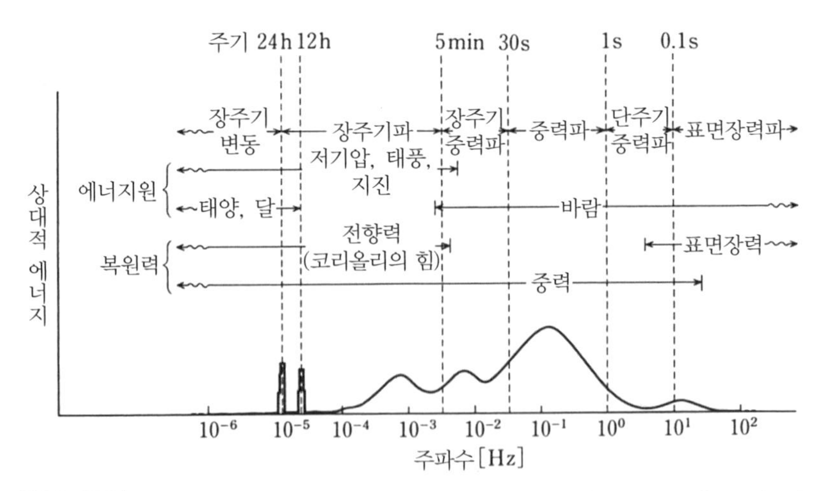

그림 1.1 해양 표면에 존재하는 파 스펙트럼의 모식도. 가로축은 주파수, 세로축은 각 주파수대에서 파의 상대적인 에너지 분포를 나타낸 것이다. 스펙트럼의 각 부분에 대응하는 파의 명칭과 각 파를 일으키는 에너지원 및 복원력도 나타내고 있다(kinsman, 1965).

한다. 아래의 무거운 물이 위의 가벼운 물 쪽으로 위치를 바꾸면 중력에 의해 복원력이 작용하고, 위의 가벼운 물이 아래의 무거운 물 쪽으로 위치를 바꾸면 부력에 의해 복원력이 작용한다.

해양에 발생하는 물의 파이므로 이러한 파를 모두 해파라고 부를 수 있지만, 보통 우리가 해양파라고 부르는 경우는 위 분류에 의하자면 풍파를 가리킨다. 간혹 바람이 없는데도 너울이 해안에 부딪혀오는 경우도 있는데, 이는 먼 바다에서 불어온 바람에 의해 발생한 풍파가 무풍지대를 통과해 전파되어온 것이므로 이것도 해양파에 속한다고 할 수 있다.

풍파는 문자 그대로 바람에 의해 발생하고 발달되는 파로, 잔물결까지 포함하면 그 주파수대는 약 10^{-2}Hz~10^{2}Hz이다. 그러나 해양에서 발달한 풍파 에너지의 대부분은 10^{-1}Hz~10^{0}Hz 부근의 좁은 범위에 집중되어 있다.

1.2 해양의 풍파

해면 위에 바람이 불면 작은 잔물결이 발생하고, 파는 바람으로부터 효과적으로 에너지를 흡수하면서 발달하여 점점 거대한 파도로 성장한다. 이것이 해양의 풍파이다. 일반적으로 해양파 혹은 단순히 해파라고 부르는 경우도 있다.

풍파의 파고, 주기 및 파장은 풍속, 취송시간(바람이 불기 시작했을 때부터의 시간) 및 취송거리(풍상 측으로부터의 거리)와 함께 증대된다(그림 1.2, 그림 1.3 참조). 따라서 넓은 해역에 강풍이 불기 시작하면 거대한 해양파가 발생한다. 예를 들어 매우 넓은 해역에 풍속 20m/s의 바람이 계속 불어오는 경우에는, 뒤에 나올 실험식 (3.31)과 (3.32)에 의하면, 파고 약 12m, 파장 약 400m의 파도가 발생한다. 파고는 평균값 주변에서 변동되는데, 파의 통계 이론에 의하면 최대 파고는 위 값의 약 두 배인 20m에 달한다. 단, 해양의 풍파는 무한으로 발달하는 것은 아니다. 어느 정도 발달을 계속하여 파속이 풍속에 가까워지면 바람에서 파로

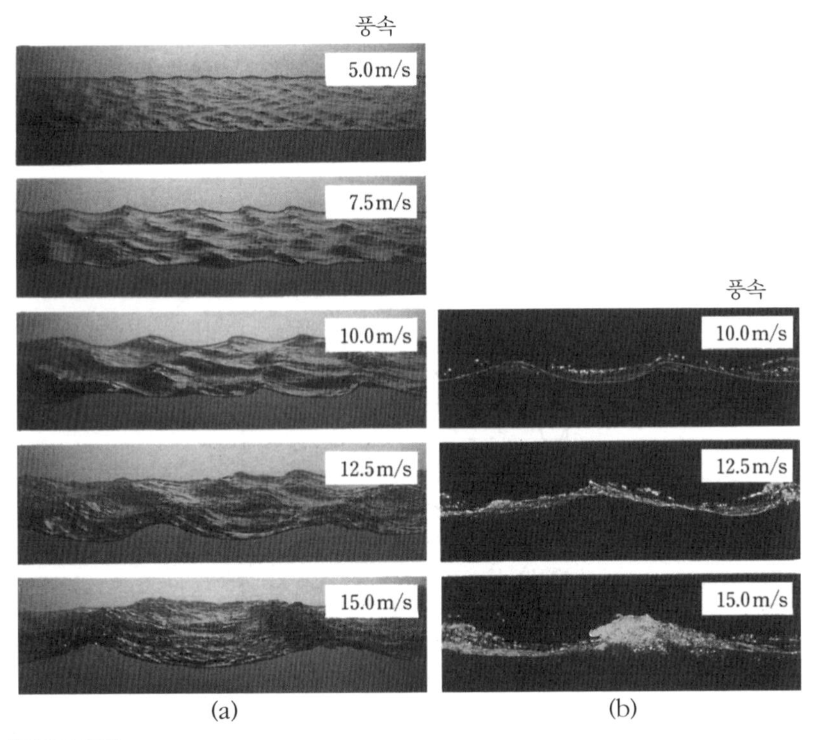

그림 1.2 풍파 사진.
(a)는 실험 수조에서 풍속을 5m/s, 7.5m/s, 10m/s, 12.5m/s, 15m/s로 증가시켰을 때 풍상 측으로부터 6m가 되는 지점에 발생한 풍파를 나타낸다. 바람은 오른쪽에서 왼쪽으로 불고 있기 때문에 발생한 파는 오른쪽에서 왼쪽으로 진행한다. 사진상의 실제 너비는 약 1.2m이다. 실제 풍파의 파고나 파장이 풍속과 함께 급속히 증대됨을 알 수 있다. (b)는 풍속이 빠를 때의 풍파를 수조 측면에서 촬영한 것으로, 풍속이 빠를 때는 파도의 파고점이 부서져 기포를 머금고 있는 것을 알 수 있다.

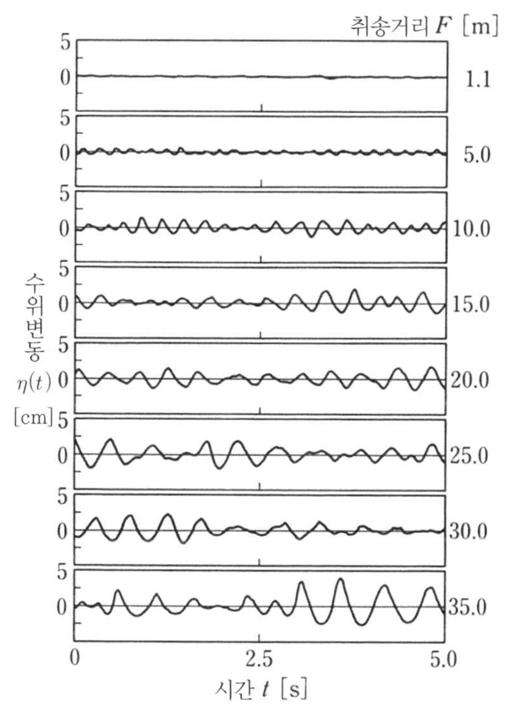

그림 1.3 풍파 기록.
실험 수조에 풍속 7.5m/s로 발생한 풍파를 기록(수위 변동 $\eta(t)$)했다. 시간적으로는 정상 상태에 달한 풍파를 나타냈으며 각각 위에서부터 차례로 취송거리(F) 1.1m, 5m, 10m, 15m, 20m, 25m, 30m, 35m에서 측정한 기록을 나타냈다. 파형은 불규칙하게 변동하고 있지만, 취송거리가 커짐에 따라(기록에서 위에서 아래 방향으로) 전체적으로 파가 발달해가고 있음을 알 수 있다.

전달되는 에너지 전달 효과가 저하된다. 한편 풍파는 발달해짐에 따라 불안정해지며, 파고점 부근이 부서지는 이른바 쇄파가 발생하여 에너지 일부를 잃는다. 그 결과 바람에서 파로 전달되는 에너지와 쇄파 등에 의해 손실되는 에너지가 점점 조화를 이루어 풍파는 풍속에 대응하여 평형 상태에 도달한다. 이러한 파를 **충분히 발달한 파**(fully developed wave)

라 부르며, 그 파고나 주기는 풍속이 클수록 크다.

바람이 그치면 풍파 안의 단주기 성분은 물의 점성 효과로 인해 급속히 감쇠하여, 파면이 매끄러우면서 파장이 긴 너울로 변화한다. 풍파의 장주기 성분인 너울은 점성에 의한 감쇠가 매우 적기 때문에 매우 먼 거리까지 전파되어 인도양에서 발생한 파가 캘리포니아 해안에서 검출된 예도 있다. 해양의 풍파는 끊임없이 어딘가에서 발생하며 그 장주기 성분의 감쇠가 적어 파도가 끊임없이 이어질 것 같지만, 최종적으로 파는 해안에 부딪혀 쇄파됨으로써 대부분의 에너지를 잃기 때문에 그럴 일은 없다.

이러한 해양 풍파의 발생, 발달, 전파, 감쇠 등에 관한 연구는 제2차 세계대전 이후 급격히 진전되어 현재 파랑예보에 이용되고 있다.

CHAPTER 02

풍파의 구조

CHAPTER 02

풍파의 구조

일반적으로 자연계의 현상은 순수한 형태로 단독으로 발생하는 경우는 극히 드물며, 많은 경우 다양한 현상의 복합적인 형태로 발생된다. 해양의 풍파는 바람으로 발생된 수면파의 일종이지만, 바람과 상호작용[1]을 하는 한편, 바람의 마찰력으로 해면 부근에 발생하는 취송류와 공존하는 복잡한 구조를 가지고 있다. 이 장에서는 우선 이러한 풍파의 특징적인 역학구조에 대해 설명한다.

해양 풍파의 또 하나의 특징은 그 변동이 불규칙적이고 통계적인 구조를 이루고 있다는 것이다. 따라서 결정론적인 설명은 불가능하며 통계적인 설명이 필요하다. 이 장의 후반에서는 풍파의 통계적 구조에 대해 좀 더 상세히 서술해보도록 하겠다. 즉, 풍파 통계 이론의 배경이 되는 확률과정론의 기초를 간단히 접해본 후 불규칙한 풍파를 기술하는 데 기초가 되는 스펙트럼 모델에 대해 설명하고자 한다. 다만 구체적인 스펙트럼

1 바람에 의해 수면파가 발생하면 그 수면파의 영향을 받아 바람장이 변화하고 그 변화는 다시 수면파에 영향을 미친다. 이러한 상호작용의 결과 바람에서 파도로 에너지가 전달된다.

구조와 그 변동에 관해서는 후에 별도의 장에서 자세히 다루었다. 그리고 마지막으로 공학적인 응용면에서 중요한 풍파 파면 형상의 통계적 성질에 대해 설명하기로 한다.

2.1 파, 흐름, 난류

풍파는 일종의 수면파동과 다름없지만 몇 가지 특징적이고 복잡한 구조를 가지고 있다. 그중 하나는 풍파의 역학적 구조이다. 풍파는 바람과 상호작용에 의해 바람으로부터 에너지를 공급받는 한편 쇄파(그림 1.2 참조) 등에 의해 에너지를 잃는 일종의 개방계(open system)이며, 바람의 마찰력으로 해면 부근에 발생하는 취송류나 쇄파 등에 의해 발생하는 난류와 공존하고 있다는 점에서 그러하다(그림 2.1 참조).

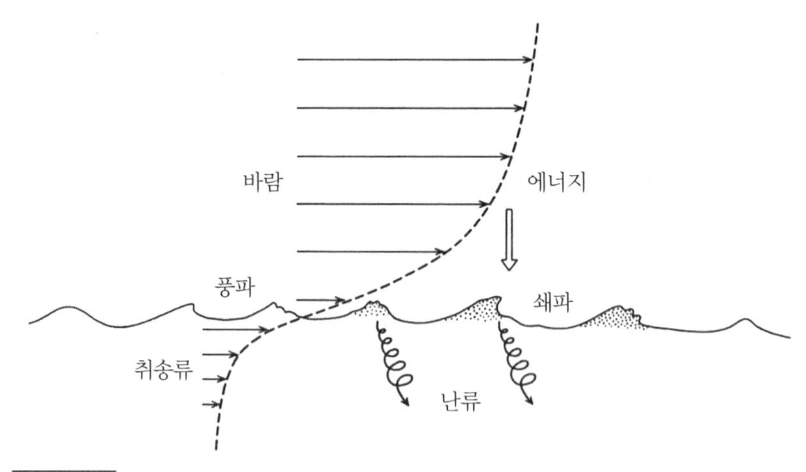

그림 2.1 풍파의 역학적 구조

그림 2.2는 풍파가 발생하는 수면 가까이의 수중 흐름장을 수소기포를 이용해 가시화한 것으로 수면 부근에 매우 강한 취송류가 발생함을 알 수 있다.

그러나 수면파에 고유의 수립자 운동이 없지 않으므로, 가시화가 조금 힘들기는 해도 측정기기를 이용하여 수중 흐름의 시간 변동을 측정하면, 풍파와 같은 주파수대에 수위 변동과 매우 상관도가 높은 속도 변동이

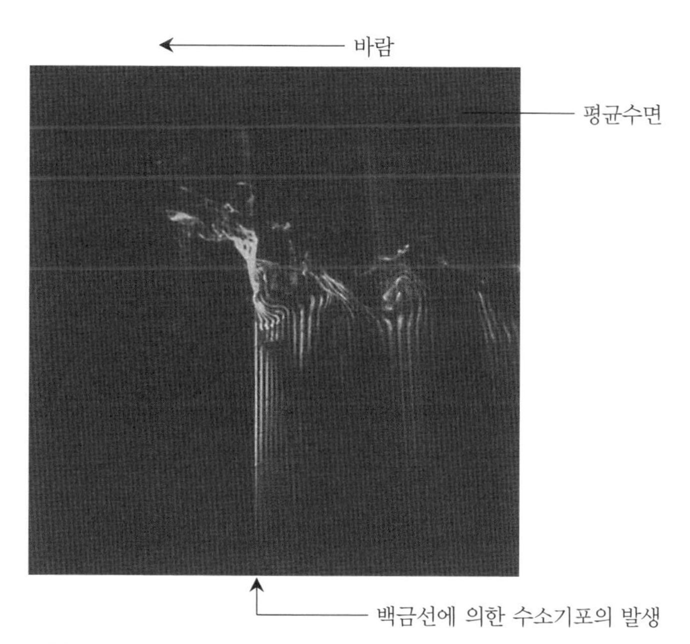

그림 2.2 취송류.
그림상 오른쪽에서 왼쪽으로 바람이 불어 풍파가 생성되고 있는 수면 아래 흐름장의 모습이다. 여기에 가는 백금선을 연직으로 설치하고 일정한 시간 간격으로 전류를 흘려보내 수소기포(흰 선)를 발생시켜 흐름을 가시화하였다. 수면 부근에 오른쪽에서 왼쪽으로 난류가 생기는 것을 알 수 있다. 단, 중층에서 하층에 걸쳐서는 표층의 흐름을 보상하는 역류가 왼쪽에서 오른쪽으로 생기는데, 실험 수조에서는 풍하 측에 경계가 있어 거기에 모인 물이 되돌아가기 때문이다. 호수 같은 곳에서도 같은 현상이 발생한다.

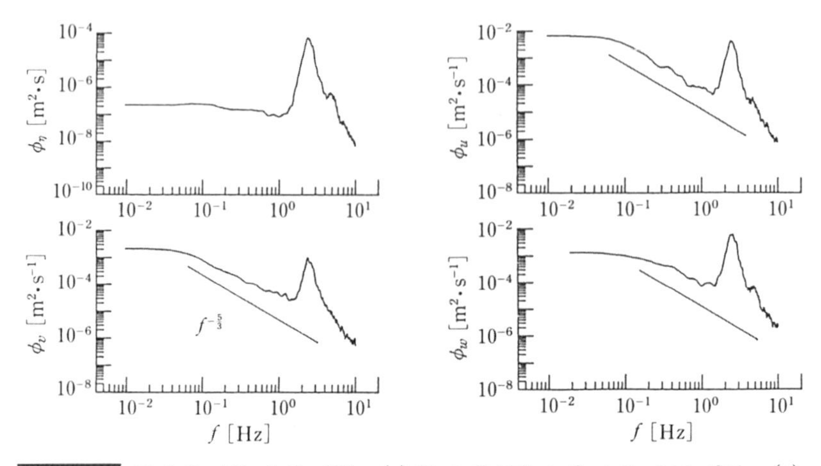

그림 2.3 풍파에 의한 수위 변동 $\eta(t)$의 스펙트럼 ϕ_η와 수중 속도 변동 $u(t)$, $v(t)$, $w(t)$(물입자 속도)의 스펙트럼 ϕ_u, ϕ_v, ϕ_w.
수중의 속도 변동 스펙트럼에서도 주파수 3Hz 부근에 수위 변동 스펙트럼과 매우 유사한 스펙트럼형(에너지 분포)이 보인다. 2Hz 부근부터 저주파에 걸쳐 보이는 $f^{-5/3}$에 비례하는 속도 변동 스펙트럼은 난류에 의한 것이다.

검출된다(그림 2.3 참조).

이와 같은 점을 생각하면, 풍파의 역학 모델을 고려할 때 어떤 것을 어디까지 그 속성에 포함시킬 것인가가 문제가 된다. 가장 단순하고 이해하기 쉬운 방법은, 풍파의 경우 수면파적인 속성(예를 들면 수위 변동, 파의 전파 특성과 이와 관련된 물입자의 운동 특성)만을 고려하는 방법이다. 그리고 공존하는 취송류와 난류의 영향은 수면파와의 상호작용 형태로 취급하기로 한다. 물론 이와는 반대로, 흐름이나 난류를 풍파로부터 엄밀히 분리하기는 어렵기 때문에 이들을 동반한 수면 파동이 풍파 그 자체라는 의견도 일리가 있다. 문제는 어떤 것이 보다 효과적으로 넓은 범위에 걸쳐 실제 일어나는 현상을 설명할 수 있는가 하는 것이다. 이 책에서는 전자, 즉 수면파적인 속성만을 지니는 풍파를 고찰해보기로 한다.

2.2 풍파의 불규칙성

풍파는 언뜻 규칙적으로 보이지만, 주의 깊게 관찰해보면 파형 자체가 매우 복잡한 구조를 가지며, 시간이나 공간적으로도 상당히 불규칙하게 변동하여 동일한 파형이 재현되는 일이 거의 없다. 그림 2.4는 그림 1.2의 풍파를 풍하 측 경사면에서 풍상 측을 향해 촬영한 것으로, 파고점이 가로로 일직선으로 이어지지 않고 도막도막 끊어진 점, 큰 파 위에 작은

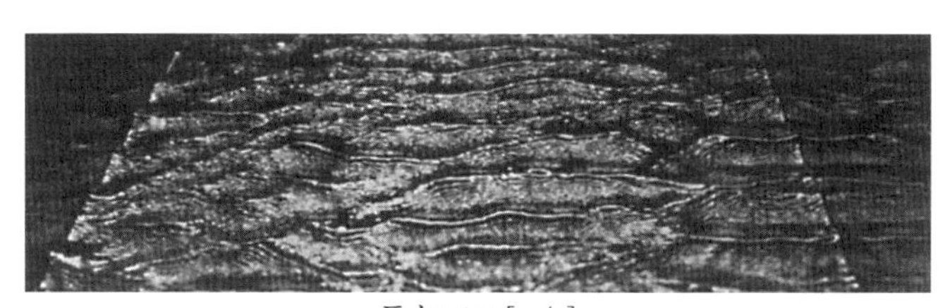

풍속=7.5[m/s]

풍속=10.0[m/s]

그림 2.4 실험 수조에서의 풍파.
실험 수조에서 발생한 풍파를 수조 천정 쪽에서(약간 풍상 측을 향해) 촬영한 것으로, 바람은 사진상에서 위에서 아래로 불고 있다. 그림 1.2와 거의 동일한 조건에서 촬영한 것이지만, 풍속 7.5m/s(위) 및 10m/s(아래)에서 발생한 것만을 보여주고 있다.

파가 복잡한 배치로 겹쳐져 다중 구조를 이루고 있는 점 등을 알 수 있다. 이러한 파를 전파 방향을 향해 눈으로 쫓다 보면, 잠시 동안은 따라갈 수 있겠지만 어느새 소멸되어 새로운 파가 생기는 것을 볼 수 있다. 또한 풍파에 의한 수위 변동도 진폭이 불규칙하게 변해 동일한 패턴이 재현되는 일은 극히 드물다(그림 1.3 참조).

이러한 예에서 알 수 있듯이 풍파는 파고나 주기가 일정한 정현(sine)적인 수면파와는 현저히 다른 매우 불규칙하게 변동하는 파로, 초기에는 이러한 파를 어떻게 기술하면 좋을지 알 수 없었다. 때문에 규칙적인 수면파에 관한 연구는 19세기 초부터 시작되어 많은 우수한 연구들이 이미 진행되었지만 풍파에 관한 연구는 매우 뒤처지게 되었다.

풍파에 관한 연구가 비약적으로 진전된 것은 1940년대에 들어서면서부터로, 유사한 불규칙 현상인 잡음에 관한 연구의 진보 및 불규칙 변동을 수학적으로 취급하는 확률 과정론에 관한 연구가 진보한 것이 그 배경이다.

다음 절에서는 풍파의 기술에서 중요한 배경이 되는 확률 과정의 기초에 대해 간단히 알아본다.

2.3 확률 과정으로서의 풍파

잡음처럼 시간적으로는 불규칙하게 변하지만 어떤 확률적인 법칙을 따르는 이벤트를 확률 과정(stochastic process)이라고 부른다. 변동량은 반드시 시간적인 것이 아닌 공간적인 변동을 나타내는 것이라도 동일하게 취급할 수 있다. 이러한 확률 과정에 관한 수학적 이론은 확률론의

한 분야, 특히 확률론의 동적 부분으로서 눈부신 진보를 이루었다. 실제 응용에서는 전기 잡음의 해석에 적용되어 상당한 유효성을 발휘했다. 시간적·공간적으로 불규칙한 변동을 하는 해양파의 파면도 확률 과정의 아주 좋은 구체적인 예로 볼 수 있다.

(a) 확률 과정

확률 과정은 본래 시간과 함께 변화하는 우연량의 수학 모델로서 생겨난 개념으로, 시간 t에 의존하는 확률변수 ${}^{k}X(t)$의 집합 $\{{}^{k}X(t)\}$, 즉

$$ {}^{1}X(t),\ {}^{2}X(t),\ \cdots,\ {}^{k}X(t),\ \cdots \tag{2.1} $$

을 의미한다. 이 개념을 파에 적용한 구체적인 예를 생각해보면 다음과 같은 모델을 생각해볼 수 있다.

길이가 완전히 똑같은 무한히 많은 수조 위에 각각 동일한 일정 풍속 분포를 가지는 바람을 장시간 불게 하여, 동일 조건 아래 풍파를 발생시킨 경우를 생각해보자. 풍상으로부터 동일한 지점에서 수위의 시간적 변동 $\eta(t)$을 각 수조별로 측정한다. k번째 수조에서의 측정값을 ${}^{k}\eta(t)$라고 표시하자. 이때 상식적으로는 수조별로 수위 변동에 차이가 없을 것 같지만, 풍파가 그림 1.3처럼 불규칙한 변동을 하기 때문에 어떤 시간 t_1에서 측정된 각 수위

$$ {}^{1}\eta(t_1),\ {}^{2}\eta(t_1),\ \cdots,\ {}^{k}\eta(t_1),\ \cdots \tag{2.2} $$

는 불규칙하게 변화하는 값을 보인다. 이 ${}^{k}\eta(t_1)$를 통계 이론에서 말하는 하나의 표본(sample)으로 볼 수 있으며, 첨자 k를 달리하는 표본 전체(2.2)를 집합(ensemble)으로 간주할 수 있다. ${}^{k}\eta(t_1)$ 각각의 값은 매우 불규칙한 값을 보이지만, 어떤 종류의 통계량(평균값이나 분산)을 이 집합에 대해 계산하면 일정한 값을 얻을 수 있을 것이다. 이러한 확률변수 ${}^{k}\eta(t_1)$의 집합 $\{{}^{k}\eta(t_1)\}$의 어떠한 특성을 나타내는 함수 $F\{{}^{k}\eta(t_1)\}$를 고려하여, 이를 집합에 대해 평균을 낸 것

$$\left\langle F\{{}^{k}\eta(t_1)\}\right\rangle_k = \lim_{N\to\infty}\frac{\sum_{k=1}^{N} F\{{}^{k}\eta(t_1)\}}{N} \tag{2.3}$$

이 이른바 모평균(ensemble average)으로, 이것이 일정한 값을 보이는 과정이 확률 과정이다. F의 함수형으로, 예를 들어 $F\{{}^{k}\eta(t_1)\}= {}^{k}\eta(t_1)$라고 하면, (2.3)식은 $\{{}^{k}\eta(t_1)\}$의 평균값을, $F\{{}^{k}\eta(t_1)\}= \left({}^{k}\eta(t_1)\right)^2$ 라고 한다면 (2.3)식은 분산을 나타내는 식이 된다.

또한 시간 t_1에서의 값 ${}^{k}\eta(t_1)$과 시간 t_2에서의 값 ${}^{k}\eta(t_2)$의 곱 ${}^{k}\eta(t_1)\cdot{}^{k}\eta(t_2)$의 모평균

$$\left\langle {}^{k}\eta(t_1)\cdot{}^{k}\eta(t_2)\right\rangle_k = \lim_{N\to\infty}\frac{\sum_{k=1}^{N} {}^{k}\eta(t_1)\cdot{}^{k}\eta(t_2)}{N} \tag{2.4}$$

은 뒤에 설명할 자기상관함수(autocorrelation function)라고 한다.

실제 바다는 하나뿐이기 때문에 기록의 집합 또는 모평균의 개념은 가상의 것일 수밖에 없지만, 뒤에 서술할 확률 과정에 대한 정상성이나 에르고드성의 가정을 도입하면 이들에게 의미를 부여하는 것도 가능하다.

(b) 정상 확률 과정

확률변수 ${}^k\eta(t_1)$의 집합 $\{{}^k\eta(t_1)\}$의 확률분포가 시간적으로 불변하는 확률 과정을 **엄밀한 의미로 정상인 과정**, 또는 **강정상 과정**이라고 부른다. 확률분포는 시간적으로 불변하지는 않지만, 평균값 및 자기상관함수가 시간에 대해 불변하는 것을 **넓은 의미로 정상인 과정**, 또는 **약정상 과정**이라고 부른다. 확률 과정이 넓은 의미로 정상이라는 것을 (2.3)식 및 (2.4)식을 참조하여 수학적으로 표현하면 다음과 같다.

$$\left\langle F\{{}^k\eta(t_1)\}\right\rangle_k = \left\langle F\{{}^k\eta(t_2)\}\right\rangle_k \tag{2.5}$$

$$\left\langle F\{{}^k\eta(t_1)\cdot{}^k\eta(t_2)\}\right\rangle_k = \left\langle F\{{}^k\eta(t_1+\tau)\cdot{}^k\eta(t_2+\tau)\}\right\rangle_k \tag{2.6}$$

엄밀한 의미로 정상인 과정은 넓은 의미로도 정상이지만, 그 반대는 성립하지 않는다. 이에 반해, 통계적 성질이 시간과 함께 변화하는 확률 과정을 비정상 확률 과정이라고 한다. 확률 과정에 정상성의 가정이 허용된다면 수학적 취급이 매우 간단해질 것이다.

해양파는 풍속의 변화에 따라 완만하게 변하고 있기 때문에 엄밀히 정상이라고는 할 수 없지만, 10분 내지 20분 정도의 짧은 시간 동안에는 통계적 성질의 변화가 매우 완만하므로, 파가 일어나기 시작할 때와 같이 특수한 경우를 제외하면 충분한 근사로 정상인 확률 과정이라 간주할 수 있다.

(c) 에르고드성

확률변수의 모평균(집합평균)이 특정 표본의 시간평균과 같은 확률 과정을 에르고드 과정(ergodic process)이라고 한다. (2.3)식을 참조하여 수학적으로 표현해보면,

$$\langle F\{{}^k\eta(t)\}\rangle_k = \langle F\{{}^k\eta(t)\}\rangle_t \tag{2.7}$$

$$\langle F\{{}^k\eta(t)\}\rangle_t = \lim_{T\to\infty}\frac{\int_{-T}^{T}F\{{}^k\eta(t)\}dt}{2T} \tag{2.8}$$

를 만족할 때, 에르고드성이 성립한다고 한다. (2.7)식에서 우변은 시간평균이므로, 당연히 시간에 의존하지 않는 일정값을 보인다. 따라서 에르고드성이 성립하면 좌변, 즉 모평균도 시간에 의존하지 않게 되어 이 과정은 정상 확률 과정임을 알 수 있다. 단, 정상이라고 해서 반드시 에르고드성이 성립한다고 단정을 지을 수는 없다.

에르고드라는 말은 유명한 물리학자 볼츠만(Boltzmann)이 통계역학의 기초를 확립했을 때, '여러 곳을 돌아다니다'라는 그리스어로부터 만든 말이다. 현상이 에르고드적이기 위해서는 전적으로 불규칙한 변화를 할 필요가 있다.

(d) 정규 확률 과정(가우스 과정)

확률 과정에서, 어떤 시각에서의 값 $\eta(t_1)$이 η과 $\eta+d\eta$과의 사이에 있는 확률분포 $p(\eta(t_1))$가 정규분포(normal distribution; 가우스 분포(Gaussian distribution)라고도 함)

$$p(\eta(t_1)) = \frac{1}{\sqrt{2\pi m_2}} \exp\left(-\frac{\eta^2}{2m_2}\right) d\eta$$
$$m_2 = \left\langle {}^k\eta^2(t_1) \right\rangle_k \tag{2.9}$$

를 보이는 것을, **정규 확률 과정** 또는 **가우스 과정**(Gaussian process)이라고 한다. 2.4절에서처럼, 해양파의 파면은 근사적으로 무한히 많은 독립된 성분파의 선형중첩으로 표현된다. 통계 이론의 중심극한정리(central limit theorem)를 사용하면 이러한 합성파면은 정규 확률 과정임을 나타낼 수 있다. 따라서 이 모델이 옳다면 해양파는 정규 확률 과정이라고 간주할 수 있는 것이다. 단, 이러한 선형중첩이 가능한 것은 엄밀히 말해 미소진폭파근사(선형근사)의 범위 내에 있을 때로, 파고가 큰 파의 경우에는 비선형성이 증대되기 때문에 수위 변동은 정규분포에서 조금 벗어난 분포를 보이게 된다. 구체적인 예에 대해서는 뒤에 설명한다.

(e) 확률 과정으로서의 해양파

해양파의 파면은 시간적·공간적으로 복잡한 변동을 보인다. 그러나 쇄파나 기포의 혼입 등 극한적인 상태를 제외하고는 연속적이고 매끄러운 변화를 보인다. 한편 유한진폭의 수면파 운동은 표층조건의 비선형성 때문에 비선형성을 포함한다. 그러나 파의 비선형도를 나타내는 파라미터인 파형 경사(H/L ; H : 파고, L : 파장)가 쇄파에 의해 제한되어 극단적으로 커질 수 없으므로, 선형근사로도 충분히 그 기본적인 특성을 기술할 수 있기에 가우스 과정으로 보아도 괜찮다. 또한 해양파는 일종의 지구물리학적 현상이므로 일정 상태가 무한히 계속될 수는 없지만, 풍파의 주파수는 외부의 거시적 조건(평균풍속 등)의 변동주파수에 비해 상당히 크고, 외부조건의 변화에 대한 반응이 늦기 때문에 단기간(단기간이라고는 해도 충분히 많은 파를 포함할 만큼의 시간을 말함)에서는 정상 현상이라고 볼 수 있다. 이러한 것들을 고려하면, 결국 해양파는 정상인 가우스 과정(stationary Gaussian process)으로 근사적으로 다루는 것이 가능하고, 에르고드성을 가정하는 것도 그다지 무리는 아닐 것이다. 에르고드성의 가정이 허용된다는 것은 구체적 데이터에 대해서는 실행하기 곤란한 집합평균을 시간평균으로 대체할 수 있다는 뜻으로, 매우 중요한 의미를 가진다.

2.4 풍파의 표현

2.2절에서 말한 것처럼 불규칙한 성질을 가지는 풍파를 기술하는 방법으로 통계적 평균량(평균파고나 평균주기)을 사용하는 방법이 1940년대에 도입되었고, 1950년대에는 파랑 스펙트럼을 사용한 방법이 도입되었다. 그리고 이들은 서로 관련되어 있다는 것이 밝혀졌다. 여기에서는 파랑 스펙트럼의 기초에 대해 논해보겠다.

파랑 스펙트럼(wave spectrum)에서는 풍파를 1차 근사로 무한히 많은 성분파의 선형중첩으로 표현한다. 먼저 성분파의 표현에 대해 서술하고, 그 다음 무한히 많은 성분파가 합성된 풍파의 표현과 그 특징에 대해 논해보자.

(a) 풍파 표현의 기초

θ방향으로 형태의 변화 없이 전파되는 정현적인 수면파는, 일반적으로 다음과 같이 표현할 수 있다(부록 A.1(c)절 참조).

$$\eta(x, y, t) = a\cos(k\cos\theta x + k\sin\theta y - \omega t + \varepsilon) \tag{2.10}$$

여기서 a는 파의 진폭, $k(=2\pi/L,\ L:$ 파장)는 파수, θ는 파의 전파 방위각, $\omega(=2\pi/T,\ T:$ 주기)는 각주파수, ε는 파의 위상을 각각 나타낸다. 파수는 일반적으로는 벡터량 $\boldsymbol{k}$(성분; $k_x = k\cos\theta$, $k_y = k\sin\theta$)로, k는 파수 벡터의 절댓값 $k = |\boldsymbol{k}|$를 의미한다. 파수 벡터에 $\boldsymbol{k}$를 사용하면 (2.10)식은

$$\eta(x, t) = a\cos(\boldsymbol{k}\cdot\boldsymbol{x} - \omega t + \varepsilon) \tag{2.11}$$

로 간결하게 표현할 수 있다. 여기서 $\boldsymbol{x}$는 위치 벡터로, 성분은 $(x,\ y)$ 그리고 $\boldsymbol{k}\cdot\boldsymbol{x}$는 파수 벡터와 좌표 벡터의 내적, 즉 $k_x x + k_y y$를 의미한다.

단, 수면파에서는 파수 k와 각주파수 ω는 독립적으로 아무 값이나 취

하는 것이 아니라, 둘 사이에는 **분산관계**(dispersion relation)에 있어, 이는 선형근사의 범위에서

$$\omega^2 = gk\tanh kd \tag{2.12}$$

로 나타낼 수 있다. 여기서 g는 중력가속도, d는 수심이다. 수심이 충분히 깊은 경우($d > L/2$)에 (2.12)의 분산관계식은,

$$\omega^2 = gk \tag{2.13}$$

로 근사된다. 이 관계식은 파수-주파수 공간 $k-\omega$에서 보면, 그림 2.5처럼 나팔모양의 2차 곡면을 나타내고, 이 곡면 모양의 각 점에 대응하는 파만이 존재하게 된다.

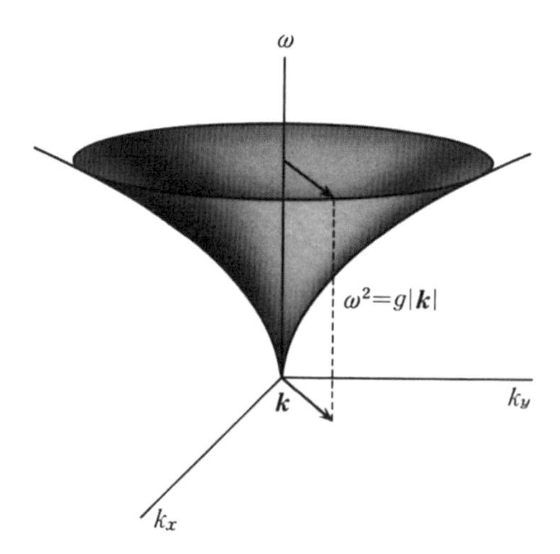

그림 2.5 수면파의 파수와 주파수의 관계(분산관계)

분산관계식 (2.13)을 사용하면 수면파를 표현하는 (2.10)식은

$$\eta(x,\, y,\, t) = a\cos\left\{\frac{\omega^2}{g}(\cos\theta x + \sin\theta y) - \omega t + \varepsilon\right\} \tag{2.14}$$

로 작성할 수 있다.

(2.10)식 또는 (2.14)식으로 표현된 성분파를 그림 2.6에 모식적으로 나타낸 것처럼 무한히 중첩된 것이 풍파라고 한다면, 그 파면은

$$\begin{aligned}\eta(x,\, y,\, t) &= \sum_{n=0}^{\infty} a_n \cos(\boldsymbol{k_n} \cdot \boldsymbol{x} - \omega_n t + \varepsilon_n) \\ &= \sum_{n=0}^{\infty} a_n \cos(k_{xn} x + k_{yn} y - \omega_n t + \varepsilon_n) \\ &= \sum_{n=0}^{\infty} a_n \cos\{k_n(\cos\theta_n x + \sin\theta_n y) - \omega_n t + \varepsilon_n\} \end{aligned} \tag{2.15}$$

또는

$$\eta(x,\, y,\, t) = \sum_{n=0}^{\infty} a_n \cos\left\{\frac{\omega_n^2}{g}(\cos\theta_n x + \sin\theta_n y) - \omega_n t + \varepsilon_n\right\} \tag{2.16}$$

로 표현할 수 있다.

단, 여기서 주의해야 할 것은 풍파의 파면 $\eta(x, y, t)$는 불규칙하게 변동하는 확률변수로, 그 특성을 표현하기 위해 성분파의 진폭 a_n, 파수 k_n(또는 주파수 ω_n), 파의 전파 방위각 θ_n 및 위상 ε_n에 각각 다음과

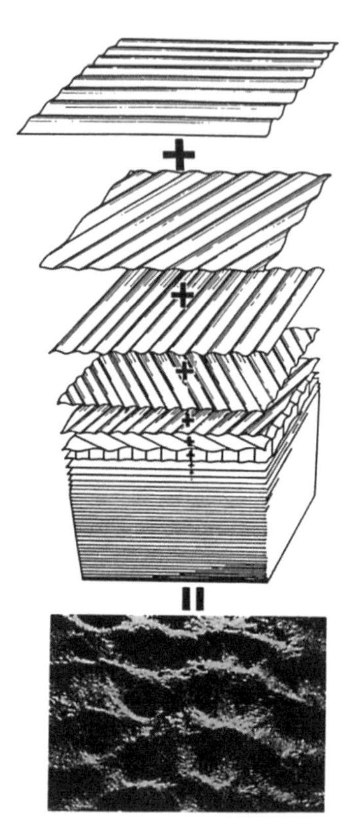

그림 2.6 풍파 스펙트럼 모델

같은 특수한 성질을 가정하고 있다는 것이다.

(i) 우선 a_n는 확률변수로, 일반적인 의미로는 확정되지 않는다. 그러나 파수 k가 k와 $k+dk$, 방위각 θ가 θ와 $\theta+d\theta$에 포함되는 모든 성분파에 대해 각 진폭의 제곱인 a_n^2의 합을 계산하면 유한 확정값을 취하며, 그 값을 $E(k,\theta)$라고 하면

$$\sum_{k}^{k+dk} \sum_{\theta}^{\theta+d\theta} \frac{1}{2} a_n^2 = E(k, \theta) dk d\theta \tag{2.17}$$

로 표현된다. 이 $E(k, \theta)$가 풍파의 성분파(파수 k, 전파 방향 θ)의 에너지 밀도에 비례하는 **방향 스펙트럼**(directional spectrum)이다. 파의 에너지는 엄밀히는 $\rho g a^2/2$(ρ : 물의 밀도, g : 중력가속도)지만, 파의 에너지 스펙트럼에 대한 논의에서는 ρg를 제외하고 단순히 $a^2/2$로 표시하는 경우가 많다. 파 에너지의 구체적 계산 등에서는 차원적으로 정확하게 ρg를 고려해야 하기 때문에 주의할 필요가 있다.

풍파를 (2.16)식으로 표현할 경우에는 각주파수 ω가 ω와 $\omega + d\omega$, 방위각 θ가 θ와 $\theta + d\theta$ 안에 포함되는 전체 성분파에 대해 $a_n^2/2$의 합을 계산함으로써 방향 스펙트럼 $E(\omega, \theta)$를

$$\sum_{\omega}^{\omega+d\omega} \sum_{\theta}^{\theta+d\theta} \frac{1}{2} a_n^2 = E(\omega, \theta) d\omega d\theta \tag{2.18}$$

로 정의할 수 있다.

(ii) k_n(또는 ω_n)은 0~∞ 사이에 긴밀하게 분포되어 있어, 미소구간 dk(또는 $d\omega$)를 어디로 설정하든 그 안에 무한히 많은 k_n(또는 ω_n)의 성분파가 포함되어 있다.

(iii) θ_n은 0~2π 사이에 긴밀히 분포되어 있고, 미소구간 $d\theta$를 어디로 설정하든 그 안에 무한히 많은 θ_n의 성분파가 포함되어 있다.

(iv) ε_n은 0~2π 사이에 동일한 확률로 랜덤하고 긴밀하게 분포되어 있다.

(v) 풍파를 구성하는 각 성분파에서도 성분파의 파수 k_n과 각주파수 ω_n의 사이에는 (2.12)식과 같은 분산관계

$$\omega_n^2 = gk_n \tanh k_n d \tag{2.19}$$

가, 수심이 충분히 깊은 ($d > L_n/2$) 경우에는

$$\omega_n^2 = gk_n \tag{2.20}$$

가 성립한다.

풍파의 표현 중 (2.15)식 또는 (2.16)식은 언뜻 보면 보통의 푸리에 급수 표시 형태를 갖고 있지만, 위에 서술한 (i)~(iv)의 성질을 고려하면 k_n(또는 ω_n) 및 θ_n에 대응하여 a_n 및 ε_n가 확정된 값을 취하는 결정론적 현상과는 현저히 다르다는 것을 알 수 있다.[2] 규칙적 수면파의 연구에 비해 해양 풍파의 연구가 매우 늦어진 것은 풍파의 이러한 확률적 성질의 이해와 그 표현이 어렵기 때문이다.

풍파의 표현식 (2.15)식 또는 (2.16)식은 엄밀히 이론적으로 도출된 것은 아니지만, 실측된 풍파 파면의 통계적 성질을 조사해보면 이러한 표현은 제1차 근사치고는 실제 풍파를 표현하기에 상당히 타당한 근사식이라

---

2 (2.15)식 대신에 푸리에 스틸체스(Fourier-Stieltjes) 적분 표시를 사용하는 경우도 있다(Phillips, 1977).

$$\eta(\boldsymbol{x}, t) = \int_{\boldsymbol{k}}\int_{\omega} dA(\boldsymbol{k}, \omega)\exp\{i(\boldsymbol{k}\cdot\boldsymbol{x} - \omega t)\}$$

그러나 이 책에서는 근사식이기는 하지만 직관적으로 알기 쉽도록 (2.15)식을 풍파 표현으로 사용하기로 한다.

는 것을 알 수 있다.

(b) 실제 측정되는 풍파의 표현

풍파의 일반적인 표현은 (2.15)식 또는 (2.16)식 같은 것이지만, 이러한 파면의 시간적·공간적인 변동을 구체적으로 측정하는 것은 매우 어려운 일이다. 원리적으로는 해면에 매우 넓은 범위에 걸쳐 긴밀히 배치된 파고계들을 이용하여 해면의 각 점(x_i, y_i)에서 수위 변동 $\eta(x_i, y_i, t)$를 장시간 측정한다던가, 매우 넓은 범위의 해면 사진을 장시간 촬영하여 수위 공간분포의 시간 변동을 구하면 된다. 그러나 전자는 기술적으로 실행하기가 힘들고, 후자도 데이터 처리에 방대한 노력이 필요하기 때문에 어느 쪽도 현실적이지는 않다.

비교적 간단히 측정할 수 있는 것은 항공기에서 촬영된 한 장의 스테레오 사진처럼 어떤 한 순간의 파면 $\eta(x, y)$으로, 이는 (2.15)식에서 시간을 제거한 다음과 같은 식으로 주어진다.

$$\eta(x, y, 0) = \eta(x, y) = \sum_{n=0}^{\infty} a_n \cos(k_{xn}x + k_{yn}y + \varepsilon_n) \qquad (2.21)$$

이 기록으로부터 해양파의 공간적 분포에 관한 정밀한 정보를 얻어낼 수 있지만, 파의 방향에 관해서는 한 장의 사진(그림 2.6 맨 밑의 사진)만으로는 정방향(이 그림에서는 위쪽 방향)으로 진행하는 것인지 역방향(이 그림에서는 아래쪽 방향)으로 진행하는 것인지 판단할 방법이 없다(이를 '180°의 모호함이 남는다'고 한다). 단, 풍향이 동시에 측정되는 경우, 바람과 반대 방향으로 진행하는 파의 성분은 없다고 가정하면 파면

$\eta(x, y)$의 기록으로부터 파의 방향 스펙트럼을 측정하는 것이 가능하다. 바람에 역행하는 너울이 존재하는 경우에는 별도의 판별법이 요구된다.

한편 해면의 한 지점에서 측정된 파면의 시간적 변동 $\eta(t)$는, 그 점을 좌표 원점으로 취하면 (2.15)식에서 $x = y = 0$의 식으로 구할 수 있다.

$$\eta(0, 0, t) = \eta(t) = \sum_{n=0}^{\infty} a_n \cos(\omega_n t + \varepsilon_n) \tag{2.22}$$

이것은 라이스(Rice, 1944)가 전기잡음의 표현에 사용한 식과 같은 형태의 식이다. 즉, $\eta(x, y)$ 및 $\eta(t)$의 스펙트럼 밀도함수는 각각

$$\sum_{k_x}^{k_x+dk_x} \sum_{k_y}^{k_y+dk_y} \frac{1}{2} a_n^2 = E(k_x, k_y) dk_x dk_y \tag{2.23}$$

$$\sum_{\omega}^{\omega+d\omega} \frac{1}{2} a_n^2 = \phi(\omega) d\omega \tag{2.24}$$

으로 정의된다. $E(k_x, k_y)$는 풍파의 **파수 스펙트럼**(wave-number spectrum), $\phi(\omega)$는 풍파의 **주파수 스펙트럼**(frequency spectrum)으로 불린다.

일반적으로 행해지는 해양파의 측정은 $\eta(t)$의 측정으로 그 방법이 간단하며, 파고 및 주기에 관한 각종 평균값, 또는 파의 주파수별 에너지 배분을 나타내는 파의 주파수 스펙트럼 $\phi(\omega)$ 등에 관한 정보를 얻을 수 있다. 그러나 이 신호로부터 파의 방향에 관한 정보는 얻을 수 없다.

2.5 자기상관함수와 주파수 스펙트럼

일반적으로 가우스 과정에서는 그 통계적 성질을 평균값

$$\bar{\eta}(t_i) = \left\langle {}^k\eta(t_i) \right\rangle_k \tag{2.25}$$

과 공분산

$$C_{ij} = \left\langle \left[{}^k\eta(t_i) - \bar{\eta}(t_i) \right] \left[{}^k\eta(t_j) - \bar{\eta}(t_j) \right] \right\rangle_k \tag{2.26}$$

으로 설명할 수 있다. 풍파의 경우에 수위 변동 $\eta(t)$를 평균 수면으로부터의 변위로 취급한다고 하면 $\bar{\eta}(t_i) = 0$이 되기 때문에, 그 통계적 성질은,

$$C_{ij} = \left\langle {}^k\eta(t_i) {}^k\eta(t_j) \right\rangle_k \tag{2.27}$$

만으로 나타낼 수 있다. 게다가 현상을 정상 확률 과정으로 간주할 수 있다면 시간의 원점은 임의로 선택할 수 있기 때문에 C_{ij}는 시간차 $\tau = t_j - t_i$만으로 이루어진 함수가 되어

$$C_{ij} = R(\tau) = \left\langle {}^k\eta(t_i) {}^k\eta(t_i + \tau) \right\rangle_k \tag{2.28}$$

로 나타낼 수 있다. 이 $R(\tau)$은 2.3(a)절에서 설명한 자기상관함수이

다. 또한 에르고드성을 가정하면 모평균 대신에 시간평균을 취할 수 있기 때문에, 자기상관함수 $R(\tau)$을

$$R(\tau) = \lim_{T \to \infty} \frac{1}{T} \int_{-T/2}^{T/2} \eta(t) \eta(t+\tau) dt \tag{2.29}$$

로 계산할 수 있다.

해양의 특정 지점에서 풍파의 수위 변동 $\eta(t)$를 고려하면, 2.4(b)절에서 설명한 것처럼 (2.22)식으로 표현할 수 있기 때문에, 이를 (2.29)식에 대입하면 $\eta(t)$의 자기상관함수 $R(\tau)$은

$$R(\tau) = \lim_{T \to \infty} \frac{1}{T} \int_{-T/2}^{T/2} \sum a_m a_n \cos(\omega_m t - \varepsilon_m)$$
$$\cos\{\omega_n (t+\tau) - \varepsilon_n\} dt \tag{2.30}$$

이 된다. 이 우변을 계산할 때 삼각함수의 직교성을 고려하면,

$$\lim_{T \to \infty} \int_{-T/2}^{T/2} \frac{1}{T} \cos\omega_m t \cos\omega_n t dt = 0 \quad (m \neq n) \tag{2.31}$$

이므로, $R(\tau)$은

$$R(\tau) = \sum_{m=0}^{\infty} \frac{1}{2} a_m^2 \cos\omega_m \tau \tag{2.32}$$

이 된다. 게다가 주파수 스펙트럼 $\phi(\omega)$의 정의 (2.24)식을 고려하면, (2.32)식은 최종적으로

$$R(\tau)=\int_{-\infty}^{\infty}\phi(\omega)\cos\omega\tau d\omega \tag{2.33}$$

이 된다. 즉, 주파수 스펙트럼 $\phi(\omega)$의 푸리에 변환이 자기상관함수가 된다. (2.33)식에서 $\tau=0$로 두고, (2.29)식을 고려하면

$$R(0)=\overline{\eta^2}=\int_{-\infty}^{\infty}\phi(\omega)d\omega \tag{2.34}$$

이 된다. 이 식은 주파수 스펙트럼, 즉, 각 주파수 성분의 에너지 밀도를 전 주파수에 걸쳐 적분한 것이 풍파장의 전체 에너지와 같다는 것을 의미하며, 상식적으로 생각할 수 있는 결과와 일치한다.

또한 (2.33)식의 역변환을 하면,

$$\phi(\omega)=\frac{1}{2\pi}\int_{-\infty}^{\infty}R(\tau)\cos\omega\tau d\tau \tag{2.35}$$

가 된다. (2.33)식 및 (2.35)식은 복소수를 사용하여 일반적으로 표현하면, 각각

$$R(\tau)=\int_{-\infty}^{\infty}\phi(\omega)e^{i\omega\tau}d\omega \tag{2.36}$$

$$\phi(\omega) = \frac{1}{2\pi} \int_{-\infty}^{\infty} R(\tau) e^{-i\omega\tau} d\tau \tag{2.37}$$

로 표현할 수 있다.

이들은 주파수 스펙트럼 $\phi(\omega)$와 자기상관함수 $R(\tau)$가 서로 푸리에 변환과 역변환의 관계에 있다는 것을 보여주며, 유명한 **위너-힌친(Wiener-Khinchin)의 정리**로 알려진 것이기도 하다. 수위 변동 $\eta(t)$의 기록으로부터 주파수 스펙트럼 $\phi(\omega)$를 구하는 방법으로 (2.29)식을 이용하여 자기상관함수 $R(\tau)$을 계산하고, 그 푸리에 변환(2.35)에 의해 $\phi(\omega)$를 계산할 수 있다. 이 방법으로 주파수 스펙트럼을 구하는 구체적 계산법은 블랙먼(Blackman)과 투키(Tukey)에 의해 상세히 연구되어(Blackman and Tukey, 1959), 이른바 블랙먼-투키 법으로 알려져 있다.

2.6 상호상관함수와 크로스 스펙트럼

자기상관함수는 하나의 변동량 $x(t)$에 관한 상관관계를 나타내는데, 이와 동일하게 두 개의 변동량 $x_1(t)$과 $x_2(t)$ 간의 상관관계를 나타내는 **상호상관함수**(cross-correlation function)를

$$R_{12}(\tau) = \lim_{A \to \infty} \frac{1}{A} \int_{-A/2}^{A/2} x_1(t) x_2(t+\tau) dt \tag{2.38}$$

로 정의할 수 있다. 두 개의 변동량 $x_1(t)$와 $x_2(t)$는, 예를 들어 풍파

의 경우에는 한 지점에서의 수위 변동 $\eta(t)$와 수중의 속도 변동 $u(t)$, 또는 압력 변동 $p(t)$ 등을 말한다. 두 지점에서 동시에 측정된 수위 변동 $\eta_1(t)$과 $\eta_2(t)$의 경우에도 마찬가지다.

자기상관함수의 푸리에 변환으로 주파수 스펙트럼이 정의된 것처럼, 상호상관함수 $R_{12}(\tau)$의 푸리에 변환으로 **크로스 스펙트럼**(cross spectrum) $\phi_{12}(\omega)$를 정의할 수 있다. 단, $R_{12}(\tau)$은 $\tau=0$에 대해 좌우대칭이 아니기 때문에 그 푸리에 변환인 크로스 스펙트럼은 허수 부분을 포함하며,

$$\phi_{12}(\omega)=\frac{1}{2\pi}\int_{-\infty}^{\infty}R_{12}(\tau)e^{-i\omega\tau}d\tau=C_{12}(\omega)-iQ_{12}(\omega) \tag{2.39}$$

이 된다. 여기서

$$C_{12}(\omega)=\frac{1}{2\pi}\int_{-\infty}^{\infty}R_{12}(\tau)\cos\omega\tau d\tau \tag{2.40}$$

은 크로스 스펙트럼의 실수 부분에 대응하고, **코스펙트럼**(co-spectrum)이라고 불린다.

$$Q_{12}(\omega)=\frac{1}{2\pi}\int_{-\infty}^{\infty}R_{12}(\tau)\sin\omega\tau d\tau \tag{2.41}$$

은 크로스 스펙트럼의 허수 부분에 대응하며, **쿼드래처 스펙트럼**

(quadrature spectrum)이라 불린다.

크로스 스펙트럼은 복소수이므로, 절댓값

$$|\phi_{12}(\omega)| = (\phi_{12}\phi_{12}^*)^{\frac{1}{2}} = (C_{12}^2 + Q_{12}^2)^{\frac{1}{2}} \tag{2.42}$$

및 위상각

$$\beta_{12} = \arctan\frac{Q_{12}}{C_{12}} \tag{2.43}$$

을 사용하여 표현할 수 있다. 또한 두 개의 불규칙 변동량의 크로스 스펙트럼 절댓값 $|\phi_{12}(\omega)|$의 2승을 각각의 주파수 스펙트럼 $\phi_1(\omega)$ 및 $\phi_2(\omega)$로 나누어 규격화한 양

$$\gamma_{12}^2 = \frac{|\phi_{12}|^2}{\phi_1\phi_2} \tag{2.44}$$

은 **코히런스**(coherence)라고 불리며, 두 개의 불규칙 변동량의 주파수 성분마다의 상호 상관을 나타내는 양이다. 전혀 무관한 두 개의 불규칙 변동량의 경우에 상관은 0이 되고, 완전히 연관된 변동량의 경우에는 1이 된다. 따라서 코히런스는 두 개의 불규칙 변동량이 상호 연관된 양인지 아닌지를 판정하는 지표가 된다.

2.5절에서는 한 지점에서 측정된 시간만의 함수인 수위 변동 $\eta(t)$의

자기상관함수와 주파수 스펙트럼과의 관계를 구해보았고, 다음으로는 풍파의 시간적·공간적 수위 변동 $\eta(x,\ y,\ t)$의 상호상관함수 $R(X,\ Y,\ \tau)$와 파수-주파수 스펙트럼(wave-number frequency spectrum) $E(k_x,\ k_y,\ \omega)$과의 관계를 도출해보자.

$\eta(x,\ y,\ t)$의 상호상관함수 $R(X,\ Y,\ \tau)$는

$$R(x,\ Y,\ \tau) = \lim_{A,\ B,\ C \to \infty} \frac{1}{ABC} \int_{-A/2}^{A/2} \int_{-B/2}^{B/2} \int_{-C/2}^{C/2} \eta(x,\ y,\ t) \times \eta(x+X,\ y+Y,\ t+\tau) dx dy dt \tag{2.45}$$

이므로, 우변에 (2.15)식을 대입하여 계산하고, 계산 시에 (2.31)식과 같은 삼각함수의 직교성을 고려하면(상세한 계산 과정은 생략),

$$R(X,\ Y,\ \tau) = \sum_{n=0}^{\infty} \frac{a_n^2}{2} \cos(k_{xn} X + k_{yn} Y - \omega_n \tau) \tag{2.46}$$

이 된다. 파수-주파수 스펙트럼 $E(k_x,\ k_y,\ \omega)$을

$$\sum_{k_x}^{k_x+dk_x} \sum_{k_y}^{k_y+dk_y} \sum_{\omega}^{\omega+d\omega} \frac{1}{2} a_n^2 = E(k_x,\ k_y,\ \omega) dk_x dk_y d\omega \tag{2.47}$$

로 정의하면, (2.46)식은

$$R(x, y, \tau) = \int_{-\infty}^{\infty}\int_{-\infty}^{\infty}\int_{-\infty}^{\infty} E(k_x, k_y, \omega) \cos(k_x X + k_y Y - \omega\tau) dk_x dk_y d\omega \quad (2.48)$$

이 된다. 또는 일반적으로

$$R(x, y, \tau) = \int_{-\infty}^{\infty}\int_{-\infty}^{\infty}\int_{-\infty}^{\infty} E(k_x, k_y, \omega) e^{i(k_x X + k_y Y - \omega\tau)} dk_x dk_y d\omega \quad (2.49)$$

로 표현할 수 있다. 이에 3차원 푸리에 역변환을 실행하면,

$$E(k_x, k_y, \omega) = \frac{1}{(2\pi)^3}\int_{-\infty}^{\infty}\int_{-\infty}^{\infty}\int_{-\infty}^{\infty} R(X, Y, \tau) e^{-i(k_x X + k_y Y - \omega\tau)} dX dY d\tau \quad (2.50)$$

이 되고, 파수-주파수 스펙트럼 $E(k_x, k_y, \omega)$을 얻을 수 있다. (2.49)식과 (2.50)식은 3차원으로 확장된 위너-힌친(Wiener-Khinchin)의 정리이다.

(2.45)식과 (2.50)식은 풍파의 파수-주파수 스펙트럼을 구하는 기본적인 식이지만, 앞에서 설명했듯이, $\eta(x, y, t)$를 해양에서 실제로 측정하는 것은 기술적으로 매우 어려워 이대로 실행하는 경우는 거의 없다. 실제로는 고작 몇 개의 지점에서 측정된 수위의 시간 변동 데이터를 가지고 계산하는 정도이다. 이런 경우에는 수학적으로 일종의 공간 필터를

가정하는 것이 되므로, 측정된 스펙트럼의 방향분해능이 크게 저하된다. 이 분해능의 저하를 가능한 한 막기 위해 파고계군을 이용한 방향 스펙트럼의 측정법으로 다양한 방법들이 연구되었다(橋本, 1992; 合田, 1990). 또한 파수-주파수 스펙트럼은 파에 관한 가장 기본적인 스펙트럼이지만, 풍파 스펙트럼 성분에 대해 수면파의 분산관계를 가정하면 방향 스펙트럼 $E(k, \theta)$나 파수 스펙트럼 $E(k_x, k_y)$로 변환할 수 있다.

2.7 풍파 파면의 통계적 성질

시간적·공간적으로 불규칙하게 변동하는 풍파는 2.4절에서 도입한 스펙트럼 $E(\omega, \theta)$, $\phi(\omega)$ 등을 이용하여 효과적으로 설명할 수 있다. 특히 풍파의 발달, 전파, 감쇠와 같은 풍파의 역학에 관련된 현상을 기술하기 위해서는 풍파 스펙트럼 모델이 매우 중요하다. 어떤 의미에서 해양의 풍파 연구가 급속히 진전될 수 있었던 것은 스펙트럼 모델이 도입되었기 때문이라고도 할 수 있을 것이다.

그러나 우리가 직관적으로 파를 이해하는 것은 파랑 스펙트럼이 아닌 파에 의한 수위의 변동, 파고, 주기, 파장이라는 파면의 기하학적 성질로, 이는 방파제나 제방 같은 해양 구조물 설계에서도 중요한 요소이다. 다만 풍파의 경우에는 이러한 것들의 양이 규칙파처럼 일정값을 취하지 않고 불규칙하게 변동하기 때문에 그 통계적 성질을 알 필요가 있다. 여기에서는 불규칙하게 변동하는 풍파 파면의 통계적 성질에 대해 설명한다. 뒤에 나올 내용처럼 풍파 파면의 통계적 성질은 풍파의 스펙트럼 구조와 밀접하게 연관되어 있다.

(a) 풍파에 의한 수위 변동 $\eta(t)$의 통계분석

해양의 특정 지점에 내습하는 풍파는 발생권역 내의 각 지점에서 발생한 무한히 많은 파가 무작위의 위상에서 중첩된 것이라고 볼 수 있다. 또한 제1근사로는 각 성분파는 서로 간섭하지 않고 선형으로 중첩된 것이라 볼 수 있다. 2.4절에서 다룬 풍파의 표현 (2.15), (2.16), (2.22)식 등은 이러한 모델을 수식으로 표현한 것이다. 중심극한정리에 의하면 무한히 많은, 상관관계가 없는 불규칙 변동량의 조화는 가우스 분포에 따른다고 알려져 있으므로, 위와 같은 풍파 모델이 타당하다면 그 파면(수위 변동)의 통계(출현 빈도)분포 $P(\eta)$는 가우스 분포에 따르게 된다.

그림 2.7은 실험 수조에서 발생한 풍파에 의한 수위 변동 $\eta(t)$를 같은 시간 간격으로 읽어 들여 그 출현빈도분포 $P(\eta)$를 구한 결과를 나타낸 것이다(Honda and Mitsuyasu, 1976). 비교적 저풍속이고 취송거리가 짧은 곳의 풍파(발생 초기의 풍파)에서는 $\eta(t)$의 출현빈도분포 $P(\eta)$는 가우스 분포(좌우대칭인 곡선)

$$P(\eta) = (2\pi\overline{\eta^2})^{-\frac{1}{2}} \exp\left(-\frac{1}{2}\frac{\eta^2}{\overline{\eta^2}}\right) \tag{2.51}$$

에 가깝다는 것을 알 수 있다. 그러나 풍속이 빨라지고 취송거리가 증대하여 풍파가 발달하면 $\eta(t)$의 출현빈도분포는 살짝 비대칭이 되어 가우스 분포로부터 벗어나는 경향을 보인다. 이는 풍파가 발달하면 비선형성이 증대하여 각 성분파가 간섭 없이 선형으로 중첩되는 모델의 정밀도가 낮아지기 때문이라고 생각된다. 롱게-히긴스(Longuet-

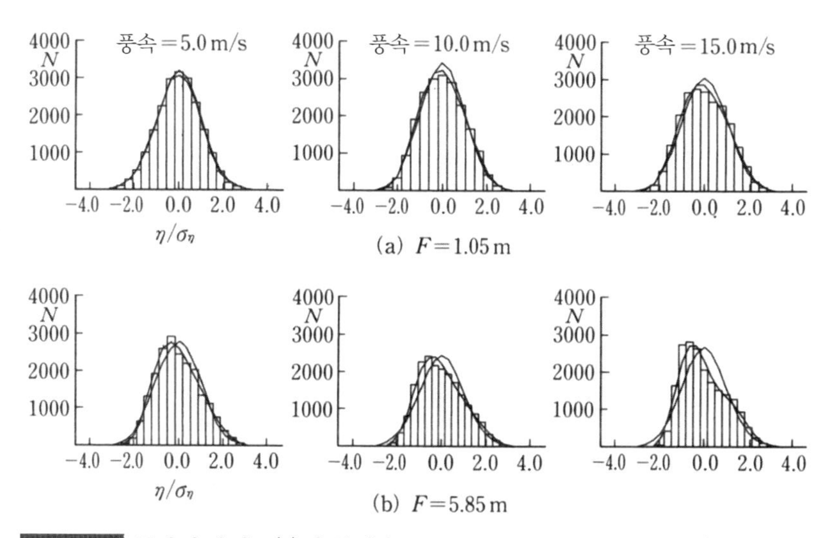

그림 2.7 풍파의 파면 $\eta(t)$의 통계분포(Honda and Mitsuyasu, 1976).
좌우대칭인 곡선은 가우스 분포. 조금 앞쪽으로 기울어진 곡선은 그램-샬리에 분포. F는 취송거리. 단, 종축은 정확히는 빈도분포 $P(\eta)$가 아닌, 실험기록 $\eta(t)$으로부터 구해 읽어 들인 값(샘플링 값)의 개수를 그에 곱하여 산출한 도수 N이다.

Higgins, 1963)는 약한 비선형성을 고려한 풍파 파면의 확률분포 연구를 실시하고, 그것이 그램-샬리에(Gram-Charlier) 분포

$$P(\eta) = \left\{ (2\pi m'_2)^{-\frac{1}{2}} \exp\left(-\frac{t^2}{2} \right) \right\} \left\{ 1 + \frac{1}{6} \frac{m'_3}{(m'_2)^{3/2}} H_3 + \cdots \right\} \tag{2.52}$$

로 근사될 수 있다는 것을 이론적으로 보여주었다. 단, m'_n은 $P(\eta)$의 n차 모멘트

$$m'_n = \int_{-\infty}^{\infty} \eta^n P(\eta) d\eta \quad (n - 0,\ 1,\ 2,\ \cdots) \tag{2.53}$$

$t = \eta / \left(\overline{\eta^2}\right)^{1/2}$는 수면 변위 η을 그 제곱평균값의 제곱근으로 규격화한 것, H_n은 엘밋 다항식, H_3의 경우 $H_3 = t^3 - 3t$이다.

그림 2.7에서 앞으로 기울어져 좌우비대칭인 곡선은 그램-샬리에 분포를 나타내며, 실측 결과에 가장 가깝게 일치함을 알 수 있다.

(b) 풍파에 의한 수위 변동 $\eta(t)$의 최댓값 η_m의 통계분석

실용적으로는 파고의 통계분포 쪽이 자주 사용되지만, 이를 일반적인 스펙트럼형을 가지는 파에 대해 이론적으로 규명하는 것은 쉽지 않다. 여기서는 우선 이론적으로 해가 요구되는 극댓값 η_m의 통계분포에 대해 서술하도록 하겠다.

풍파의 파면이 (2.22)식처럼 정상인 가우스 과정의 경우에는, 파면 극댓값의 통계분포를 이론적으로 도출해내는 것이 가능하다. 즉, 파면 $\eta(t)$의 극댓값은 $\dot{\eta}(t) = 0$, $\ddot{\eta}(t) < 0$을 만족하는 지점으로서 정의되는 점, $\eta(t)$뿐만 아니라 $\dot{\eta}(t)$ 및 $\ddot{\eta}(t)$도 정상 가우스 과정이 되는 점, $\eta(t)$, $\dot{\eta}(t)$ 및 $\ddot{\eta}(t)$의 결합분포도 가우스 분포인 점 등을 고려하면, $\eta(t)$의 극댓값 η_m의 통계분포로 다음과 같은 식을 이론적으로 도출해낼 수 있다 (Cartwright and Longuet-Higgins, 1956). 단, $\dot{\eta}(t)$ 및 $\ddot{\eta}(t)$은 각각 $\eta(t)$의 t에 관한 1차 미분 및 2차 미분이다.

$$P(\zeta)=(2\pi)^{-\frac{1}{2}}\left\{\varepsilon\exp\left(-\frac{\zeta^2}{2\varepsilon^2}\right)\right.$$

$$\left.+(1-\varepsilon^2)^{\frac{1}{2}}\zeta\exp\left(-\frac{\zeta^2}{2}\right)\int_{-\infty}^{\frac{\zeta(1-\varepsilon^2)^{1/2}}{\varepsilon}}\exp\left(-\frac{x^2}{2}\right)dx\right\} \quad (2.54)$$

여기서,

$$\zeta=\frac{\eta_m}{m_0^{1/2}} \quad (2.55)$$

$$\varepsilon^2=\frac{m_0m_4-m_2^2}{m_0m_4} \quad (2.56)$$

$$m_n=\int_{-\infty}^{\infty}\omega^n\phi(\omega)d\omega \quad (n=0,\ 1,\ 2,\ \cdots) \quad (2.57)$$

이다. ζ은 파면의 극댓값 η_m을 스펙트럼 $\phi(\omega)$의 0차 모멘트의 제곱근으로 나누어 규격화한 것. ε은 스펙트럼의 0차 모멘트 m_0, 2차 모멘트 m_2 및 4차 모멘트 m_4로부터 결정되는 파라미터로 일종의 스펙트럼 폭을 나타내는 파라미터이고, m_n은 파랑 스펙트럼의 n차 모멘트이다. 파면 극댓값의 통계분포 $P(\zeta)$는 ε을 파라미터로 하여 나타내면 그림 2.8과 같다.

이 분포에서 스펙트럼 폭이 매우 좁은 경우의 극한으로 $\varepsilon\rightarrow 0$을 고려하면,

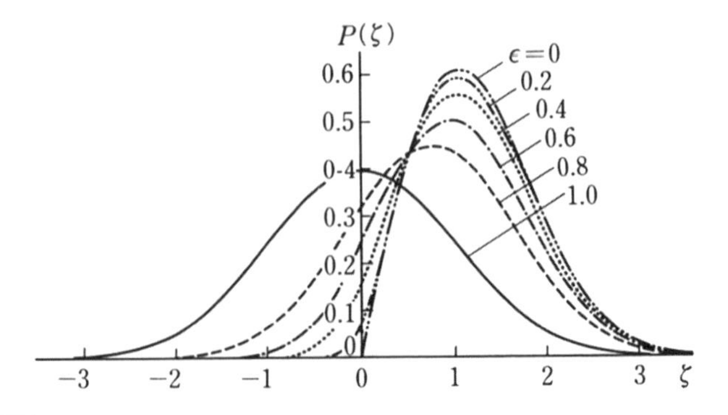

그림 2.8 풍파의 파면 극댓값의 분포(Cartwright and Longuet-Higgins, 1956)

$$P(\zeta) = \begin{cases} \zeta \exp\left(-\dfrac{\zeta^2}{2}\right) & (\zeta > 0) \\ 0 & (\zeta < 0) \end{cases} \tag{2.58}$$

이 되어 레일리 분포에 해당하며 이러한 경우 극댓값에 음수는 출현하지 않는다. 또한 스펙트럼 폭이 매우 넓은 경우의 극한으로 $\varepsilon = 1$을 고려했을 때의 분포는,

$$P(\zeta) = (2\pi)^{-\frac{1}{2}} \exp\left(-\frac{\zeta^2}{2}\right) \tag{2.59}$$

로 가우스 분포에 해당하며, 극댓값에 양수와 음수가 같은 빈도로 출현하게 된다. 즉, ε이 0에서 1에 가까워짐에 따라 음의 극댓값이 0부터 점차 증대하여 양의 극댓값과 동일한 빈도로 발생하게 된다는 것을 알 수 있다. 그림 2.9는 실제 해양파 기록의 일부인데, 아래쪽 기록을 주의 깊게 보면 군데군데(예를 들면, 시간축에서 10초 조금 전

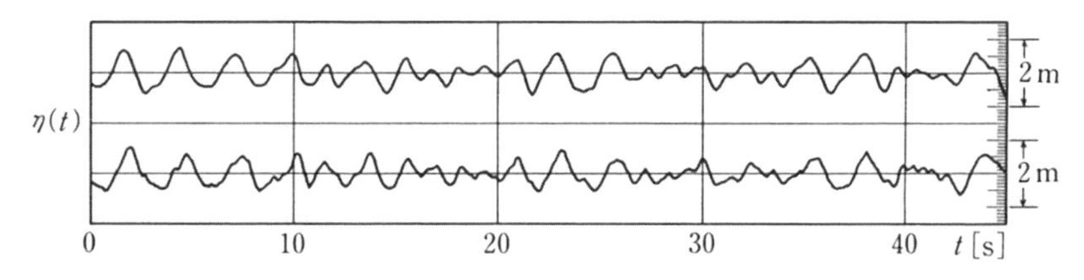

그림 2.9 해양파의 기록.
윗부분은 마이크로파 파고계의 기록, 아랫부분은 거의 동일한 장소의 용량형 파고계의 기록이다. 파랑계의 분해능(후자가 좋음)에 의해 기록의 세세한 부분이 달라지는 점에 주의한다.

이나 30초 조금 후)에 음의 극댓값이 발생하는 것을 볼 수 있다.

위와 같은 논의를 할 때, 잔물결 같은 매우 고주파인 파까지 고려하는 것은 적절하지 않다. 즉, 발생역에서 풍파의 고주파 영역의 스펙트럼형은 $\omega^{-4} \sim \omega^{-3}$에 비례하기 때문에 4차 모멘트는 지배적인 주파수 영역의 스펙트럼형에 관계없이 발산되고, ε는 1이 되고 만다. 실제로 응답이 아주 좋은 고분해능의 파랑계에서 파면 계측을 실행해보면, 파면을 구성하는 지배적인 파는 작은 잔물결로 덮여 있기 때문에 매우 많은 극댓값이 음의 쪽(재배적인 파의 골 부분)에도 출현한다. 따라서 위와 같은 논의는 스펙트럼의 주요 부분을 손상시키지 않는 범위에서 고주파 성분(예를 들면 스펙트럼의 피크 주파수 f_m의 1.8배인 주파수 $1.8f_m$ 이상)을 제거한 기록을 가지고 실시할 필요가 있다.

(c) 풍파 파고의 통계분석

풍파에 의한 수위 변동 $\eta(t)$는 그림 1.3 및 그림 2.9처럼 불규칙하게 변동하며, 큰 파 위에 작은 파가 겹쳐 있기 때문에 풍파의 파고나 주기를 논할 때에는 각각의 파를 어떻게 정의할 것인지가 문제가 된다. 일반적인 방법 중 하나는, 규칙적 수면파의 경우처럼 하나의 마루(극댓값)와 골(극솟값)의 차를 파고 H, 하나의 마루로부터 다음 마루까지의 시간을 주기 T로 설정하는 방법이다. 기록상으로 식별할 수 있는 파를 모두 하나의 파로 간주하고 위의 파고와 주기의 정의를 적용하여 파를 정리하는 방법을 **crest-to-crest 법**이라고 한다.

또 하나의 대표적인 방법은, 수위 변동 $\eta(t)$ 기록에서 평균 수위 $\bar{\eta}(t)$를 구해 이를 $\eta(t)$의 기록과 겹쳐놓고, $\eta(t)$가 상승 위상으로 평균 수위와 교차되는 지점부터 그 다음 상승 위상으로 평균 수위와 교차되는 지점까지를 하나의 파로 간주하고, 그 시간 간격을 주기, 하나의 파 안에서 $\eta(t)$의 최댓값과 최솟값의 차를 파고라고 정의하는 방법이다. 이를 **zero-up-crossing 법**이라고 한다. 그림 2.10은 두 방법의 정의를 모식적인 파의 기록으로 각각 나타낸 것이다.

파랑계의 응답이나 분해능이 높아지면 측정되는 (발생역에서 풍파의 지배적인 파 위에 얹힌) 잔물결의 수는 매우 많아지고, 그 수는 파랑계의 성능에 의존하기 때문에 crest-to-crest 법으로는 데이터를 정리하는 데 어려움이 있다. 이 같은 점 때문에 비교적 쉽게 파의 정의가 가능한

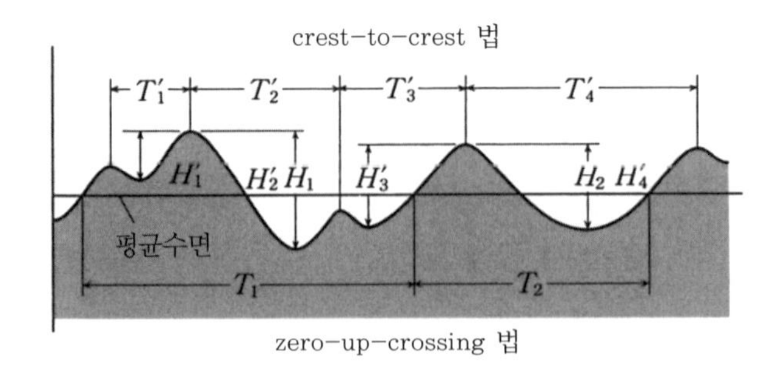

그림 2.10 crest-to-crest 법 및 zero-up-crossing 법의 정의

zero-up-crossing 법이 일반적으로 많이 사용된다.

zero-up-crossing 법은 파의 기록에 일종의 필터를 걸어, 지배적인 파에 얹힌 고주파의 파를 등가적으로 제거하는 것을 말한다. 풍파의 스펙트럼 폭을 나타내는 파라미터 ε가 매우 작아지면 음의 극댓값이 출현하지 않게 되고, 이는 파의 상하 대칭성을 생각했을 때 지배적인 파에 얹힌 고주파의 파가 발생하지 않게 되는 것과 마찬가지이므로, crest-to-crest 법과 zero-up-crossing 법의 차이가 거의 없어진다.

앞서 말한 것처럼, 풍파 스펙트럼의 폭이 매우 좁은 경우($\varepsilon \rightarrow 0$)에는, 지배적인 파에 얹힌 고주파인 파의 수가 매우 적어지기 때문에, 수위의 극댓값 η_m은 zero-up-crossing 법으로 구한 파고의 양의 값 H_+와 거의 같아진다. 게다가 파의 선형성을 가정하면, $\eta(t)$의 변동은 (2.22)식에서도 예상할 수 있듯이 상하대칭이 되기 때문에, 이러한 경우에는 파고 H는 η_m의 2배가 되어 $\eta_m = H/2$로 두는 것이 가능하다.

한편, $\varepsilon \rightarrow 0$의 경우 η_m의 분포는 (2.58)식으로부터

$$P\left(\frac{\eta_m}{\sqrt{m_0}}\right) = \frac{\eta_m}{\sqrt{m_0}} \exp\left(-\frac{\eta_m^2}{2m_0}\right) \tag{2.60}$$

가 되기 때문에, $\eta_m = H/2$을 대입하여,

$$P\left(\frac{H}{2\sqrt{m_0}}\right) d\left(\frac{H}{2\sqrt{m_0}}\right) = P\left(\frac{H}{2\sqrt{m_0}}\right) d\frac{H}{2\sqrt{m_0}} = P'(H)dH \tag{2.61}$$

을 고려하면, 파고 H의 통계분포는

$$P'(H) = \frac{H}{4m_0}\exp\left(-\frac{H^2}{8m_0}\right) \tag{2.62}$$

가 된다. 이로부터 평균 파고 $\overline{H}$는

$$\overline{H} = \int_0^\infty HP'(H)dH = \sqrt{2\pi m_0} \tag{2.63}$$

이 되기 때문에, 이 $\overline{H}$를 사용하여 (2.62)식을 다시 써보면, 파고 H의 통계분포는

$$P'(H) = \frac{\pi}{2}\frac{H}{\overline{H}^2}\exp\left\{-\frac{\pi}{4}\left(\frac{H}{\overline{H}}\right)^2\right\} \tag{2.64}$$

또는

$$P''\left(\frac{H}{\overline{H}}\right) = \frac{\pi}{2}\frac{H}{\overline{H}}\exp\left\{-\frac{\pi}{4}\left(\frac{H}{\overline{H}}\right)^2\right\} \tag{2.65}$$

로도 표현할 수 있다. 이 (2.65)식의 도출은

$$P'(H)dH = P''\left(\frac{H}{\overline{H}}\right)d\left(\frac{H}{\overline{H}}\right) = P''\left(\frac{H}{\overline{H}}\right)d\frac{H}{\overline{H}} \tag{2.66}$$

식의 관계를 사용했다.

풍파 파고의 통계분포를 보여주는 (2.65)식은, 그림 2.8의 $\varepsilon = 0$의 분포에서 알 수 있듯이, $H/\overline{H} = 0$에서 0, $H/\overline{H} = \pi/2$에서 극댓값을 취하며,[3] $H/\overline{H}$의 증대와 함께 점차 감소하여, $3 < H/\overline{H}$에서는 매우 작아진다. 실제 풍파 스펙트럼 폭 ε는 0이 아니지만, zero-up-crossing 법으로 정의된 파고의 분포는 (2.64)식 또는 (2.65)식의 레일리 분포와 매우 유사한 분포를 보인다. 이는 앞에서도 말했듯이 zero-up-crossing 법이 일종의 저역통과형 여파기의 역할을 수행하여 스펙트럼 폭을 등가적으로 감소시키는 효과를 가지고 있기 때문이라 생각된다. 물론 엄밀히는 $\varepsilon = 0$이 아니고, 풍파는 대다수의 경우 비선형성을 가지기 때문에 파고의 분포가 완전히 레일리 분포와 일치할 수는 없다. 그러나 실제 사용에서는 상당한 정밀도로 레일리 분포에 근사할 수 있다. $\varepsilon \neq 0$인 경우의 파고분포에 관한 연구도 이루어지고 있지만 아직 완전한 해는 얻지 못하고 있다.

(d) 각종 대표적인 파

지금까지 여러 번 설명했듯이 해양의 풍파는 불규칙하게 변화한다. 그러나 잡음처럼 완전히 불규칙한가 하면 반드시 그런 것은 아니다. 예를 들어 zero-up-crossing 법으로 파고와 주기를 정의하여 100파 정도의 평균값을 구해보면 평균 파고나 평균 주기는 상당히 안정된 값을 보인다. 이는 풍파 에너지(스펙트럼)가 특정 주파수 영역(파의 발달 상태에 따라 변화함)에 집중되어 있기 때문이다. 그래서 실제로는 해양 풍파를 평균파

---

3 (2.65)식을 $H/\overline{H}$로 미분하고 0으로 놓으면 구해진다.

를 이용하여 기술하는 경우도 많다. 이 경우 파고 및 주기의 정의는 zero-up-crossing 법을 사용하며, 평균을 내는 방법에 따라 다음과 같은 각종 대표파(representative wave)들이 정의된다.

(i) 평균파($\overline{H}$, $\overline{T}$)

일련의 파의 기록 중 파고 H와 주기 T의 각 평균값 $\overline{H}$, $\overline{T}$로 대표되는 파를 간단히 평균파(mean wave)라고 한다.

(ii) 1/3 최대파($H_{1/3}$, $T_{1/3}$)

일련의 파의 기록 중 파고 H를 큰 쪽부터 차례로 늘어놓고, 파고가 큰 쪽에서부터 전체 개수의 1/3만을 골라내어 그 파들의 파고 H 및 그에 대응하는 주기 T의 각 평균값($H_{1/3}$, $T_{1/3}$로 표시)을 구한다. 이 $H_{1/3}$과 $T_{1/3}$로 대표되는 파를 **1/3 최대파**(highest one-third wave) 또는 **유의파**(significant wave)로 부른다. $T_{1/3}$은 $H_{1/3}$에 해당하는 주기로, 파의 주기를 크기 순으로 정렬하여 큰 쪽에서부터 1/3만큼을 추출하여 평균을 낸 것이 아니라는 점에 주의해야 한다. $H_{1/3}$에 유의파(significant wave)라는 명칭이 붙은 것은, 이 파가 특별한 의의를 가지기 때문이 아니라, 인간이 시각 관측을 통해 직관적으로 파고를 구할 때 비교적 큰 파에 중점을 두고 평균을 내는 경향이 있다는 점에 기인한 명칭이라 생각된다.

(iii) 1/10 최대파($H_{1/10}$, $T_{1/10}$)

1/3 최대파와 동일하게, 파고를 큰 쪽에서부터 전체 개수의 1/10만을 추출하여 파고 및 주기를 각각 평균한 값 $H_{1/10}$과 $T_{1/10}$로 대표되는 파를

1/10 **최대파**(highest one-tenth wave)라고 부른다.

(iv) 최대파(H_{max}, T_{max})

일련의 파의 기록 중, 가장 큰 파고 H_{max}를 가지는 파를 **최대파**(maximum wave)라고 부른다. T_{max}는 주기의 최댓값이 아닌, H_{max}를 가지는 파의 주기이다. 파고의 통계분포가 (2.65)식처럼 레일리 분포(Rayleigh distribution)로 주어진다면, 이 분포를 토대로 임의의 $1/n$ 최대 파고를 아래와 같이 구하는 것이 가능하다. (2.65)식을 다음과 같이 고쳐 써보자.

$$P''(x) = 2a^2 x \exp(-a^2 x^2) \tag{2.67}$$

$$x = \frac{H}{\overline{\overline{H}}}, \quad a = \frac{\sqrt{\pi}}{2} \tag{2.68}$$

파고비 x가 어떤 x_N보다 클 초과확률은

$$P(x_N) = P(x > x_N) = \int_{x_N}^{\infty} P''(x)dx = \exp(-a^2 x_N^2)$$

이 되기 때문에, $P(x_N) = 1/N$이 되는 파고비 x_N은

$$\exp(-a^2 x_N^2) = \frac{1}{N} \text{ 또는 } x_N = \frac{(\ln N)^{\frac{1}{2}}}{a} \tag{2.69}$$

가 된다. $1/n$ 최대파를 $x_{1/N}$으로 표시하면 다음과 같다.

$$x_{1/N} = \frac{\int_{x_N}^{\infty} xP(x)dx}{\int_{x_N}^{\infty} P(x)dx} = \frac{1}{1/N}\int_{x_N}^{\infty} xP(x)dx$$
$$= N\left\{x_N \exp(-a^2 x_N^2) + \int_{x_N}^{\infty} \exp(-a^2 x^2)dx\right\}$$
$$= x_N + N\int_{x_N}^{\infty} \exp(-a^2 x^2)dx \quad (2.70)$$

이 결과를 토대로, 각종 평균 파고비 $H_{1/n}/\overline{H}$을 계산해보면

$$\frac{H_{1/3}}{\overline{H}} = 1.597, \quad \frac{H_{1/10}}{\overline{H}} = 2.031, \quad \frac{H_1}{\overline{H}} = 1 \quad (2.71)$$

을 얻을 수 있다((2.70)식의 우변 제2항의 계산에서는 오차함수의 표를 사용한다). 혹은 $\overline{H}$ 대신에 파랑 스펙트럼의 0차 모멘트 m_0 $(=\overline{\eta^2})$, 즉 파의 전체 스펙트럼 에너지를 사용하면 m_0와 각종 평균 파고와의 관계는 (2.63)식을 이용하여 다음과 같이 구할 수 있다.

$$\frac{\overline{H}}{\sqrt{m_0}} = 2.51, \quad \frac{H_{1/3}}{\sqrt{m_0}} = 4.00, \quad \frac{H_{1/10}}{\sqrt{m_0}} = 5.09 \quad (2.72)$$

이들의 관계로부터 다음과 같은 관계도 자동적으로 구할 수 있다.

$$H_{1/10} = 1.27 H_{1/3}$$

다음 값은 위의 각종 평균 파고 간의 관계를 실측된 해양파와 비교한 예이다(혼다(本多)·미쓰야스(光易), 1978).

파고비	$H_{1/3}/\overline{H}$	$H_{1/10}/\overline{H}$	$\overline{H}/\sqrt{m_0}$	$H_{1/3}/\sqrt{m_0}$	$H_{1/10}/\sqrt{m_0}$
실측	1.57	1.97	2.44	3.83	4.81
이론	1.60	2.03	2.51	4.00	5.09

이론과 실측 결과와의 일치는 양호한 편이다. 실측 결과에 의한 파고비 쪽이 약간 작은 것은, 파고의 레일리 분포를 도출할 때 파의 스펙트럼 폭이 0에 가깝다고 가정했는데, 실제 풍파의 스펙트럼 폭은 유한한 값을 가진다는 점과 이론의 기초에는 파의 선형성이 가정되어 있지만 실제 파는 약간 비선형성을 가진다는 점 등에 따른 것이다. 그러나 실제 사용에서는 레일리 분포로 도출된 값으로도 충분하다. 이 때문에 (2.72)식의 관계는 파형을 직접 해석하지 않고 파랑 스펙트럼으로부터 각종 평균파고를 구할 때 종종 사용된다.

(e) 최대 파고

하나의 정상 상태인 풍파의 파고 통계분포가 근사적으로 레일리 분포를 보이는 것으로부터 알 수 있듯이, 파고의 증대와 함께 그 출현 확률은 기하급수적으로 감소하지만 상한은 존재하지 않는다. 또한 특정 파고의 출현 자체가 확률현상이기 때문에, 정상적인 파의 기록(샘플)에서 출현한 최고파는 거의 동일한 조건에서 얻어진 다른 파의 기록(다른 샘플)에서의 최고파와는 다르다는 것을 예상할 수 있다. 즉, 최고파 자체의 확률분포를 명확히 할 필요가 있다.

롱게-히긴스(1952)는 이 같은 최고파 H_{max}의 확률분포를 이론적으로 구하고자 했다. 그 결과를 토대로 각종 최고파를 계산해보면, 최고파의 최빈값(가장 출현확률이 높은 값) $(H_{max})_{mode}$, 최고파의 평균값 $(H_{max})_{mean}$, 최고파 이상의 파고를 가지는 파의 출현확률, 즉 초과발생확률이 $1/n$ 인 최고파 $(H_{max})_{1/n}$ 등은 각각 다음과 같이 된다.[4] 여기에서 $\widetilde{H}_{max}=H_{max}/\overline{H}$, N_0은 파의 개수이다.

$$(\widetilde{H}_{max})_{mode}=\frac{2}{\sqrt{\pi}}(\ln N_0)^{\frac{1}{2}}\left\{1+\frac{1}{4(\ln N_0)^2}+\cdots\right\} \tag{2.73}$$

$$(\widetilde{H}_{max})_{mean}=\frac{2}{\sqrt{\pi}}(\ln N_0)^{\frac{1}{2}}\left\{1+\frac{0.577}{2(\ln N_0)}-\cdots\right\} \tag{2.74}$$

$$(\widetilde{H}_{max})_{1/n}=\frac{2}{\sqrt{\pi}}\left[\ln\left\{\frac{N_0}{\ln 1/(1-1/n)}\right\}\right]^{\frac{1}{2}} \tag{2.75}$$

이 식들을 토대로 파의 개수가 100파, 즉 $N_0=100$이고, $n=100$일 경우에 위 최대 파고의 특성값을 계산해보면,

$$(\widetilde{H}_{max})_{mode}=2.45,\quad (\widetilde{H}_{max})_{mean}=2.57,\quad (\widetilde{H}_{max})_{1/100}=3.42$$

가 된다. 이로부터

4 구체적 계산에 관해서는 "항만구조물의 내파 설계"(合田, 1990)를 참조할 것.

$$(\widetilde{H}_{max})_{mode} < (\widetilde{H}_{max})_{mean} < (\widetilde{H}_{max})_{1/n}$$

가 됨을 알 수 있다. $(\widetilde{H}_{max})_{1/n}$은 조금 성질을 달리하지만, $(\widetilde{H}_{max})_{mode}$와 $(\widetilde{H}_{max})_{mean}$은 크게 보면 거의 동일하다.

$$(\widetilde{H}_{max})_{mode} \simeq (\widetilde{H}_{max})_{mean} \simeq \frac{2}{\sqrt{\pi}}(\ln N_0)^{\frac{1}{2}}$$

이기 때문에, 이 근사식을 이용하여 최대 파고비 $\widetilde{H}_{max}(= H_{max}/\overline{H})$, 혹은 (2.71)식을 이용하여 $H_{max}/H_{1/3}$을 구해 각각의 N_0에 의한 변화를 보면 다음과 같다.

N_0	10^2	10^3	10^4	10^5
$H_{max}/\overline{H}$	2.42	2.97	3.42	3.83
$H_{max}/H_{1/3}$	1.52	1.86	2.14	2.40

즉, 파의 개수(계속시간에 비례)의 증대와 함께 H_{max}의 기댓값은 증대한다. 예를 들면, 통계적으로 정상인 파가 10시간 계속되어 그 평균주기가 12초라고 하면, 그동안의 파의 개수 N_0는 3×10^3이 되기 때문에 $H_{max}/H_{1/3} \sim 2$가 된다. 즉, 최고파고 H_{max}로는 유의파고 $H_{1/3}$의 2배 정도인 파고가 출현할 가능성이 있다.

(f) 파고와 주기의 결합분포

물체에 작용하는 파력을 계산하기 위해서는 파고만이 아닌 특정 파고를 가지는 파의 주기도 필요하다. 따라서 공학적 응용을 고려하면 해양풍파의 통계적 성질로서 파고와 주기의 결합분포(joint probability distribution), 즉 특정 파고와 주기의 출현빈도분포가 필요하다. 롱게-히긴스는 가우스 과정의 랜덤 파형에서 스펙트럼 폭이 좁다는 가정 아래 이론적으로 파고와 주기의 결합분포를 도출해냈고, 그것을 해양파에 응용하는 것에 대한 논의를 하였다(Longuet-Higgins, 1975). 그 결과에 의하면 파고와 주기와의 결합분포 $P(\widetilde{H}, \widetilde{T})$는 다음 식으로 주어진다.

$$P(\widetilde{H}, \widetilde{T}) = \frac{\pi \widetilde{H^2}}{4\nu} \exp\left[-\frac{\pi}{4}\widetilde{H}^2\left\{1 + \frac{(\widetilde{T}-1)^2}{\nu^2}\right\}\right] \tag{2.76}$$

단,

$$\widetilde{H} = \frac{H}{\overline{H}} \quad \text{(평균파고 } \overline{H}\text{로 무차원화한 파고)}$$

$$\widetilde{T} = \frac{T}{\overline{T}} \quad \text{(평균주기 } \overline{T}\text{로 무차원화한 주기)}$$

$$\nu = \left(\frac{m_0 m_2}{m_1^2} - 1\right)^{\frac{1}{2}} \tag{2.77}$$

여기에서 ν는 일종의 스펙트럼 폭을 나타낸 파라미터다. (2.76)식을 무차원 주기 $\widetilde{T}$에 관해 $0 \sim \infty$ 사이로 적분하면 무차원 파고 $\widetilde{H}$에 관한

분포

$$P_1(\widetilde{H}) = \frac{\pi}{2}\widetilde{H}\exp\left(-\frac{\pi}{4}\widetilde{H}^2\right) \tag{2.78}$$

즉, 레일리 분포를 얻을 수 있다. 또한 (2.76)식을 무차원파고 $\widetilde{H}$에 관해 0~∞ 사이로 적분하면, 무차원주기 $\widetilde{T}$에 관한 분포

$$P_2(\widetilde{T}) = \frac{\nu^2}{2\{\nu^2 + (\widetilde{T}-1)^2\}^{\frac{3}{2}}} \tag{2.79}$$

를 얻을 수 있다.

그림 2.11의 (a)는 해양파의 계측 데이터를 토대로 하여 구한 파고와 주기의 결합분포를 나타낸 것이다. 종축은 평균 파고 $\overline{H}$로 규격화한 파

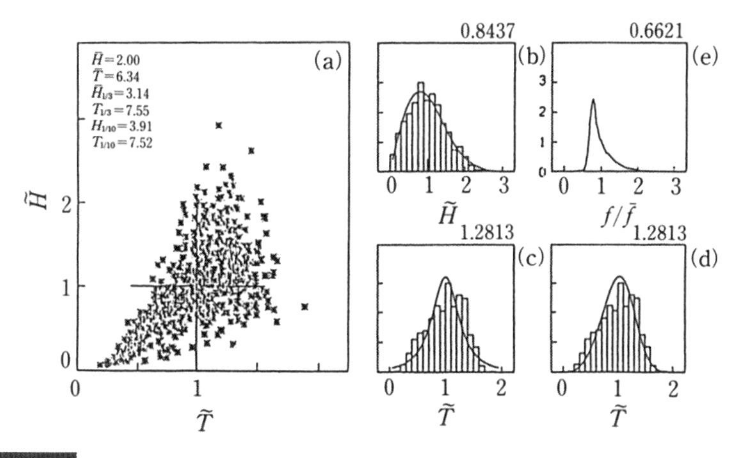

그림 2.11 해양파의 파고와 주기의 결합분포(本多 · 光易, 1978)

고 $\tilde{H}(=H/\overline{H})$, 횡축은 평균 주기 $\overline{T}$로 규격화한 주기 $\tilde{T}(=T/\overline{T})$이다. (b)는 파고 $\tilde{H}$의 분포를 레일리 분포(2.78)식과 비교한 것이고, (c)는 실측된 주기 $\tilde{T}$의 분포를 롱게-히긴스(1957)의 이론식 (2.79)와 비교한 것이며, (d)는 실측된 주기 $\tilde{T}$의 분포를 브레트슈나이더(Bretschneider, 1959)가 제안한 T^2-레일리 분포

$$P_3(\tilde{T}) = 2.7\tilde{T}^3 \exp(-0.675\tilde{T}^4) \tag{2.80}$$

와 비교한 것이다. (e)에는 규격화된 파랑 스펙트럼이 나타나 있다. (b), (c) 및 (d)의 종축 스케일은 분포 형태를 정돈할 수 있는 정도로 설정했다(각 분포도의 오른쪽 위의 수치는 분포의 최댓값을 나타낸다. 단, (e)에서 종축은 규격화된 파랑 스펙트럼 밀도를, 우측 위의 수치는 파의 전체 에너지를 나타낸다).

이로부터 다음과 같은 것을 알 수 있다.

- 파고는 0부터 평균 파고의 3배 정도, 주기는 0부터 평균 주기의 2배 정도의 범위에 분포되어 있다.
- 파고가 커짐에 따라, 대응하는 주기의 산란 범위가 좁아진다.
- 파고 및 주기가 작은 부분을 제외하면, 파고 혹은 주기의 분포에 관한 실측 결과와 롱게-히긴스(Longuet-Higgins)의 이론과의 일치는 양호하다.
- T^2-레일리 분포와 실측 결과와의 일치도 비교적 양호하다.

전체적으로 보면, 이론과 실측 결과의 일치는 양호한 수준이지만, 파고의 작은 부분에서 파고와 주기와의 사이에 상관관계가 보이는 것, T의 분포가 이론과 달라 좌우대칭이 아닌 것 등 약간의 불일치가 보인다. 그 후, 롱게-하긴스(Longuet-Higgins, 1983)는 새로운 이론을 제안하여 실측 결과와의 일치도를 더욱 높였다.

마이클 셀윈 롱게-히긴스 (Michael Selwyn Longuet-Higgins, 1925~2016)

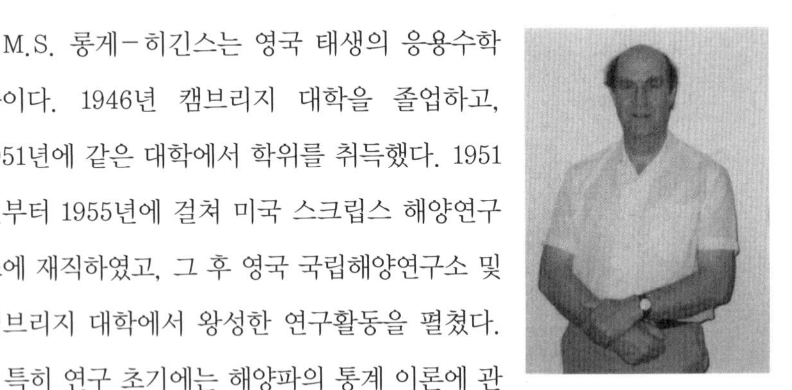

M.S. 롱게-히긴스는 영국 태생의 응용수학자이다. 1946년 캠브리지 대학을 졸업하고, 1951년에 같은 대학에서 학위를 취득했다. 1951년부터 1955년에 걸쳐 미국 스크립스 해양연구소에 재직하였고, 그 후 영국 국립해양연구소 및 캠브리지 대학에서 왕성한 연구활동을 펼쳤다.

특히 연구 초기에는 해양파의 통계 이론에 관해 수많은 연구를 진행했는데, 현재의 통계 이론에 그의 연구가 미친 영향은 매우 크다. 이 외에도 해양파의 압력 변동에 의한 대지의 파동, 수면파의 비선형 효과의 일종인 라디에이션 스트레스, 파의 비선형 상호작용, 풍파의 발달 등에 대한 우수 논문을 매우 많이 발표하여, 실로 파 연구의 거장이라 불린다. 그는 1957년에 캠브리지 대학으로부터 레일리 상을 수여받았고, 1983년에는 미국 기상학회로부터 스베드럽(Sverdrup) 상을 받았다. 그 후 캠브리지 대학을 은퇴하고, 캘리포니아 대학 샌디에이고 캠퍼스에서 연구를 수행하였다.

저자가 박사를 처음 만난 것은 1963년 버클리에서 개최된 IUGG 회의 때였다. 연구발표를 언제나 맨 앞줄에서 열심히 듣고 있는 성실한 인물이 눈에 띄었다. 당시 지진 연구소에 있었던 카지우라 킨지로(梶浦欣二郎) 박사에게 물어 바로 그 유명한 롱게-히긴스 박사라는 것을 알았다. 그 후 1976년에 하와이에서 열린 해안공학 국제회의에서 그와 직접 대화를 나눌 기회가 생겼다. 그의 요청에 따라 시간 절약을 위해 해변의 식당에서 점심을 먹으며 파에 관해 의견을 나눴다. 그리고는 강연회에 늦으면 안 된다며 서둘러 강연장으로 돌아갔다. 당시의 반바지에 샌들 차림이 선명하게 머리에 남아 있다. 불필요한 시간을 줄여가며 연구에 집중하려는 인물이라는 인상을 받았다. 그 후 국제회의 등에서 만날 기회가 매우 많았지만, 그는 하와이에서 받았던 인상대로의 인물로, 그야말로 연구자로서는 이상형이라는 생각이 든다.

박사를 둘러싼 에피소드를 한 가지 더 소개해보겠다. 1984년 토바 요시아키(鳥羽良明) 교수와 협력하여 센다이에서 국제회의를 개최한 적이 있다. 한여름의 매우 더운 날이었기에, 토바 교수가 주최한 만찬회에 나는 셔츠 깃을 풀어헤친 가벼운 복장으로 참석했다. 그런데 초대객들은 모두 정장 차림이었다. 내가 결례를 사과하자 롱게-히긴스 박사는, "이렇게 하면 되겠네요." 하며 바로 자신의 상의와 넥타이를 벗었다. 박사는 연구자로서 이상형임과 동시에 유머와 배려가 있는 인물이기도 했다.

CHAPTER 03

해양에서 풍파의 발생과 발달

CHAPTER 03

해양에서 풍파의 발생과 발달

수면 위에서 바람이 계속 불면 작은 풍파(잔물결)가 발생하고, 바람으로부터 에너지를 흡수하면서 점점 발달하여 거대한 해양파로 성장하게 된다. 이러한 현상을 설명하는 것은 학문적으로 매우 흥미로운 문제일 뿐만 아니라, 파랑예보와 같이 실용적인 측면에서도 매우 중요하다. 따라서 풍파의 발생과 발달 과정에 대한 설명은 풍파 연구에서 가장 중요한 과제 중 하나라고 할 수 있다. 1950년대 후반부터 오늘날에 이르기까지 풍파의 발생 및 발달 과정에 관한 엄청난 수의 연구가 풍파의 통계구조에 관한 연구와 함께 병행되었다. 약 반세기에 걸친 연구 결과, 풍파의 발생 및 발달 과정에 관한 우리의 이해는 비약적으로 높아졌고, 그를 토대로 실용적인 측면에서도 상당한 정확도로 파랑예보를 할 수 있게 되었다. 그러나 아직 현상에 대한 기본적인 역학과정이 충분히 해명되었다고 할 수 있는 단계에는 미치지 못해 많은 문제가 남아 있다. 이 장에서는 최근의 연구성과를 토대로 풍파의 발생 및 발달 과정에 대해 논해본다. 이론적인 논의의 자세한 내용에 관해서는 필립스의 교과서(Phillips, 1966;

1977)를 참조하기 바란다.

3.1 풍파의 발생

풍파의 발생 초기의 상황은 다음과 같다(Kawai, 1979). 정지된 수면 위에 바람이 불기 시작하면, 바람의 마찰력에 의해 물의 표면 부근에 취송류가 발생한다. 그리고 이 취송류의 발생에 이어(수 초 정도) 매우 작은 잔물결이 발생한다(그림 3.1(a), (b), (c)). 이 잔물결의 발생 초기의 파고는 미크론 정도로, 주파수는 풍속에 따라 달라지기는 하지만 대략 평균 10~20Hz 정도이다. 시간의 흐름에 따라 확실한 형태를 갖게 된 파는 파봉이 횡방향으로 연속되어 있고, 파장도 비교적 일정한 규칙적인 파형을 보인다(그림 3.1(d), (e), (f)). 그러나 시간이 더 경과하고 파가 발달함에 따라 파봉은 부서지고, 파장도 불규칙해져 파형 자체가 전체적으로 불규칙해진다(그림 3.1(g), (h)).

이러한 현상은 수면 위에 균일하게 일정한 속도로 부는 바람이 불기 시작했을 때 생기는 발생 초기 풍파의 시간적 변화에 관한 것이지만, 비교적 저풍속인 바람이 장시간 계속 불어 파가 정상 상태에 도달했을 경우에도 풍파는 수면 풍상 측의 경계 부근에서 공간적으로 닮은 변화를 보인다(Ramamonjiarisoa *et al.*, 1978). 그림 3.2는 실험 수조에서 계측한 풍파 스펙트럼의 공간적(풍하를 향한) 변화이다. 풍상의 경계에 가까운 곳(F : 0.7m~1.0m)에서는 파의 스펙트럼 에너지가 16Hz 부근에 집중되어 있고, 파가 비교적 규칙적인 것을 알 수 있다. 그러나 풍상에서 1.3m 거리 부근부터 점차 파의 스펙트럼 폭이 넓어져, 2.2m 부근의 파의 스펙

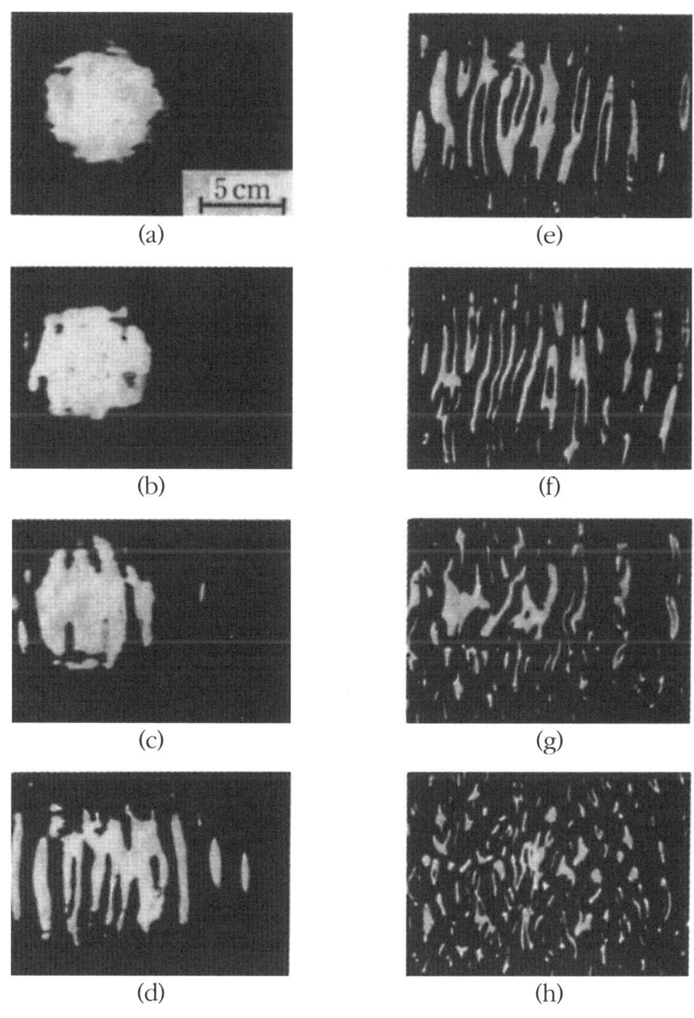

그림 3.1 발생 초기 풍파의 시간적 변화.
실험 수조에서 일정 풍속(6.3m/s)인 바람을 갑자기 발생시켰을 때의 수면 변화를 수조 천정에서 스팟 라이트를 비춰 그 반사광의 변화를 찍은 것(Kawai, 1979). (a)는 바람이 불기 시작하고부터 3.66초 경과한 후의 상태로, 바람은 불고 있으나 아직 파는 발생하지 않은 상태. 사진의 시간 간격은 약 0.6초. (b)부터 (c)까지의 시각에 발생한 파는 (d)~(f)의 과정을 거쳐, 극히 단시간 안에 불규칙한 풍파 (g), (h)로 변화해감을 알 수 있다.

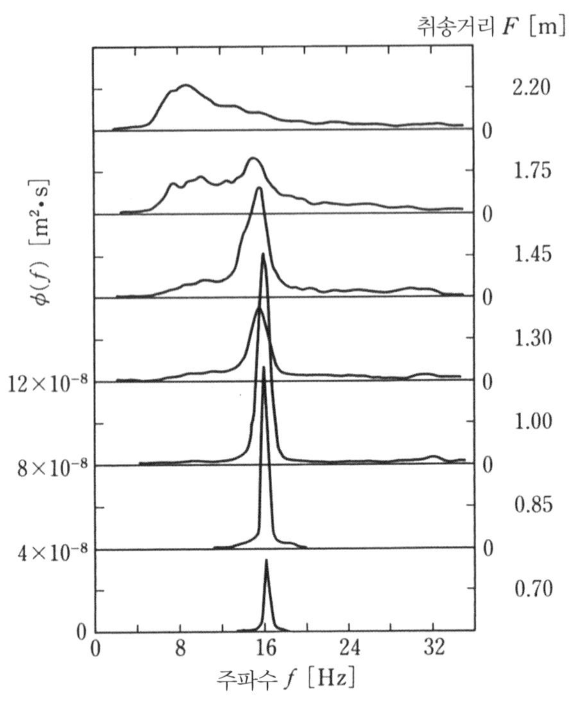

그림 3.2 발생 초기 파의 스펙트럼의 변화.
실험 수조에서 일정한 풍속(5m/s)의 바람을 계속 불게 하여 정상 상태에 도달한 풍파 스펙트럼의 풍상 경계 부근으로부터 풍하를 향한 발달 (Ramamonjiarisoa *et al.*, 1978)

트럼형은 전면(저주파 측)이 가파르고 배면(고주파 측)이 완만해져, 풍파 스펙트럼의 고유한 형상으로 변해간다. 이는 풍파가 스펙트럼 피크 부분의 주파수 성분을 중심으로 매우 많은 주파수 성분을 포함한 연속 스펙트럼으로 이행되어 감을 의미하며, 이를 통해 2.5절의 스펙트럼 모델 부분에서 본 것처럼 불규칙한 성질이 발생한다는 것을 예상할 수 있다.

위와 같은 풍파의 발생 초기 상태는 각별히 주의해야만 볼 수 있는 현상으로, 보통 우리가 볼 수 있는 현상은 위에서 말한 공간파형에서 보면

(h) 이후 스펙트럼으로 보면 $F = 2.2\text{m}$ 이후의 것이다. 또한 풍파 발생 초기의 변화는 평판상 기류의 경계층 내에 발생하는 기류의 불안정파, 이른바 T-S 파의 움직임과 비슷하다. 이런 유사점은 다음에 나올 풍파의 발생 기제 부분에서 논하게 될 이층 유체 경계층의 불안정 이론을 형식적으로 지지한다고 볼 수 있다.

풍파가 발생하는 한계풍속에 관해서는 예전부터 많은 연구와 논의가 진행되었으나 아직 충분한 결론을 얻지는 못하고 있다(Kahma and Donelan, 1988). 그 이유는 발생 초기의 파가 극히 미세하여 그 검출방법에 많은 주의가 필요하다는 점, 발생 한계는 물의 점성이나 표면장력에도 의존하므로 이러한 것들에 충분한 주의를 기울여야 한다는 점, 그리고 표면 취송류의 불안정 기제로 발생하는 경우 취송류를 지배하는 경계조건에도 의존할 가능성이 있다는 점 등 때문이라 생각된다.

3.2 풍파의 발생 기제

바람에 의해 수면에서 파가 발생하는 구조는 현재 다음의 두 가지를 생각해볼 수 있다.

(a) 공명 기제

정지 상태인 수면 위에 바람이 불기 시작한 경우를 생각해보자. 수면 위의 바람은 일반적으로 어지러운(흐트러진) 상태이므로 난류적인 압력 변동을 동반한다. 수면은 중력이나 표면장력을 복원력으로 하는 일종의 진동계로, 이 압력 변동이 강제 진동인 외력이 되어 수면파를 발생시킨다. 풍파가 어느 정도 발달하게 되면, 풍파 자체에 의해 야기된 압력 변동이 지배적이지만(Miles 구조), 수면파의 발생 초기 단계에서 압력 변동은 발생한 수면파와는 무관하며, 그 이동 속도는 평균 풍파와 비슷할 것으로 생각된다.

필립스(Phillips)는 이러한 평균류의 풍속 U로 풍하로 이동하는 난류 압력 변동에 대한 수면의 응답을 계산하여, 발생한 풍파의 방향 스펙트럼 $E(\omega, \theta)$가

$$E(\omega, \theta) \sim \frac{k^2 \omega t}{2(\rho_w g^2)} \int_0^{\infty} \pi(k, \tau) \cos\left\{\left(\frac{U\cos\theta}{C} - 1\right)\omega\tau\right\} d\tau \qquad (3.1)$$

로 주어진다는 것을 보여주었다. 다만 ρ_w는 물의 밀도, g는 중력가속도, k는 파수, ω는 주파수, t는 시간, $\pi(k, \tau)$는 시각 τ에서 압력 변동의 파수 스펙트럼, U는 풍속, C는 파속, θ는 풍향과 파의 전파 방향이 이루는 각도를 의미한다. 압력 변동이 등방적인(isotropic) 경우, 위 식에서 오른쪽의 적분은

$$U\cos\theta = C = \frac{g}{\omega} \qquad (3.2)$$

일 때에 최대가 된다. 즉, 파속과 피의 전파 방향의 풍속 성분이 일치하는 파가 공명적으로 증폭된다. 그리고 그러한 경우에 발달은 (3.1)식으로부터 알 수 있듯이 시간에 대해 직선적인 형태를 보인다. 이것이 풍파 발생에 대한 필립스의 공명 기제(resonance mechanism)

라 불리는 것이다.

(3.2)식을 만족하는 방위각 θ의 값 α는 그림 3.3에서 알 수 있듯이 두 방향으로 존재하기 때문에, 발생한 초기파는

$$\theta = \pm\alpha = \pm\cos^{-1}\frac{C}{U} \tag{3.3}$$

의 방향으로 진행할 것으로 예상된다.

필립스의 공명 기제는 당초에는 초기파의 발생보다는 오히려 발달 과정에 있는 풍파의 지배적인 운동량 전달 기제로 제안되었다. 그러나 실제 관측된 난류 압력 변동은 가정된 것보다 훨씬 작고, 공명 이론에 의한 파의 발달률은 실제 발달률보다 매우 작은 값만 부여한다는 것을 알게 되었다. 그래서 주요한 발달 과정은 후에 서술할 마일즈(Miles) 구조에 지배되는 것으로 생각하게 되었다. 그러나 마일즈 구조는 일단 수면파가 발생한 후 작용하는 것이므로, 초기파의 발생은 필립스의 공명 기제로,

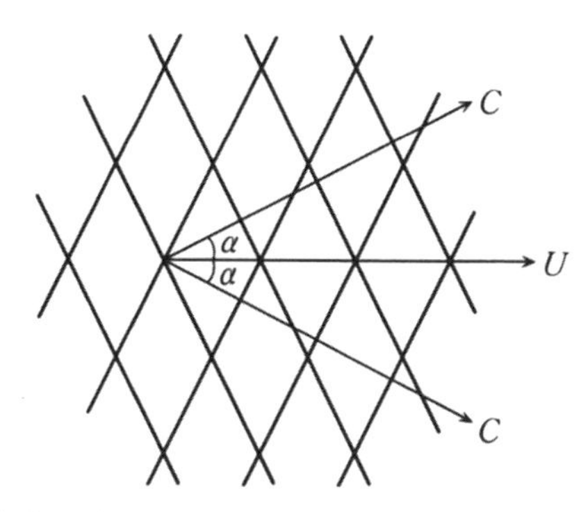

그림 3.3 공명 기제에 의한 풍파 발생의 설명도.
U방향으로 부는 바람에 의해 (3.3)식을 만족하는 C방향으로 전파되는 파가 발생한다.

발생한 파의 발달은 마일즈 구조로 설명하는 모델이 일반적으로 고려된다. 초기파의 발생 기제로는 다음에 설명할 2층류의 불안정 기제도 유력하다.

(b) 2층류의 불안정 기제

앞서 설명한 공명 기제에서는 취송류를 전혀 고려하지 않았지만, 실제로는 수면 위에 바람이 불면 그 마찰력에 의해 물의 표층 부근에 속도경사가 큰 취송류가 발생한다. 그림 3.4는 이러한 경우의 수면 부근 공기와 물의 흐름 상황을 모식적으로 나타낸 것이다.

이렇게 바람에 의해 공기와 물의 경계 부근에 발생하는 흐름은 풍속이 점차 증가하면 불안정해지기 때문에, 보통 고체벽을 따라 기류의 경계층과 동일하게 불안정파가 발생한다. 이것이 풍파 발생에서의 2층류의 불안정 기제이다. 이러한 불안정파의 발생 및 그 증폭률의 계산이 수행되었

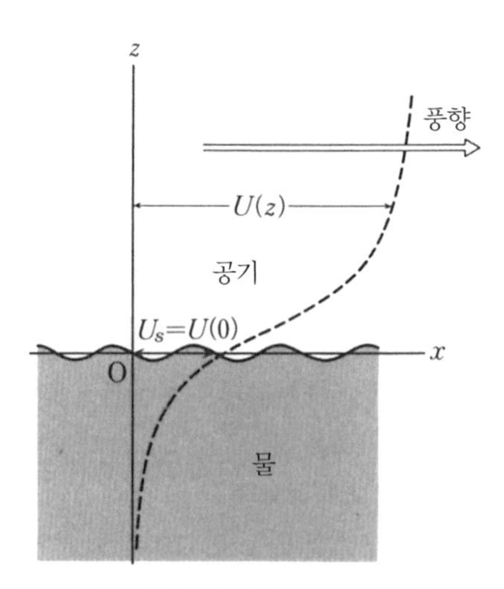

그림 3.4 바람의 영향을 받는 수면에서의 흐름구조(Valenzuela, 1976). 바람의 마찰력으로 수면에서 취송류가 발생한다.

으며, 각각 제한된 범위에서는 계산 결과와 계측 결과는 비교적 높은 일치도를 보인다(Valenzuela, 1976; Kawai, 1979; van Gastel *et al.*, 1985). 그러나 초기파의 발생과 그 발달률을 실험적으로 자세히 조사한 연구 결과(Kahma *et al.*, 1988)는, 2층류의 불안정 기제를 결정적으로 지지하지 못하였으며, 오히려 매우 저풍속일 때의 초기파의 발달에 대해서는 필립스의 공명 기제를 검토할 여지가 있는 듯하다. 앞으로 초기파의 발생 과정을 좀 더 명확히 하기 위해서는 거듭 연구가 필요할 것이다.

3.3 풍파의 발달(1)

공명 기제 혹은 2층류의 불안정 기제에 의해 발생한 작은 풍파는, 바람이 계속해서 불어오면 바람으로부터 에너지를 흡수하여 시간적·공간적으로 발달해 나간다. 간단히, 무한히 넓은 해역에 일정한 풍속으로 바람이 불기 시작했다고 가정해보자. 이 경우, 현상은 공간적으로 동일하기 때문에 풍파도 공간적으로 동일하며, 바람이 불기 시작한 다음부터의 시간, 즉 취송시간 t의 증가와 함께 발달한다. 이것은 **취송시간으로 제한된 풍파**(duration-limited wind wave)라고 불린다. 물론 이러한 파도 풍속에 의존한다.

유한한 해역에서도 해면의 풍상 측 경계로부터 풍하 쪽으로 멀리 떨어진 장소에서는, 바람의 취송시간이 짧은 동안에는 풍상 경계를 출발한 파가 아직 도달하지 않았기 때문에 그 장소의 파가 경계의 영향을 받지 않는다. 따라서 파는 풍속과 취송시간에만 의존하게 된다. 이에 반해, 풍상 경계에 가까운 장소에서는 경계에서 출발한 파가 비교적 단시간에 도달하고, 도달하기까지의 시간은 취송거리 F에 의존한다. 따라서 바람으로부터 흡수한 에너지도 취송거리에 의존하게 되고, 파는 취송거리에 제한을 받게 된다. 이러한 파는 **취송거리로 제한된 풍파**(fetch-limited wind wave)라고 한다.

그림 3.5(a), (b)는 위와 같은 과정을 모식적으로 표현한 것이다. (a)는 일정한 풍속의 바람에 의해 발달 과정에 있는 풍파의 에너지 $\overline{\eta^2}$의 변화를 취송시간 t를 횡축으로 하여 표현한 것이다. 예를 들면, 취송거리 F_3인 지점에서, 파는 시각 t_3까지 시간과 함께 발달하지만, t_3 이후에는 포화

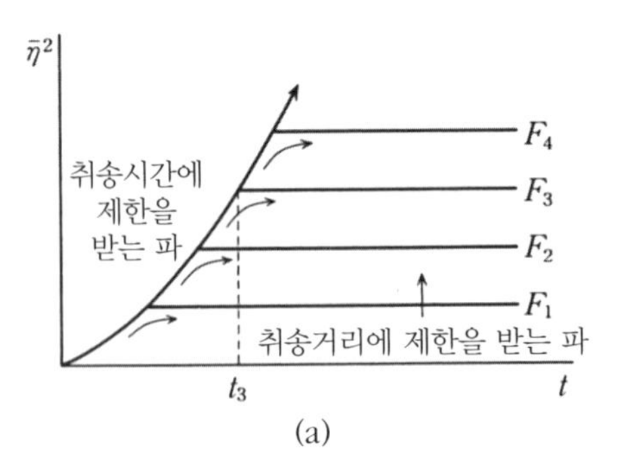

(a)

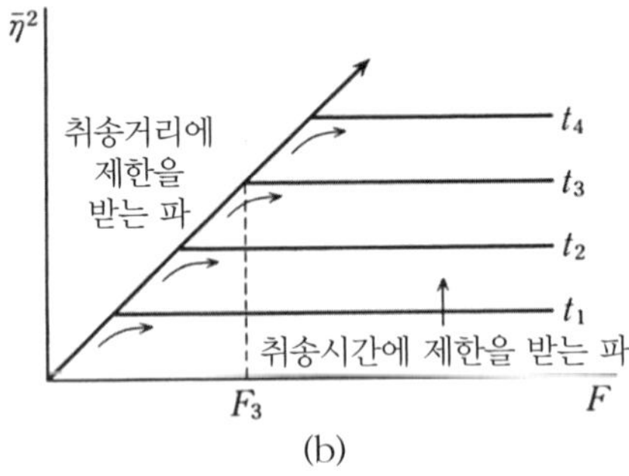

(b)

그림 3.5 풍파의 발달 과정 설명도.
(a) 취송거리 F를 파라미터로 풍파 에너지 $\overline{\eta^2}$의 시간적 변화를 나타낸 것, (b) 취송시간 t를 파라미터로 풍파 에너지 $\overline{\eta^2}$의 공간적 변화를 나타낸 것이다(Mitsuyasu and Rikiishi, 1978).

하여 시간적으로 정상 상태가 된다. 또 이렇게 파가 포화하기까지의 시간은 취송거리에 의존하며 취송거리가 클수록 커진다. (b)는 동일한 현상을 공간적으로 바라본 것으로, 취송시간 t_3에서 취송거리 F_3까지의 파는 취송거리에 의존하는 값에 포화하여 정상이 되지만, 취송거리가 F_3보다 큰 파는 시간과 함께 발달하고 있다.

위와 같이 단순화된 조건에서 풍파는 반드시 취송시간 혹은 취송거리 중 어느 하나에 제한을 받는다는 것을 알 수 있다. 특히 내해나 만내(灣內) 처럼 취송거리가 비교적 짧은 해역에서, 파는 비교적 단시간에 정상 상태에 도달하고 그 크기는 풍속과 풍상 경계로부터의 거리, 즉 취송거리에만 의존하게 된다. 이렇게 취송거리에 제한을 받는 파의 발달에 관해서는 뒤에서 설명하겠지만, 상당히 정밀한 각종 실험식들이 제안되고 있기 때문에 실험식을 이용하여 간단히 파를 추산할 수 있다.

파가 어떤 상태에 있는지를 판정하는 기준이 되는 양은 **최소 취송시간** (minimum duration) t_m으로, 이는 다음 식으로 정의된다.

$$t_m = \int_0^F C_g^{-1} dF \tag{3.4}$$

여기서 C_g는 발달 과정에 있는 풍파의 **군속도**(에너지의 전파속도, 부록 참조)이다. 이 식은 풍상 경계를 출발한 파의 에너지가 군속도 C_g로 전달되어, 취송거리 F인 지점까지 도착하는 데 필요한 시간이 최소취송시간 t_m이라는 것을 수식으로 표현한 것이다.

여기서 주의해야 할 것은, 풍파의 군속도 C_g가 파의 발달과 함께 증대되어 위치 함수가 된다는 것이다. 이는 특정 성분파에는 해당되지 않는 것으로, 통계적 평균파(예를 들면 유의파)로 풍파를 설명해보자면, 유의파의 주기가 파의 발달과 함께 증대되기 때문에 일어난다. 단, 바람장이 시간적·공간적으로 변하는 경우의 현상은 그리 단순하지 않다. 이런 경우에는 다음과 같이 좀 더 일반적인 취급이 필요하다.

3.4 풍파의 발달(2)

앞 절의 설명을 참고로, 외해에서의 풍파 에너지 변동은 일반적으로 다음의 **에너지 평형방정식**(energy balance equation)으로 기술할 수 있다는 것을 알 수 있다.

$$\frac{\partial E(\omega,\theta)}{\partial t} + C_g \cdot \nabla E(\omega,\theta) = S \tag{3.5}$$

단, 여기에서는 보다 일반성을 갖게 하기 위해 풍파의 전체 에너지 $\overline{\eta^2}$ 대신에 풍파의 방향 스펙트럼 밀도 $E(\omega,\theta)$의 시간적·공간적 변동을 표현하는 식이 된다. 여기서 C_g은 군속도 벡터, ∇는 미분연산자로,

$$\nabla = i\frac{\partial}{\partial x} + j\frac{\partial}{\partial y} \tag{3.6}$$

S는 풍파 스펙트럼 성분에 대한 전체 에너지의 출입을 일반적으로 표현한 것으로, **에너지 입출력함수**(source function)라 불린다. (3.5)식은

주파수에 관해 0부터 ∞, 각도에 관해 0부터 2π 사이에서 적분하면 전체 에너지 $\overline{\eta^2}$를 지배하는 식으로 유도된다.

(3.5)식에서 좌변의 제1항이 방향 스펙트럼의 시간적 변화를 나타내고, 제2항이 방향 스펙트럼 플럭스의 공간적 변화를 나타낸다. 따라서 3.3절에서 설명한 취송시간으로 제한된 파는 제2항은 무시할 수 있는 크기로, 제1항만이 지배적인 파에 해당한다. 거꾸로 시간적으로 정상 상태에 도달해 취송거리만으로 제한된 파는 제1항이 소실되고, 제2항만이 지배적인 파가 된다.

(3.5)식은 풍파 스펙트럼 성분별로 외부로부터의 에너지 출입과 평형을 이루는 파의 스펙트럼 에너지가 시간적·공간적으로 변하는 것을 표현한 것으로, 에너지 평형방정식이라 불린다.

에너지 평형방정식에서 최대 문제는, 풍파 스펙트럼 성분에 대한 에너지 출입을 표현하는 에너지 입출력함수 S의 구체적 표현이다. 일반적으로 S는 근사적으로

$$S = S_{in} + S_{ds} + S_{nl} \tag{3.7}$$

로 표현되고, S_{in}은 바람과 파의 상호작용에 의한 에너지 출입에 해당하며, S_{ds}는 여러 원인에 의한 파의 에너지 손실에 해당한다. 단, 물의 점성에 의한 파의 에너지 손실은 표면장력파 외에는 무시할 수 있는 정도이기 때문에, S_{ds}는 실질적으로는 쇄파에 의한 에너지 손실이 대부분이다. S_{nl}은 파의 스펙트럼을 구성하는 성분파 사이의 비선형 상호작용에 의한 에너지 출입에 해당한다. 즉, 2.2절에서 설명했듯이

풍파는 제1차 근사로는 성분파의 선형중첩으로 표현되지만, 실제로는 성분파 간에 약한 비선형 상호 간섭이 있어 에너지 교환이 발생한다. S_{nl}은 이 효과를 표현한 것이다.

풍파의 발달이나 쇠퇴는 이러한 대표적인 역학 과정에 의한 에너지 평형 상태의 변화로서 발생하며, 각 역학 과정을 밝혀내는 일은 풍파 연구에서 중심적인 과제라고 할 수 있다. 따라서 이에 대해서는 후에 좀 더 자세히 다루도록 하겠다.

에너지 입출력함수 S를 구성하는 각 항에 대응하는 역학 구조가 명확해져 각 항의 구체적 표현이 주어지면, 에너지 평형방정식 (3.5)를 풀어 (이상화된 경우 외에 수치적으로 푸는 것을 말함) 풍파의 방향 스펙트럼 $E(\omega, \theta)$의 시간적·공간적 변화를 구할 수가 있다. 그렇기 때문에 이 (3.5)식은 후에 서술할 파랑 수치예보의 기초가 되는 식이다.

3.5 풍파 스펙트럼의 발달

풍파 스펙트럼의 발달 기제를 논하기에 앞서, 풍파 스펙트럼의 발달 특성에 관한 현상론적인 기술을 해두기로 하자. 수많은 관측 결과를 토대로 얻어진 풍파 스펙트럼의 발달 특성에 관한 기본적 성질은, 풍파의 발달구조를 논할 때에도 중요한 역할을 한다.

(a) 주파수 스펙트럼의 발달 특성

풍파의 주파수 스펙트럼은 파의 발생 초기에는 선 스펙트럼에 가까운 형상을 보이지만, 극히 단시간에 풍파의 고유한 형상인 연속 스펙트럼으로 변해간다(3.1절 참조). 풍파 스펙트럼은 이러한 연속 스펙트럼형을 보이게 된 후에는 비교적 상사형을 유지하면서 시간적으로 계속 발달하여, 최종적으로는 포화하여 풍속에 대응하는 하나의 정상 상태에 도달한다(Mitsuyasu and Rikiishi, 1978). 일정 풍속의 바람이 계속 불어 풍파가 정상 상태에 도달했을 때에도 풍파 스펙트럼은 그림 3.6(a)에서 보이는 것처럼, 취송거리의 증대와 함께 발달하여 최종적으로는 포화 상태에 이르게 될 것으로 생각된다. 그래서 시간적·공간적으로 포화 상태에 도달한 풍파를 **충분히 발달한 풍파**(fully-developed wind waves 또는 fully-arisen sea)라고 부른다.

이상은 특정 풍속에 대응하는 현상이었지만, 그림 3.6(b)에서 볼 수 있듯이 풍속이 증대되면 시간적으로 정상 상태에 도달한 풍파 스펙트럼은 풍속과 함께 발달한다.

그림 3.6으로부터 발달 과정에 있는 풍파 스펙트럼의 매우 특징적인 성질을 도출해낼 수 있다. 즉,

(i) 발달 과정에 있는 풍파 스펙트럼형은 거의 상사형이다.

(ii) 발달은 주로 저주파 측을 향해 발생하며, 스펙트럼 피크의 저주파 측으로의 이동과 스펙트럼의 전체적인 에너지 증대가 일어난다.

(iii) 스펙트럼의 고주파 측은 비교적 일정하고 포화 상태에 가까운 형상을 보이지만, 자세히 보면 스펙트럼의 전체적인 발달에도 불구하고, 피크로부터 조금 고주파 측에 걸쳐 국소적으로 감쇠하는 양상을 보인다.

(iv) 스펙트럼의 고주파 영역 발달특성은 취송거리에 대한 발달과 풍속에 의한 발달에 약간 차이가 있다.

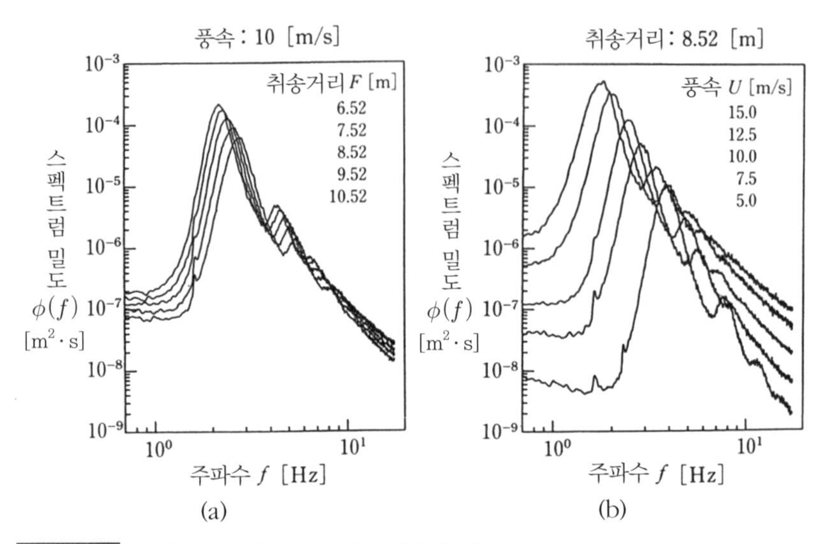

그림 3.6 풍파의 주파수 스펙트럼의 발달 특성.
(a) 풍속 10m/s인 바람으로 발생한 풍파 스펙트럼의 취송거리에 따른 변화. (b) 취송거리 8.52m에서 풍속 U에 의한 풍파 스펙트럼의 변화 (Mitsuyasu, 1985)

발달 과정에 있는 풍파 스펙트럼이 상사형을 보이는 것은, 그림 3.6의 스펙트럼을 그림 3.7처럼

$$\frac{\phi f_m}{E} = \Phi\left(\frac{f}{f_m}\right) \tag{3.8}$$

로 규격화해보면 잘 알 수 있다. 단, E는 풍파 스펙트럼의 전체 에너지 $E = \int \phi(f)df = \overline{\eta^2}$ 이고, f_m은 스펙트럼 피크의 주파수이다.

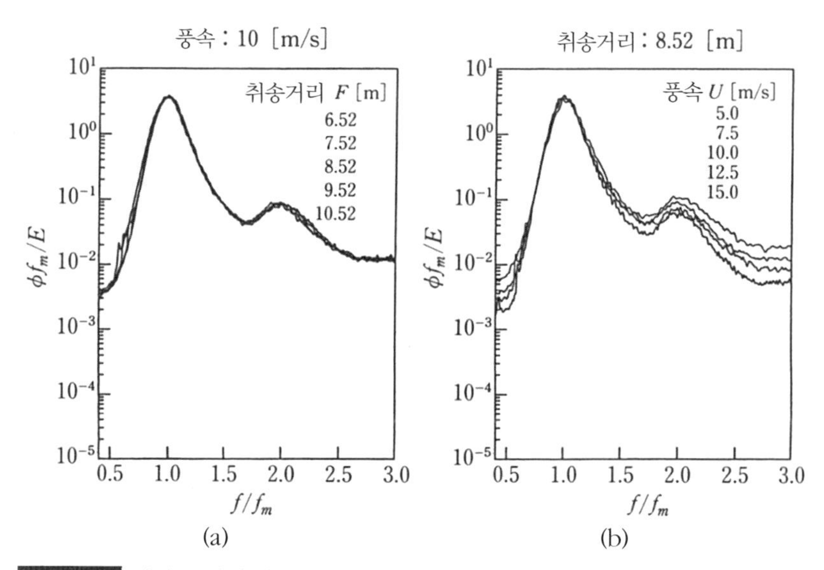

그림 3.7 발달 과정에 있는 풍파 스펙트럼의 무차원 표시.
그림 3.6의 (a)및 (b)에 표시한 풍파 스펙트럼을 규격화하여 나타낸 것 (Mitsuyasu, 1985)

(b) 주파수 스펙트럼에서의 특성량의 변화

취송거리에 의해 제한된 풍파 스펙트럼을 결정하는 지배적인 특성량인 전체 에너지 E와 피크 주파수 f_m의 변화 사이에는 다음과 같은 무차원적 관계식이 성립한다(Mitsuyasu, 1968).

$$\frac{g\sqrt{E}}{u_*^2} = 1.31 \times 10^{-2}\left(\frac{gF}{u_*^2}\right)^{0.504} \tag{3.9}$$

$$\frac{u_* f_m}{g} = 1.00\left(\frac{gF}{u_*^2}\right)^{-0.330} \tag{3.10}$$

이는 풍파 스펙트럼의 발달특성을 보여주는 매우 중요한 관계식으로,

취송거리법칙(fetch relation)이라고 한다. 단, u_*는 해상풍의 마찰속도 ($u_* = \sqrt{\tau_0/\rho_a}$: τ_0는 해면에 작용하는 바람의 마찰력, ρ_a는 공기의 밀도)이다. (3.9)식 및 (3.10)식은 좀 더 쓰기 쉬운 형태로 만들기 위해, 0.504→1/2, 0.330→1/3로 근사한 후 바람의 마찰속도 u_*를

$$u_*^2 = C_D U_{10}^2 \tag{3.11}$$

의 관계를 이용하여 해면 위 10m 높이의 풍속 U_{10}으로 변환하고, 해면의 저항계수 C_D를 $C_D = 1.6 \times 10^{-3}$라고 가정하면 다음과 같다.

$$\tilde{E}^{\frac{1}{2}} = 5.24 \times 10^{-4} \tilde{F}^{\frac{1}{2}} \tag{3.12}$$

$$\tilde{f}_m = 2.92 \tilde{F}^{-\frac{1}{3}} \tag{3.13}$$

단, 무차원 에너지, 무차원 취송거리(dimensionless fetch) 및 무차원 피크 주파수에 각각 다음과 같은 기호를 도입했다.

$$\tilde{E}^{\frac{1}{2}} = \frac{g\sqrt{E}}{U_{10}^2}, \quad \tilde{F} = \frac{gF}{U_{10}^2}, \quad \tilde{f}_m = \frac{U_{10} f_m}{g} \tag{3.14}$$

그 후 동일한 식이, 하셀만(Hasselmann *et al.*, 1973) 등에 의해서도 얻어졌다. 이는 **JONSWAP의 식**이라고 불리며, 다음과 같다.

$$\widetilde{E}^{\frac{1}{2}} \times 4.0 \times 10^{-4} \widetilde{F}^{\frac{1}{2}} \tag{3.15}$$

$$\widetilde{f}_m = 3.5 \widetilde{F}^{-0.33} \tag{3.16}$$

(3.12)식, (3.13)식과 (3.15)식 및 (3.16)식과의 비례계수 차이는, (3.11)식의 C_D값을 하셀만(Hasselmann)과 동일하게 하여 $C_D = 1 \times 10^{-3}$으로 두면 줄일 수 있다. (3.12)식, (3.13)식 및 (3.14)식으로부터 다음과 같이 풍파의 비선형도나 국소 평형에 관한 중요한 관계식을 도출해낼 수 있다.

$$\frac{E\omega_m^4}{g^2} = 3.11 \times 10^{-2} \widetilde{F}^{-\frac{1}{3}} \tag{3.17}$$

$E\omega_m^4/g^2$는 $4\sqrt{E} = H_{1/3}$, $\omega_m^2 = 2\pi g/L_m$ ($H_{1/3}$: 유의파의 파고, L_m : 평균파의 파장)을 고려하면 파형경사 $H_{1/3}/L_m$의 제곱에 비례하여 파의 비선형도를 보이기 때문에, **비선형도 파라미터**로 불리기도 한다(Masuda, 1980). (3.17)식을 통해 무차원 취송거리가 증대되면 풍파의 비선형성이 서서히 약해진다는 흥미로운 결과를 얻을 수 있다. 실험 수조나 좁은 만내(灣內)의 풍파에 비해 외해의 풍파에서는 비선형성이 비교적 약한 것이 그 예이다.

(3.12)식과 (3.13)식으로부터 무차원 취송거리 $\widetilde{F}$를 제거해보면,

$$\frac{Ef_m^3}{gU_{10}} = \widetilde{E}\widetilde{f}_m^3 = 6.84 \times 10^{-6} \tag{3.18}$$

를 얻을 수 있다. 이는 풍파의 상사성을 지배하는 매우 중요한 관계식이다.

이 식에서 주목해야 하는 것은, 식의 도입과정에서 당연한 것이긴 하지만, 취송거리 F가 식 안에 나타나 있지 않다는 것이다. 이는 발생역에서 시간적으로 정상 상태에 도달한 풍파에서, 바람과 파가 (3.18)식에 나타난 것처럼 국소적 평형관계를 유지하면서 취송거리 또는 풍속과 함께 발달한다는 것을 의미한다. 이 때문에 **국소평형법칙**이라고 불리기도 한다. 또한 실용적인 관점에서, 실제 해양에서는 취송거리 F를 엄밀히 결정하는 것은 어렵기 때문에 관측된 풍파 스펙트럼이 취송거리를 포함하지 않는 (3.18)식을 만족하는지 아닌지를 알아봄으로써 그 파가 발생역에서 정상 상태에 도달한 파인지 아닌지를 판단하는 기준으로 사용할 수 있다. 또는 역으로 정상 상태에 도달한 풍파가 (3.18)식처럼 국소평형을 유지하고 있다고 가정하면, E, f_m, U_{10} 중 두 개의 양만 알고 있어도 (3.18)식을 토대로 나머지 하나의 양을 추정할 수 있다. 단, 최근의 연구 결과에 의하면, (3.18)식 형태의 국소평형법칙이 성립되는 것은 무차원 피크 주파수 $\tilde{f}_m$의 값이 거의 0.2~1.0의 범위에 있을 때이다(草場 등, 1989).

국소평형의 개념 및 (3.18)식에 대응하는 식은 토바(Toba, 1972)에 의해 처음으로 도출되었다. 단, 그것은 발생역에서 풍파의 파고 H와 주기 T 사이의 관계식으로, (3.18)식과 등가의 식은 $H \sim T^{3/2}$의 형태이다. 이 때문에 **토바의 3/2제곱 법칙**이라고 불린다.

3.6 유의파의 발달

풍파의 통계 이론에 의하면 풍파 스펙트럼과 풍파 파형의 통계적 평균량 사이에는 대응관계가 있다. 예를 들어, (2.72)식에 의하면 풍파 스펙트럼의 0차 모멘트 M_0, 즉 스펙트럼 전체 에너지 E와 유의파의 파고 $H_{1/3}$ 사이에는,

$$H_{1/3} = 4.00\sqrt{E} \tag{3.19}$$

의 관계가 있고, 이것을 관측 결과가 뒷받침해주고 있다.

풍파의 주기에 관해서도, 수면변위 $\eta(t)$와 그 시간 미분 $\dot{\eta}(t)$의 결합확률분포를 계산하고, 그것을 토대로 $\eta = 0$이고 $\dot{\eta} > 0$이 되는 확률을 계산함으로써, zero-up-crossing 주기의 평균값 T_z와 스펙트럼 모멘트 m_n과의 관계를 다음과 같이 구할 수 있다(Longuet-Higgins, 1958).

$$T_z = 2\pi\sqrt{\frac{m_0}{m_2}} \tag{3.20}$$

마찬가지로 crest-to-crest 주기의 평균값 T_c는 $\dot{\eta} = 0$이고 $\ddot{\eta} < 0$이 되는 확률을 계산함으로써

$$T_c = 2\pi\sqrt{\frac{m_2}{m_4}} \tag{3.21}$$

이 된다.

또한 (3.20)과 (3.21)의 두 식으로부터

$$\left(\frac{\overline{T}_c}{\overline{\overline{T}}_z}\right)^2 = \frac{m_2^2}{m_0 m_4} \tag{3.22}$$

를 구할 수 있으며, (2.56)식에서 정의된 스펙트럼 폭을 보이는 파라미터는 스펙트럼 모멘트 대신 다음과 같이 파의 특성주기의 비율을 이용해 표현할 수 있다.

$$\varepsilon^2 = 1 - \left(\frac{\overline{T}_c}{\overline{\overline{T}}_z}\right)^2 \tag{3.23}$$

유의파 주기 $T_{1/3}$은 그 정의가 복잡하기 때문에 스펙트럼형으로부터 이론적으로 도출해내는 것은 불가능하다. 또한 스펙트럼 피크 주파수 f_m과 유의파 주기 $T_{1/3}$과의 관계도 이론적으로 도출해내기가 어렵다. 그러나 파랑관측 결과(Mitsuyasu, 1968) 및 수치 시뮬레이션 결과(合田, 1987)에 의하면, 둘의 관계는 다음 식으로 근사할 수 있다. 이때 비례상수는 스펙트럼의 형태에 다소 의존하는 경향이 있다.

$$T_{1/3} = \frac{1}{1.05 f_m} \tag{3.24}$$

(3.19)식 및 (3.24)식을 스펙트럼 발달에 관한 취송거리법칙 (3.12)식

및 (3.13)식에 대입하면 유의파의 발달에 관한 취송거리법칙을 다음과 같이 구할 수 있다.

$$\frac{gH_{1/3}}{U_{10}^2} = 2.10 \times 10^{-3} \left(\frac{gF}{U_{10}^2} \right)^{\frac{1}{2}} \quad (3.25)$$

$$\frac{gT_{1/3}}{2\pi U_{10}} = 5.19 \times 10^{-2} \left(\frac{gF}{U_{10}^2} \right)^{\frac{1}{3}} \quad (3.26)$$

유의파에 관한 취송거리법칙에 관해서는 해양파의 관측 데이터를 토대로 이전부터 수많은 실험식이 제안되었다(그림 3.8 참조). 이 그림에는 나타나 있지 않지만, 특히 윌슨(Wilson)의 IV형이라 불리는 식이 대표적이다(Wilson, 1965).

$$\frac{gH_{1/3}}{U_{10}^2} = 0.30 \left\{ 1 - \left(1 + 4 \times 10^{-3} \tilde{F}^{\frac{1}{2}} \right)^{-2} \right\} \quad (3.27)$$

$$\frac{gT_{1/3}}{2\pi U_{10}} = 1.37 \left\{ 1 - \left(1 + 8 \times 10^{-3} \tilde{F}^{\frac{1}{3}} \right)^{-5} \right\} \quad (3.28)$$

이 식들은 무차원 취송거리 $\tilde{F}$가 그리 크지 않은 곳에서는($\tilde{F} < 10^4$), 전개하여

$$\frac{gH_{1/3}}{U_{10}^2} = 2.4 \times 10^{-3} \tilde{F}^{\frac{1}{2}} \quad (3.29)$$

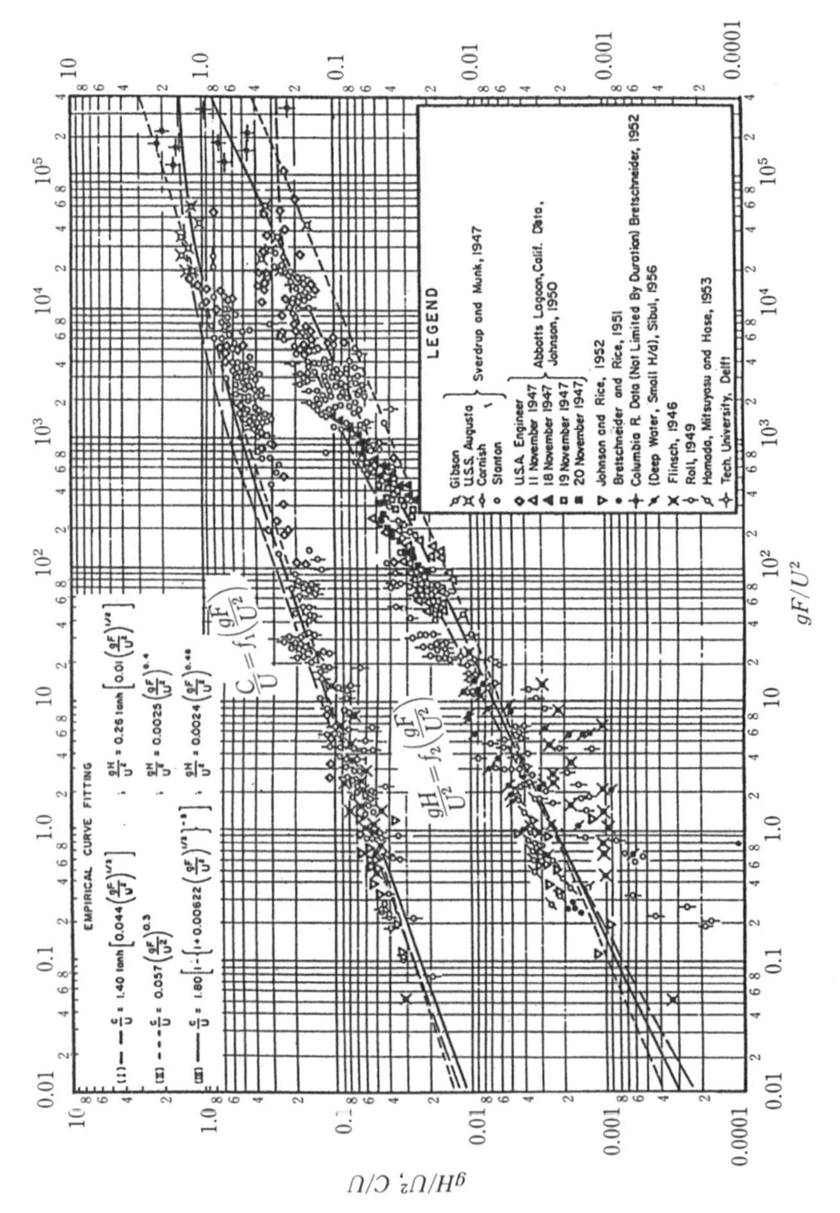

그림 3.8 유의파의 발달을 지배하는 취송거리의 법칙.
유한취송거리의 발생역에서 풍파의 유의파고 및 유의주기와 풍속 및 취송거리의 관계를 무차원화하여 표시하였다(Wilson, 1965).

$$\frac{gT_{1/3}}{2\pi U_{10}} = 5.48 \times 10^{-2} \tilde{F}^{\frac{1}{3}} \tag{3.30}$$

으로 근사할 수 있고, (3.25)식 및 (3.26)식에 매우 근접한 식이라는 것을 알 수 있다.

윌슨의 일반식 (3.27) 및 (3.28)이 언뜻 기묘한 형태를 하고 있는 것은 해양파의 다음과 같은 성질을 표현하기 위함이다. 풍향 및 풍속이 일정한 바람이 넓은 해역에 걸쳐 장시간 불고 있는 경우, 풍파는 풍하를 향해 끝없이 발달할 것인가 그렇지 않은가에 대한 것은 흥미로운 문제이다. 이 문제는 완전히 해결된 것은 아니지만, 관측 데이터에 의하면, 무차원 취송거리 $\tilde{F}$가 매우 커지면 파는 포화하여 발달하지 않게 되는 경향을 보인다(그림 3.8 참조). 이는 발달 기제로 생각해봐도 어느 정도 관측 가능한 것이기도 하다.

풍파가 점차 발달하면 주기가 증대됨에 따라 파속도 증대된다. 파가 한없이 발달해서 파속이 풍속에 가까워지면($C \approx U$) 파속에 상대적인 풍속은 0에 점차 가까워진다($U - C \approx 0$). 이 때문에 바람에서 파로의 운동량 전달은 없어지거나 아니면 적어도 매우 저하될 것이라 예상할 수 있다. 이에 따라 쇄파 등에 의한 에너지 손실과 바람으로부터의 에너지 전달이 평형 상태가 되어 파는 더 이상 발달하지 않게 된다. 3.5절에서 말한 현상적인 측면에서 정의한 '충분히 발달한 파'는, 역학적으로 생각하면 이런 과정으로 발생하는 것이다. 윌슨의 식 (3.27) 및 (3.28)은 풍파의 이러한 성질을 표현한 것으로, 포화 상태에 도달한 파에 대해서는 다음과 같은 식이 성립한다.

$$\frac{gH_{1/3}}{U_{10}^2} = 0.30 \tag{3.31}$$

$$\frac{gT_{1/3}}{2\pi U_{10}}\left(= \frac{C_{1/3}}{U_{10}}\right) = 1.37 \tag{3.32}$$

즉, 유의파의 파고나 주기는 풍속에만 의존하는 일정값이 된다. (3.32)식에 의하면 유의파의 파속이 풍속의 1.37배에 근접하면 풍파는 포화하여 더 이상 풍하를 향해 발달하지 않게 된다. 파속이 풍속보다 어느 정도 커지지 않으면 파의 발달이 포화하지 않기 때문에 언뜻 이상하게 생각될 수도 있지만, 이는 풍파의 실제 파속이 근사식 $gT_{1/3}/2\pi$로 주어지는 파속보다 크다고 생각하면 이해할 수 있을 것이다.

극단적인 파의 한 예로, (3.31)식 및 (3.32)식을 사용하여 풍속 U_{10} = 30m/s로 포화 상태에 도달한 파를 계산해보면,

$$H_{1/3} = 28\text{m}, \quad T_{1/3} = 26\text{s}$$

가 된다. 이 파고와 주기가 다소 크게 느껴지는 것은, 보통 외해에서는 이러한 고풍속의 풍역이 계속되지 않아 파고와 주기에 한계가 있기 때문이다.

O.M. 필립스 (Owen Martin Phillips, 1930~2010)

O.M. 필립스는 오스트레일리아 출신의 해양물리학자이다. 1951년 시드니 대학을 졸업하고, 영국으로 건너가 1955년 캠브리지 대학에서 학위를 수여받았다. 그 후 캠브리지 대학 응용수학이론물리학과에서 연구를 계속하다, 1957년 미국 존스 홉킨스 대학으로 옮겨, 1963년부터 교수를 역임하고 있다. 1957년 발표한 풍파의 발생이론은, 마일즈 이론과 함께 높이 평가되는 이론이다. 이 외에도 풍파 스펙트럼의 평형 영역이나 파의 비선형 상호작용 등 수면파의 역학에 관한 훌륭하고 많은 이론적 연구를 행해왔다. 더불어 내부파, 해양난류, 해수의 연직혼합 등 해양역학의 광범위한 문제에 관해서도 연구를 진행하고 있다. 이러한 성과들을 토대로 쓰인 "The Dynamics of the Upper Ocean"은 명저로서 높이 평가되고 있으며, 아담스 상을 수여받기도 했다. 또한 1975년 해양파의 발생이론 및 해양표층난류에 관한 그의 유수 연구들에 대해 스베드럽(Sverdrup) 상을 받았다.

내가 박사를 처음 만난 것은, 1974년 오스트레일리아 시드니에서 개최된 IAMAP/IAPSO의 국제회의 때였다. 시내의 아름다운 미술관에서 열린 환영파티에서, 박사가 나를 찾고 있다는 이야기를 들었지만, 일면식도 없었던 때라 우물쭈물하고 있자, 미국의 한 젊은 연구자가 대면시켜주었다. 마치 중세 수도사 같은 머리를 하고 있던 박사는, 만나자마자 "이야, 당신이 미쓰야스 박사시군요. 꼭 한번 뵙고 싶었습니다"라며 싱글벙글 웃으며 말을 건네 와, 그 싹싹함에 나는 매우 놀랐다. 논문의 격조 높은 문체로 미루어 짐작컨대, 쉽게 다가가지 못할 것 같은 영국 신사 이미지를 멋대로 상상하고 있었던 것이다. 그러나 실제 만나보니 이런 예상은 전혀 근거 없는 것이라는 걸 알았다. 그날 그 자리에서는 약 10년 전에 내가 얻어낸 연구 결과(너울의 존재에 의해 풍파의 발달이 억제된다는 재미있는 내용에도 불구하고, 발표 후에 그다지 주목받지는 못했다)와 같은 연구 결과를 박사의 팀이 얻어낸 직후였기 때문에, 자연스레 이 문제로 화제가 넘어가게 되어 매우 즐거운 시간을 보낼 수 있었다.

박사와는 그 후에도 만날 기회가 많았다. 또한 방문교수로서 부인과 함께 일본에도 체재했던 적이 있다. 1930년생으로 나보다 1살 어렸지만, 그 풍채나 연구업적들로 인해 마치 대선배 같은 느낌이 있었기 때문에 자연스레 필립스 교수라고 불렀는데, 언제였는지, 그런 서먹서먹한 호칭은 그만하시라고 부인으로부터 은근히 주의를 받았던 적이 있다.

이바라키(茨城) 대학의 카토 하지메(加藤始) 교수, 히로시마공업(広島工業) 대학의 미즈노 신지로(水野信二郎) 교수 등 박사의 연구실을 거쳐 간 일본 연구자들도 많다.

CHAPTER 04

발생역에서 풍파 스펙트럼의 상사형

CHAPTER 04

발생역에서 풍파 스펙트럼의 상사형

3.5절에서 실험 수조에 발달 과정에 있는 풍파 스펙트럼이 안정된 상사형을 보이는 것을 발견했다(그림 3.6, 그림 3.7 참조). 비교적 일정한 바람이 장시간 부는 경우에는, 해양의 풍파 스펙트럼에서도 동일한 성질이 보인다. 따라서 이러한 풍파 스펙트럼의 분포형을 표현하는 실험식을 구하는 것이 가능하고, 각종 이론계산이나 실용적인 계산에 대해 유용하게 쓰인다. 예를 들면, 뒤에 서술할 파랑의 수치 모델에 의한 계산 결과와 비교함으로써, 기초적으로는 모델의 특성 및 배경이 되는 물리구조 검토에 이용되며, 실용적으로는 해양파와 해양구조물과의 상호작용 계산 등에 이용된다. 그리하여 발생역의 풍파에 대한 몇 개의 대표적인 스펙트럼형이 제안되고 있다. 이 장에서는 이러한 스펙트럼의 상사구조를 토대로 도출한 스펙트럼의 표준형 및 그에 관련된 사항에 대해 알아보자.

4.1 풍파 주파수 스펙트럼의 표준형

(a) 피어슨-모스코위츠(Pierson-Moskowitz) 스펙트럼

모스코위츠는 북태평양에서 관측된 해양파 데이터 중 충분히 발달하여 취송거리의 영향을 받지 않는다고 생각되는 데이터를 풍속별로 분류하여 해석해놓았다. 그는 그 결과를 피어슨과 공동으로 연구하여, **피어슨-모스코위츠 스펙트럼**(이하 P-M 스펙트럼)이라 불리는 다음과 같은 스펙트럼 상사형을 도출해냈다(Pierson and Moskowitz, 1964).

$$\phi(f) = k_1 f^{-5} \exp(-k_2 f^{-4}) \tag{4.1}$$

여기에

$$\begin{cases} k_1 = 8.1 \times 10^{-3} (2\pi)^{-4} g^2 \\ k_2 = 0.74 \left(\dfrac{g}{2\pi U_{19.5}} \right)^4 \end{cases} \tag{4.2}$$

이고, $U_{19.5}$는 해면 위 19.5m에서의 풍속이다.

통상 해상풍의 풍속으로는 해면 위 10m 높이의 풍속 U_{10}이 사용되는 경우가 많지만, P-M 스펙트럼에서는 $U_{19.5}$이 사용되므로 주의가 필요하다. 이 식에서 $U_{19.5}$가 사용되는 것은, 바람 데이터를 얻기 위해 관측선의 마스트에 붙여둔 풍속계의 고도가 19.5m였기 때문이다. 해상풍의 연직분포에서 대수분포를 가정하여, 해면조도 또는 저항계수 C_D의 값을

1.6×10^{-3}으로 가정하면, 다음과 같은 U_{10}과 $U_{19.5}$ 사이의 근사한 관계식을 도출해낼 수 있다.

$$U_{19.5} = 1.07\,U_{10} \tag{4.3}$$

이 P-M 스펙트럼은 외해의 발생역 내에서 충분히 발달한 풍파 스펙트럼과 상당히 일치함을 보이며, 외해파 스펙트럼의 표준형으로 사용되는 경우가 많다.

(b) 유한취송거리에서의 풍파 스펙트럼

P-M 스펙트럼은 외해에서 충분히 발달하여 취송거리의 영향을 받지 않게 된 풍파의 스펙트럼형이다. 이와 달리 유한취송거리에서 바람이 부는 방향으로 계속 발달해가는 풍파 스펙트럼은 다음과 같이 도출해낼 수 있다(Mitsuyasu, 1971).

스펙트럼의 일반형으로, P-M 스펙트럼과 유사한

$$\phi(f) = k_1 f^{-m} \exp(-k_2 f^{-n}) \tag{4.4}$$

를 가정해보자. $m = 5$, $n = 4$으로 놓고, k_1 및 k_2에 (4.2)식을 부여한 것이 P-M 스펙트럼이다. (4.4)식에서 주어진 주파수 스펙트럼 $\phi(f)$를 주파수 f에 관해 0~∞의 범위에서 적분하면 전체 에너지 E와, 또한 $\phi(f)$를 주파수 f로 미분하여 0으로 둠으로써 $\phi(f)$의 극댓값에 해당하는 주파수 f_m는, 각각 다음과 같이 구할 수 있다.

$$E = \frac{k_1 \Gamma((m-1)/n)}{n k_2^{(m-2)/2}}, \quad f_m = \left(\frac{n}{m} k_2\right)^{\frac{1}{n}} \tag{4.5}$$

단, Γ은 감마함수이다. (4.5)식으로부터 k_1 및 k_2를 E와 f_m의 함수로 구하고, (4.4)식에 대입하면,

$$\phi(f) = \frac{nE}{\Gamma((m-1)/n)} \left(\frac{m}{n}\right)^{\frac{m-1}{n}} \left(\frac{f}{f_m}\right)^{-m} \frac{1}{f_m} \exp\left\{-\frac{m}{n}\left(\frac{f}{f_m}\right)^{-n}\right\} \tag{4.6}$$

을 얻을 수 있다. 여기에서 $m = 5$, $n = 4$라고 하면,

$$\phi(f) = 5 E f_m^4 f^{-5} \exp\left\{-\frac{5}{4}\left(\frac{f}{f_m}\right)^{-4}\right\} \tag{4.7}$$

가 된다. 이는 P-M 스펙트럼과 완전히 같은 형태의 스펙트럼이지만, 파라미터로 E와 f_m을 포함하기 때문에 이들을 풍속과 취송거리의 함수로 부여한다면 유한취송거리의 풍파 스펙트럼형으로 확장할 수 있다.

예를 들면, E 및 f_m에 대한 취송거리법칙 (3.9)식 및 (3.10)식을 사용하면 유한취송거리의 스펙트럼형으로

$$\phi(f) = (8.58 \times 10^{-4} \hat{F}^{-0.312}) g^2 f^{-5} \exp(-1.25 \hat{F}^{-1.32} \hat{f}^{-4}) \tag{4.8}$$

단, $\hat{F}= gF/u_*^2$, $\hat{f}= u_*f/g$를 얻을 수 있다. 또는 3.6절에서 표현한 E와 $H_{1/3}$과의 관계 (3.19)식 및 f_m과 $T_{1/3}$과의 근사적 관계식 (3.24)를 (4.7)식에 대입하면,

$$\phi(f) = 0.258\left(\frac{H_{1/3}}{g T_{1/3}^2}\right)^2 g^2 f^{-5} \exp\left\{-1.03(T_{1/3}f)^{-4}\right\} \tag{4.9}$$

을 얻을 수 있다. 이는 유의파의 파고 $H_{1/3}$ 및 주기 $T_{1/3}$을 파라미터로 포함하고 있기 때문에, 유의파의 특성을 알 수 있다면 해당하는 주파수 스펙트럼을 구할 수 있기에 공학에서 유용하다.

(4.9)식과 거의 같은 형태의 스펙트럼형이 브레츠슈나이더(Bretschneider, 1959; 1968)에 의해 전혀 다른 방식으로 도출되어 (4.9)식의 스펙트럼형은 **브레츠슈나이더-미쓰야스(Bretschneider-Mitsuyasu) 스펙트럼**이라고 불리기도 한다(단, 브레츠슈나이더의 원래 식에는 계수의 오류가 있다).

P-M 스펙트럼에서는 $k_2 = 0.74(g/2\pi U_{19.5})^4$로 놓여 있었지만, 이는 (4.5)식의 $f_m = (nk_2/m)^{1/n}$과 조합하고, $m = 5$, $n = 4$, $U_{19.5} = 1.07\,U_{10}$, $T_{1/3} = 1/(1.05 f_m)$를 사용하면

$$\frac{g T_{1/3}}{2\pi U_{10}}\left(= \frac{C_{1/3}}{U_{10}}\right) = 1.28 \tag{4.10}$$

에 대응한다. 이는 윌슨(Wilson)의 식에서 부여되는 풍파의 포화조건

식 (3.32)에 가까운 것으로, P-M 스펙트럼은 윌슨 식의 포화조건을 근사하게 만족하게 되어 있다는 것을 알 수 있다.

(c) JONSWAP 스펙트럼

위에 서술한 유한한 취송거리의 풍파 스펙트럼은 취송거리를 파라미터로 포함하고 있지만, 분포형 자체(규격화된 분포형)는 P-M 스펙트럼과 동일한 형태를 가진다. 그러나 유한취송거리인 풍파의 스펙트럼을 자세히 들여다 보면, P-M 스펙트럼보다도 스펙트럼 피크 주파수 부근에 에너지가 집중된 것이 많다.

하셀먼(Hasselmann)은 북해에서 행해진 국제공동관측 JONSWAP (Joint North Sea Wave Project)에서 얻어진 파랑 데이터를 해석하여 이러한 집중도 높은 스펙트럼에 대한 상사형을 도출해냈다(Hasselmann, 1973). 이것이 **JONSWAP 스펙트럼**이라고 불리는 것으로, 다음과 같은 형태를 가진다.

$$\phi(f) = \alpha g^2 (2\pi)^{-4} f^{-5} \exp\left\{-\frac{5}{4}\left(\frac{f}{f_m}\right)^{-4}\right\} \gamma^{\exp\left\{\frac{-(f/f_m-1)^2}{2\sigma^2}\right\}} \quad (4.11)$$

단,

$$\sigma = \begin{cases} \sigma_a & (f \le f_m) \\ \sigma_b & (f > f_m) \end{cases}$$

이 JONSWAP 스펙트럼은 스펙트럼형에 관한 스케일 파라미터 f_m 및

α와 스펙트럼의 피크 형상 파라미터 γ, σ_a 및 σ_b의 5개 파라미터를 포함하고 있다. f_m은 스펙트럼의 피크 주파수, α는 스펙트럼의 에너지 레벨을 규정하는 파라미터로 **필립스(Phillips)의 상수**라 불린다.

파라미터 γ를 포함하는 함수형을 제외한($\gamma = 1$로 해도 관계없음) 스펙트럼형은 P-M 스펙트럼과 완전히 같은 형태로, 나머지 γ를 포함한 함수(peak enhancement factor)가 P-M 스펙트럼의 일종의 보정이 된다. $\gamma > 1$이면, 이 함수는 스펙트럼의 피크 주파수 f_m의 스펙트럼 밀도를 γ배로 끌어올려, 주파수 f가 f_m로부터 멀어지면 그 효과는 급속히 쇠퇴하여 스펙트럼형은 P-M 스펙트럼에 점근하게 된다. 때문에 γ를 **집중도 파라미터**라 부르기도 한다. 또한 이 피크를 끌어올리는 효과가 미치는 범위를 규정하는 파라미터가 σ로, σ_a, σ_b로 분리되어 있는 것은 f_m의 저주파 측과 고주파 측에서 영향 범위를 독립적으로 조정할 수 있도록 하기 위해서이다. JONSWAP 스펙트럼을 규정하는 스케일 파라미터 α 및 f_m은

$$\alpha = 7.6 \times 10^{-2} \tilde{F}^{-0.22} \tag{4.12}$$

$$\tilde{f}_m = 3.5 \tilde{F}^{-0.33} \tag{4.13}$$

로 주어지고, 형상 파라미터 γ 및 σ는 각각 평균값으로

$$\gamma = 3.3, \quad \sigma_a = 0.07, \quad \sigma_b = 0.09 \tag{4.14}$$

로 주어진다.

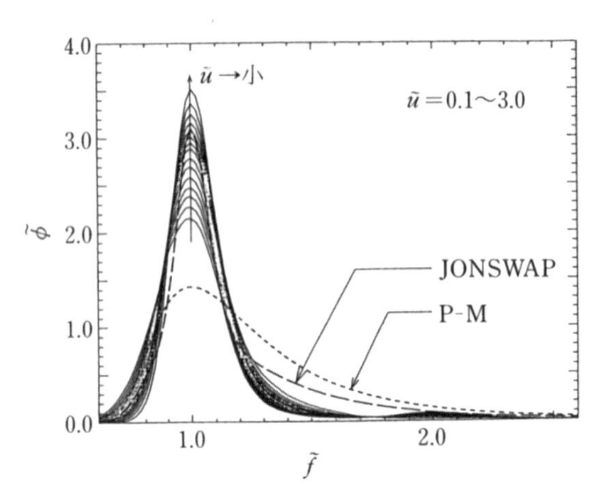

그림 4.1 풍파의 주파수 스펙트럼.
실험 수조에서 측정된 풍파 스펙트럼과 표준 스펙트럼(JONSWAP 스펙트럼 및 P-M 스펙트럼)과의 비교. $\tilde{u}$는 파풍계수로 $\tilde{u}=2\pi f_m u_*/g$(草場 등, 1989)

이 (4.11)식, (4.12)식, (4.13)식 및 (4.14)식을 조합한 것이 표준적인 JONSWAP 스펙트럼이다. 이 표준적 JONSWAP 스펙트럼의 형상을 보기 위해, 이 스펙트럼을 그림 4.1에서 P-M 스펙트럼 및 실험 수조에서 계측한 풍파 스펙트럼과 중첩하여 나타내었다(草場 등, 1989). 이 그림 4.1로부터 실험 수조의 풍파 스펙트럼은 P-M 스펙트럼에 비해 매우 높은 집중도를 가지며, 넓은 의미로 JONSWAP 스펙트럼에 가깝다는 것을 알 수 있다. 그러나 파풍계수 $\tilde{u}$의 감소와 함께 실측 스펙트럼의 집중도가 증대하고 있으며, $\gamma=3.3$으로 고정된 스펙트럼형은 실측 결과를 충실히 기록할 수 없다는 것도 알 수 있다.

(d) 확장 JONSWAP 스펙트럼

그림 4.1에서 보이듯이 표준적 JONSWAP 스펙트럼과 실측 결과의 주

된 불일치 원인은 γ의 값이 3.3으로 고정되어 있다는 것이다. 유한한 거리의 수조에서 스펙트럼을 표현하는 JONSWAP 스펙트럼의 형상 파라미터 γ는, 일반적으로는 무차원 취송거리 $\tilde{F}$ 또는 등가적인 무차원 피크 주파수 $\tilde{f}_m$(草場 등(1989)의 파풍계수 $\tilde{u}$와 등가)의 함수로 생각할 수 있다. 사실 이에 관해서는 외해의 발생역에서 관측한 해양파의 스펙트럼 데이터를 분석하여 얻은 근사식 (4.15) 또는 (4.16)이 이미 나와 있다.

$$\gamma = 4.42\tilde{f}_m^{\frac{3}{7}} \tag{4.15}$$

$$\gamma = 7.0\tilde{F}^{-\frac{1}{7}} \tag{4.16}$$

그리고 이 경우, 스펙트럼의 스케일 파라미터 α 및 f_m에 관해서도 하셀먼(Hasselmann *et al.*, 1973)과는 약간 다른 관계식

$$\alpha = 8.17\times 10^{-2}\tilde{F}^{-\frac{2}{7}} \tag{4.17}$$

$$\tilde{f}_m = 3.16\tilde{F}^{-\frac{1}{3}} \tag{4.18}$$

이 보고되어 있다(Mitsuyasu *et al.*, 1980).

특히 집중도 파라미터 γ가 무차원 피크 주파수 $\tilde{f}_m$ 또는 무차원 취송거리 $\tilde{F}$의 함수로 구체적으로 표현되어 있다는 것은 중요한 사실이다. JONSWAP형인 스펙트럼(4.11)에서 $\gamma = 3.3$ 대신에 γ에 관한 실험식 (4.15), 또는 (4.16)을 조합한 것은 일종의 확장된 JONSWAP 스펙트럼이

라고 생각할 수 있을 것이다.

그림 4.2는 해양파의 스펙트럼 데이터를 토대로 도출해낸 γ에 관한 실험식 (4.16)이 실험실의 풍파 스펙트럼에 대해 적용할 수 있을지를 조사한 결과이다(Bandou *et al.*, 1986). 그림 4.2에서 보이는 결과에 의하면, 대체적으로 (4.16)식은 해양파 스펙트럼에서 실험 수조의 풍파 스펙

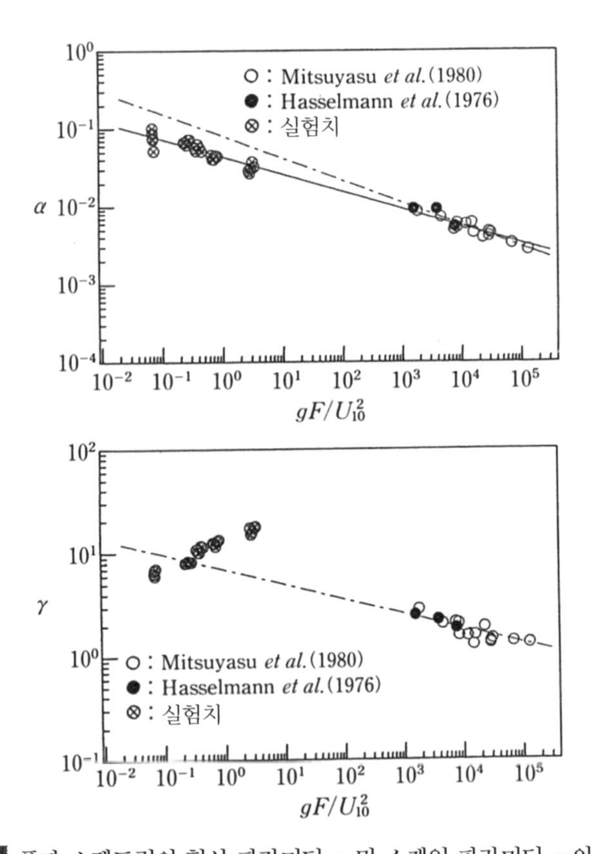

그림 4.2 풍파 스펙트럼의 형상 파라미터 γ 및 스케일 파라미터 α의 변화와 무차원 취송거리 gF/U_{10}^2 의 관계.
현지계측자료를 바탕으로 실험식(4.16 및 4.17)을 외삽하여 실험수조의 풍파자료와 비교하였다(Bandou *et al.*, 1986).

트럼에 이르기까지 적용시킬 수 있다는 것을 알 수 있지만, 실험실의 풍파 스펙트럼만으로 한정해보면, 국소적 변화의 경향이 (4.16)식과는 반대로 되어 있다. 동일한 경향은 쿠사바(草場 등, 1989)의 데이터에서도 볼 수 있다(그림 4.1 참조). 즉, 그림 4.1에 의하면, $\tilde{u}(=\omega_p u_*/g = 2\pi f_m \sqrt{C_D}\, U_{10}/g = 2\pi \sqrt{C_D}\, \tilde{f}_m)$의 감소와 함께 스펙트럼의 집중도가 증대하며, (4.15)식과는 반대 경향을 보이고 있다. 이러한 것들을 고려해 보면, 집중도 파라미터 γ는 $\tilde{f}_m$ 혹은 $\tilde{F}$만의 함수가 아닌 다른 파라미터에도 의존하거나, 실험 수조의 풍파와 해양파의 사이에 구조상의 차이가 있는 것인지도 모르겠다.

4.2 풍파 스펙트럼의 평형 영역

3.5절에서 서술한 것처럼, 풍파 스펙트럼의 발달은 스펙트럼 피크로부터 저주파 측에 걸쳐 발생하며, 피크에서 고주파 측은 일종의 포화상태를 보인다(그림 3.6(a)). 이 고주파 측의 스펙트럼형은 **평형 영역의 스펙트럼**이라고 불리며, 오래전부터 많은 연구가 행해져, 현재에도 다양한 검토가 실시되고 있다.

(a) 스펙트럼의 평형 영역에 관한 f^{-5} 법칙

필립스는 당초 이 스펙트럼의 고주파 측 영역을 **포화 영역** 혹은 **평형 영역**이라 명명하고, 이 영역을 지배하는 역학구조를 다음과 같이 생각했다.

풍파의 고주파 성분은 충분히 발달하면 쇄파에 의해 상한이 억제되어 일종의 포화 상태에 도달한다. 중력파 영역의 수면파의 쇄파는 진행파의 경우에는 파면의 상하가속도가 중력가속도 g의 1/2과 같아질 때에 발생하며, 중복파의 경우에는 중력가속도 g와 같아질 때 발생한다. 따라서 중력파 영역에 있는 평형 영역의 파가 쇄파만에 의해 지배되어 바람의 영향은 무시할 수 있다면, 이 영역 스펙트럼형을 지배하는 파라미터는 중력가속도 g만이 된다. 이것으로부터 차원적 고찰에 의해 다음과 같은 스펙트럼형이 도출된다.

$$\phi(f) = \alpha g^2 (2\pi)^{-4} f^{-5} \quad (\alpha\text{는 무차원 상수}) \tag{4.19}$$

이 주파수 스펙트럼 $\phi(f)$에 대응하는 파수 스펙트럼 $\psi(\boldsymbol{k})$는

$$\psi(\boldsymbol{k}) = f(\theta) k^{-4} \tag{4.20}$$

이 된다. 단, θ는 파수 스펙트럼 $\boldsymbol{k}$의 방향을 나타내며, $f(\theta)$은 평형 영역 스펙트럼 에너지의 방향 분포를 나타낸다.

이러한 스펙트럼형은 스펙트럼의 피크보다도 고주파 측에, 표면장력파 영역보다는 저주파 측에 있다는 조건으로 다음과 같은 주파수 혹은 파수의 범위에서 성립한다.

$$f_m < f < f_\gamma \left(\equiv (2\pi)^{-1} (4g^3/\gamma_s)^{\frac{1}{4}}\right) \tag{4.21}$$

$$k_m < k < k_\gamma \left(\equiv (g/\gamma_s)^{\frac{1}{2}}\right) \tag{4.22}$$

여기에 f_γ, k_γ는 수면파의 복원력으로서의 중력과 표면장력의 효과가 같아지는 주파수 혹은 파수이다. 즉, γ_s는 σ/ρ_w으로, σ는 물의 표면장력, ρ_w는 물의 밀도이다.

또한 위의 파수 스펙트럼 $\psi(\boldsymbol{k})$을 다음과 같이 도출하는 것도 가능하다는 점이 흥미롭다. 일반적으로 어떤 함수가 그 경사에 몇 개인가의 불연속점을 가질 때에는 그 함수의 푸리에 계수는 점근적으로 k^{-2}에 비례한다. 따라서 푸리에 계수의 제곱평균에 비례하는 스펙트럼은 k^{-4}에 비례하게 된다. 쇄파 순간에 파면의 봉우리가 뾰족해져 불연속점이 발생한다고 생각하는 것도 무리는 아닐 뿐더러, 이런 발상은 역학과는 무관하기 때문에 이러한 취급이 보다 보편성이 있다고도 보인다.

(b) 스펙트럼의 평형 영역에 관한 f^{-4} 법칙

필립스에 의한 평형 영역의 사고방식은 매우 명쾌하며 관측결과를 상당히 잘 설명할 수 있어, 이걸로 대부분의 문제를 해결할 수 있을 것이라 여겨졌다. (때문에 실용적인 스펙트럼형인 P-M 스펙트럼이나 JONSWAP 스펙트럼에서도 이들 스펙트럼의 고주파 영역은 필립스의 평형 스펙트럼에 점차 가까워지고 있다(3.5절 참조).)

그러나 그 후 필립스의 평형 스펙트럼에서 무차원의 상수라 여겨지던 α가 무차원 취송거리에 의존한다는 것이 확인되었다(Mitsuyasu, 1969; Hasselmann *et al.*, 1973; Mitsuyasu *et al.*, 1980; 그림 4.3 참조). 게다가 해양파 스펙트럼의 수많은 관측 결과가 축적됨에 따라, 스펙트럼의 고주파 영역이 f^{-5}보다 오히려 f^{-4}에 비례하는 것이 상당수 발견되게 되었다(그림 4.4 참조).

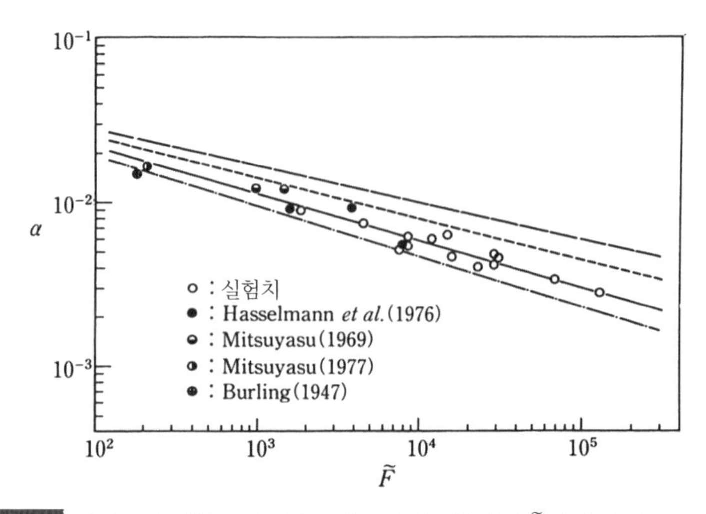

그림 4.3 필립스의 평형 영역 상수 α와 무차원 취송거리 $\tilde{F}$와의 관계. 여러 연구자에 의한 연구 결과를 표시한 것으로, 모두 무차원 취송거리 $\tilde{F}$의 증대와 함께 α가 감소함을 보이고 있다. 실선은 (4.17)식을 나타낸다(Mitsuyasu *et al.*, 1980).

풍파 스펙트럼의 고주파 측에 f^{-4}에 비례하는 영역이 존재한다는 것은, 키타이고로도스키(Kitaigorodskii, 1962)가 차원적 고려에 의해 도출해내었고, 후에 토바(Toba, 1973)도 그 자신이 도출해낸 풍파의 [3/2 제곱 법칙](3.5(b)절 참조)을 만족하는 상사 스펙트럼으로써 동일한 형태의 스펙트럼형을 도출해냈다.

키타이고로드스키(Kitaigorodskii)의 발상은 뒤에 서술할 내용처럼, 난류 스펙트럼에서 Kolmosgoroff 스펙트럼의 도입과 매우 유사하다. 풍파 스펙트럼이 바람으로부터 받는 에너지 공급은 주로 스펙트럼 피크 부근의 주파수 영역에서만 일어난다. 한편 풍파로부터의 에너지 손실은 주로 스펙트럼의 고주파 영역에서 발생하며, 이를 보완하기 위해 스펙트럼 피크 부근으로부터 고주파 영역으로 에너지 손실에 상당하는 에너지 ε_0

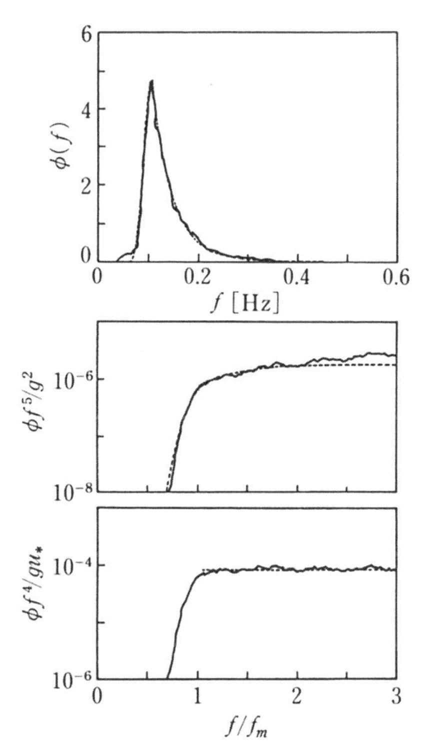

그림 4.4 풍파 스펙트럼의 평형 영역. 윗부분은 해양파 스펙트럼의 원형. 중간 부분은 그에 f^5/g^2를 곱한 것이고, 아래는 f^4/gu_*를 곱하여 각각 무차원화한 것. 아랫부분의 스펙트럼이 $1 < f/f_m$으로 수평인 것은, 원형 스펙트럼이 이 영역에서 f^{-4}에 비례한다는 것을 의미한다(Mitsuyasu *et al.*, 1980).

가 전달된다. 스펙트럼 피크의 약간 고주파 측에 이 에너지 전달이 일정 영역 있다고 하면, 그 영역을 지배하는 파라미터는 이 일정한 값을 취하는 에너지 전달, 즉 고주파 영역에서의 에너지 손실이라는 말이 된다. 그 에너지 손실 표현을

$$\varepsilon_0 = \alpha' u_* g \tag{4.23}$$

으로 가정하면, 다음과 같은 평형 영역의 스펙트럼형을 도출해낼 수 있다.

$$\phi(f) = \alpha' u_* g f^{-4} \tag{4.24}$$

한편, 토바(Toba) 스펙트럼은 근사적으로는 다음과 같이 도출해낼 수 있다. 풍파 스펙트럼의 고주파 측이

$$\phi(f) = A f^{-n} \quad (f_m \le f < \infty) \tag{4.25}$$

로 주어지고, 스펙트럼이 상사형을 유지하면서 그림 4.5처럼 발달한다고 하면, 풍파의 전체 에너지는

$$E = \int_{f_m}^{\infty} \phi(f) df = \frac{A}{n-1} f_m^{1-n} \tag{4.26}$$

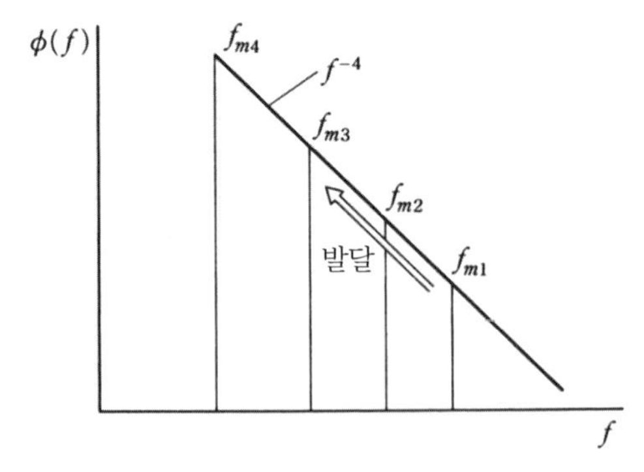

그림 4.5 f^{-4}제곱 법칙의 설명도.
스펙트럼의 고주파 측이 포화곡선을 따르고 있고, 피크 주파수의 위치가 $f_{m1}, f_{m2}, f_{m3}, \cdots$으로 이동하는 모델을 고안하다.

에 비례한다. 그러나 3/2제곱 법칙에 의하면

$$Ef_m^3 = \alpha g U_{10} \tag{4.27}$$

이기 때문에

$$n = 4, \quad A = 3\alpha g U_{10} \tag{4.28}$$

이 되고, 풍파 스펙트럼의 고주파 측은 결국,

$$\phi(f) = \alpha' g u_* f^{-4}, \quad \alpha' = \frac{3\alpha}{\sqrt{C_D}} \tag{4.29}$$

로 주어지게 된다.

(c) 최근의 연구동향

풍파 스펙트럼의 평형 영역에 관해서는, 최근 보다 일반적인 입장에서 많은 연구가 진행되고 있다. 그것은 필립스의 연구(Phillips, 1985)로 대표되는 것처럼, 만약 평형 영역이 존재한다면, 거기에서 바람으로부터의 에너지 입력 S_{in}, 스펙트럼 성분 간의 비선형 에너지 전달 S_{nl}, 쇄파 등에 의한 에너지 손실 S_{ds}의 3개가 평형하여,

$$S_{in} + S_{nl} + S_{ds} = 0 \tag{4.30}$$

이 되기 때문에, 이 3개 중에 대소관계를 가정하여 2개를 선별하고, 그에 간단하지만 구체적인 표현을 부여하여 평형 영역의 스펙트럼형을 결정하게 된다.

4.3 오버슈트 현상

바넷(Barnett)과 서덜랜드(Sutherland)는 해양파 및 실험실의 풍파 스펙트럼 성분의 풍하를 향한 변화를 측정하여 그림 4.6에 모식적으로 나타냈듯이 기묘한 결과를 얻었다(Barnett and Sutherland, 1968). 즉, 스펙트럼 성분은 처음에는 기하급수적인 발달을 보이지만, 그 후 점차 일정값에 점근하는 것이 아닌, 일정 거리에서 최대치에 도달하고, 이후 조금 감소하여 다시 증대하고 또 감소하는 일종의 감쇠진동을 하면서 어떤 일정값에 점차 가까워진다. 이렇게 스펙트럼 성분이 발달하여 일정값

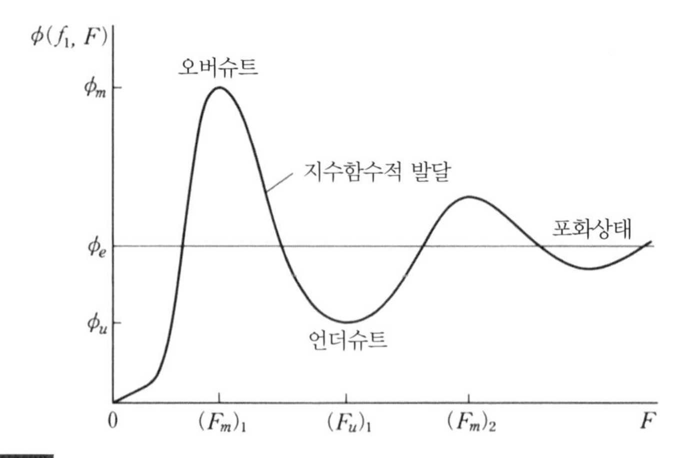

그림 4.6 풍파의 발달에서 보이는 오버슈트 현상.

(포화 상태의 값)에 점근할 때 보이는 과하게 발달한 상태나 과하게 감소된 상태를 오버슈트(overshoot) 및 언더슈트(undershoot)라 명명했다.

그 후 이 현상이 발달 과정에 있는 풍파 스펙트럼형과 밀접한 관계에 있다는 것이 명확해졌다(Mitsuyasu, 1969).

그림 4.7은 풍파 스펙트럼 밀도를 $\phi f^5/g^2$로 무차원화한 것을 무차원 주파수 $u_* f/g$에 대해 나타낸 것이지만, 형태는 그림 4.6과 매우 유사하다는 것을 알 수 있다. 단, 그림 4.6이 특정 스펙트럼 성분의 공간적 변화를 나타내는 것에 반해, 그림 4.7은 스펙트럼형 자체라는 것에 주의해야 한다.

그런데 이 두 그림을 비교해보면, 그림 4.6에 나타난 오버슈트 현상의 발생구조에 대해 다음과 같은 과정을 생각해볼 수 있다. 취송거리가 작은 곳에서는 풍파 스펙트럼의 피크 주파수가 크다. 때문에 특정 스펙트럼 성분은 스펙트럼의 피크 주파수보다도 저주파 측에 위치해 있다. 그런데 풍하를 향해 스펙트럼이 발달함에 따라 스펙트럼의 피크는 점차 저주파 측으로 이동하기 때문에, 그림 4.7의 스펙트럼형은 점차 저주파 측으로 평행이동하고 있다. 따라서 특정 스펙트럼 성분의 상대적 위치는 점점 고주파 측으로 이동한다. 이렇게 그 스펙트럼 성분이 정확히 스펙트럼 피크에 위치할 때 오버슈트가 일어난다. 스펙트럼이 잇따라 발달하고 그 피크가 보다 저주파 측으로 이동하면, 특정 스펙트럼 성분의 위치는 피크보다 고주파 측으로 옮겨가기 때문에, 그 값은 약간 감소하여 언더슈트가 발생한다. 그 후에는 그림 4.7의 스펙트럼형을 저주파 측으로 이동하면 알 수 있듯이 감쇠진동을 반복하며 평형 스펙트럼에 점근해간다.

따라서 오버슈트 현상은 그림 4.7에 나타난 스펙트럼형과 1대 1로 대응

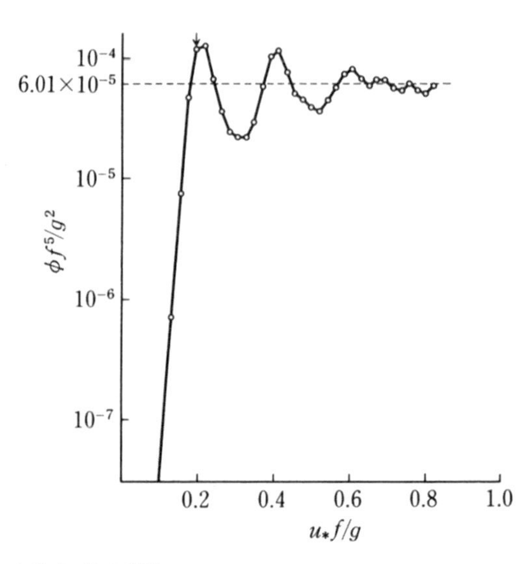

그림 4.7 풍파의 스펙트럼형.
풍파의 스펙트럼에 f^5/g^2을 곱하고 규격화하면, 오버슈트 현상과 유사한 패턴이 보인다. 단, $gF/u_*^2 = 1.07\times10^2$, $C/u_* = 0.08$이다.

하는 현상이다. 실제로 무차원화된 오버슈트 주파수와 무차원 취송거리와의 관계를 스펙트럼의 무차원 피크 주파수와 무차원 취송거리와의 관계에 중첩해보면 양쪽이 거의 일치하는데, 이로써 이 추론이 옳다는 것을 알 수 있다(그림 4.8 참조).

또한 오버슈트 현상은 그림 4.9에서 볼 수 있듯이, 스펙트럼 성분의 시간적 발달에서도 발생한다(Mitsuyasu and Rikiishi, 1978). 최초의 오버슈트 발생은 그림 4.7로부터 알 수 있듯이, 스펙트럼의 피크 주파수 부근에서 평형 스펙트럼에 비해 과잉 에너지가 축적된 결과 발생한 것이다.

따라서 이는 스펙트럼 피크 부근의 주파수 성분에 대해서 바람으로부터 가장 효율적으로 에너지가 전달된다는 것을 의미하며, 5.1절에서 논의할 바람과 수면파의 상호작용과 깊이 관련된 현상이다. 두 번째 오버슈

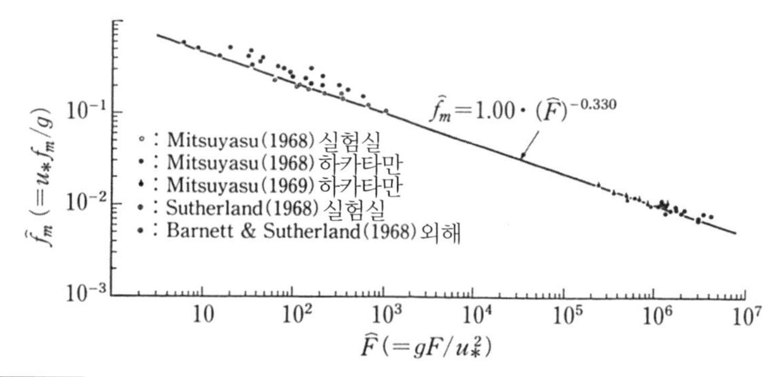

그림 4.8 오버슈트의 발생조건과 풍파의 취송거리법칙과의 관계.
여러 연구자들에 의해 얻어진 오버슈트의 발생조건을 풍파 스펙트럼의 피크 주파수에 대해 취송거리법칙에 중첩해 기록해보면 거의 일치한다.

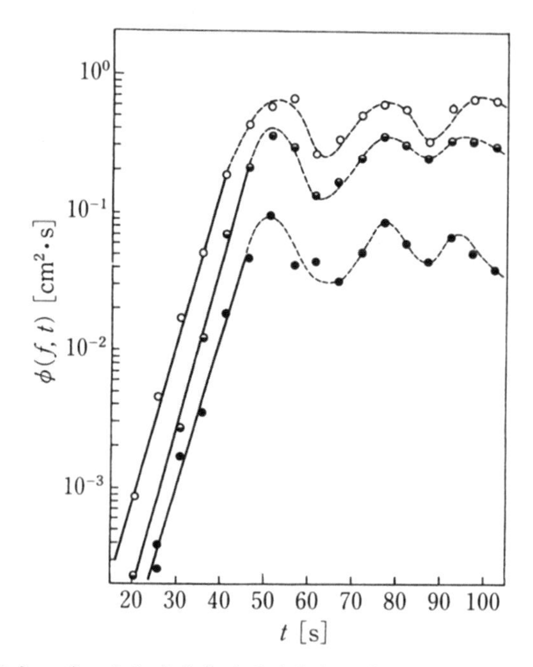

그림 4.9 풍파 스펙트럼의 시간적 발달에서의 오버슈트 현상.
일정 풍속의 바람이 갑자기 불기 시작한 경우에 스펙트럼 성분의 시간적 발달을 측정한 것으로, 공간적 발달과 동일하게 오버슈트가 발생하고 있다(그림 안의 동그란 표시는 각각 다른 주파수 성분에 해당한다).

트는 맨 처음 피크 부근의 스펙트럼 성분인 비선형 고주파 성분의 기여에 의한 것으로 생각된다. 실험 수조의 풍파처럼 비선형성이 강한 파의 경우에는, 스펙트럼의 피크 주파수의 2배 주파수 부근에 제2의 작은 피크가 생긴다(Masuda *et al.*, 1979; Mitsuyasu *et al.*, 1979). 그리고 이 제2의 피크를 구성하는 스펙트럼 성분은 그 대부분이 피크 부근의 주파수 성분인 비선형 고주파로, 자유파의 기여는 매우 적다(그림 4.10 참조). 이 때

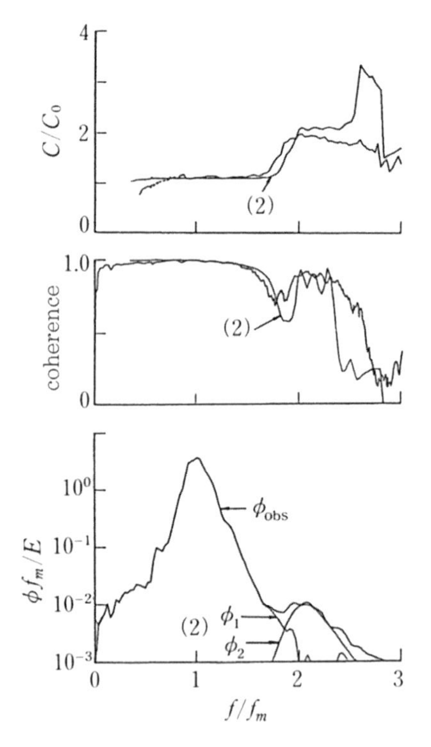

그림 4.10 풍파 스펙트럼에서 비선형 고주파의 영향.
실측된 스펙트럼 ϕ_{obs} 중 ϕ_1은 1차 파의 스펙트럼을, ϕ_2는 2차 파(비선형 고주파)의 스펙트럼을 나타낸다. f/f_m의 값이 2 부근의 스펙트럼은 거의 2차 파의 스펙트럼이라는 것을 알 수 있다. 이 때문에 그림 상단과 같이 성분파의 파속 C/C_0이나 coherence에 이상한 현상이 나타난다. C_0는 선형이론에 의한 파속이고, (2)는 2차 근사의 계산 결과이다.

문에 스펙트럼 성분의 파속을 측정하면 2배 주파수 부근 성분의 파속이, 피크 부근의 주파수 성분의 파속과 같다는 이상한 현상이 발생한다. 해양파처럼 비선형성이 강하지 않은 파에서는 비선형 고주파의 기여가 그다지 크지 않기 때문에 위에서 서술한 이상한 현상은 발생하지 않는다. 따라서 해양파의 경우에는 제2의 오버슈트가 발생할 가능성이 적다.

4.4 풍파의 고주파 스펙트럼

고주파 스펙트럼(high frequency spectrum)에 대한 정의는 그다지 명확히 내려지지 않았지만, 보통 스펙트럼의 피크 주파수로부터 상당히 고주파 측에 있고, 중력파 영역부터 표면장력파 영역에 걸친 주파수 영역의 스펙트럼을 말한다. 4.2절에서 서술한 풍파 스펙트럼의 평형 영역에 관한 논의에서는 중력파 영역이라는 제약이 있었지만, 일반적으로 생각하면 평형 영역의 논의는 고주파 영역 전반에 걸쳐 이루어져야 하는 것으로, 당연히 표면장력파 영역의 평형 스펙트럼도 고려될 수 있다. 그러나 여기에서는 이러한 논의를 떠나 고주파 스펙트럼의 일반적 성질에 대해 논하고자 한다.

풍파 스펙트럼의 고주파 영역이 대략 f^{-4} 또는 f^{-5}에 비례한다는 점으로부터 알 수 있듯이, 스펙트럼 피크로부터 멀리 떨어진 고주파 측의 스펙트럼 밀도는 매우 작다. 예를 들어, 고주파 스펙트럼이 f^{-4}에 비례한다고 하면, 스펙트럼의 피크 주파수보다 10배의 주파수를 가지는 성분의 스펙트럼 밀도는, 피크 주파수 성분의 스펙트럼 밀도의 10^{-4}배이다.

또한 실제 풍파의 파면에서 고주파 성분은, 예를 들면 파장 100m, 파고 10m 정도의 지배적인 파 위에 얹혀 있는 파장 수십 cm에서 수 cm인 파에 해당하고, 그 파고는 수 cm에서 수 mm 정도이다. 그림 4.11 및 그림 2.4를 주의 깊게 보면, 풍파 위에 얹혀 있는 고주파인 파(잔물결)를 볼 수 있다.

이렇게 풍파의 고주파 성분은 그 에너지 자체는 미미하기 때문에 선박이나 해양구조물에 미치는 파력 등에서는 그렇게 중요하지는 않다. 그러나 예를 들어 해면의 거칠기(粗度) 또는 대기에서 해양으로의 운동량 전달을 증대시키거나 또는 그 파장이 마이크로파와 같은 정도이기 때문에 해면에 투사된 마이크로파에 공명적인 산란현상을 발생시킨다는 의미에서는, 대기와 해양 사이의 상호작용이나 해양 표면의 리모트센싱 등에 있어 그 영향이 매우 크다고 할 수 있다. 특히 뒤에서 자세히 서술하겠지

그림 4.11 해양파의 고주파 성분 사진.
지배적인 파 위에 작은 잔물결이 얹혀 있는 것을 볼 수 있다.

만, 풍속이 증대하면 급속히 발달하고 풍속이 저하되면 즉시 감쇠하는, 풍파의 고주파 성분이 풍속에 민감하게 반응하는 성질은 마이크로파 산란계에 의한 해상풍의 리모트센싱에 이용되고 있다.

풍동수조에서의 실험 결과를 토대로 이 풍파의 고주파 스펙트럼(10Hz~50Hz)이 그림 4.12로 나타낸 것처럼

$$\phi(f) = \alpha_g g_* u_* f^{-4} \tag{4.31}$$

$$g_* = g + \gamma_s k^2 \quad (\gamma_s = \sigma/\rho_w)$$

으로 f^{-4} 법칙에 가까운 형상을 보이며, 풍속과 함께 규칙적으로 증대하는 성질을 가진다는 것이 명백해졌다(Mitsuyasu and Honda, 1974). 여기에 α_g는 무차원상수, σ는 물의 표면장력, g_*는 표면장력의 효과를 가미한 유효중력가속도이다. 단, α_g는 보편상수가 아니라,

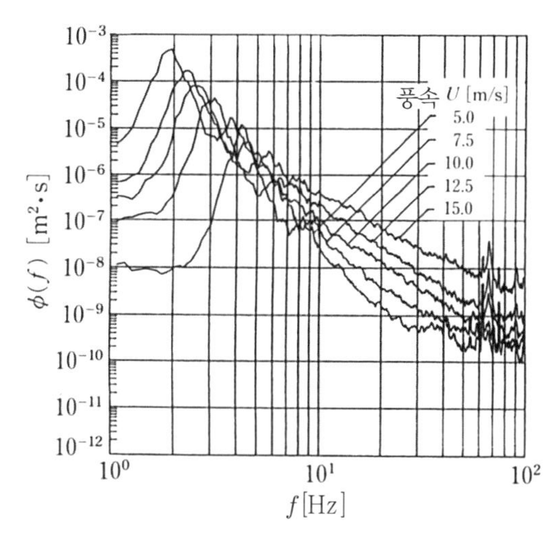

그림 4.12 풍파의 고주파 스펙트럼(Mitsuyasu and Honda, 1974)

그림 4.13에서 볼 수 있듯이 풍속의 거의 1.5제곱에 비례하여 증대하기 때문에, 스펙트럼 밀도 $\phi(f)$는 풍속의 2.5제곱에 비례하여 증대한다.

동일한 결과는 레오나르트(Lleonart)와 블랙맨(Blackman)에 의해서도 나왔다(Lleonart and Blackman, 1980). 그들은 실험 결과를 토대로 고주파 영역의 스펙트럼형으로 도출해냈다.

$$\phi(f) = 4.12 \times 10^{-3} u_*^2 \left(\frac{u_* \nu}{\gamma_s} \right)^{\frac{1}{2}} f^{-3} \qquad (4.32)$$

여기에서 ν는 물의 동점성계수이다. 또한 이 스펙트럼형이 실질적으로는 위에 서술한 미쓰야스-혼다(Mitsuyasu-Honda)의 실내실험 결

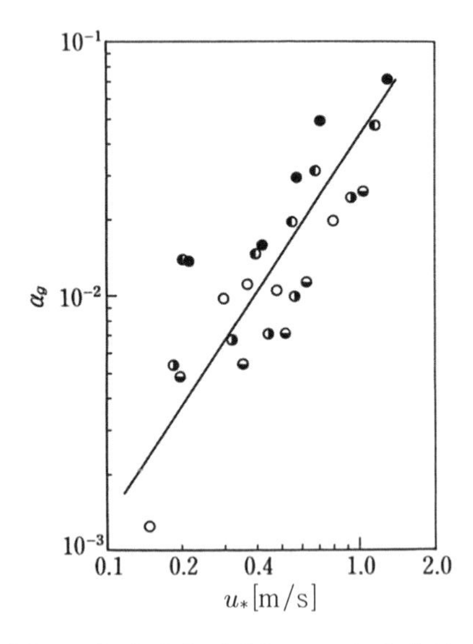

그림 4.13 무차원상수 α_g와 바람의 마찰속도 u_*와의 관계(직선은 $u_*^{1.5}$에 비례하는 선)

과나, 콘도(Kondou *et al.*, 1973)의 해상실험 결과에 적합하다는 것이 밝혀졌다.

위에 서술한 결과를 일반화하면, 풍파의 고주파 스펙트럼 형태를

$$\phi(f)\frac{f^5}{g^2} = D\left(\frac{u_* f}{g}\right)^a \left(\frac{\nu u_*}{\gamma_s}\right)^b \tag{4.33}$$

으로 놓을 수 있다. 이 식에서

$$a = 1, \quad b = 0, \quad D = (2\pi)^{-3}\alpha_g \frac{g_*}{g} \tag{4.34}$$

로 두면, 미쓰야스-혼다(Mitsuyasu-Honda) 스펙트럼 (4.31)을 얻을 수 있고,

$$a = 2, \quad b = 0.5, \quad D = 4.12 \times 10^{-3} \tag{4.35}$$

로 두면, 레오나르트-블랙맨(Lleonart-Blackman) 스펙트럼 (4.32)를 얻을 수 있다.

이렇게 주파수 스펙트럼의 고주파 영역에 관해서는 어느 정도 통일된 결과를 얻을 수 있지만, 아직 문제가 해결된 것은 아니다. 이는 대기해양 상호작용이나 마이크로파의 공명산란에 직접 관련이 있는 것은 공간적 파형에 관한 파수 스펙트럼이지만, 고주파의 성분파는 표면파나 지배적 성분파에 의한 궤도운동 등에 의해 그 주파수가 도플러 시프트(doppler shift)를 받고 있기 때문에, 보통의 분산관계를 적용하여 주파수 스펙트럼으로부터 파수 스펙트럼으로 변환하는 것에 문제가 있다는 점에 기인한다.

이 때문에 최근 고주파 영역에서 파수 스펙트럼을 직접 측정하려는 시도가 이루어지고 있다. 예를 들면, 배너(Banner)는 스테레오 사진법을 이용하여 해양파의 파장(0.6m~1.6m)과 비교적 고주파 영역인 파수 스펙트럼을 측정하여

$$\psi(k_i) \sim Bk_i^{-3} \quad (i=1,\,2)$$
$$\psi(\boldsymbol{k}) \sim Ak^{-4} \tag{4.36}$$

의 결과를 얻었다(Banner, 1989). 단, $k_1 = k_x$, $k_2 = k_y$이다. 이 파수 스펙트럼의 형태는 f^{-4} 법칙에 따르는 주파수 스펙트럼 (4.24)에 대응하는 파수 스펙트럼

$$\psi(\boldsymbol{k}) \sim u_* g^{-\frac{1}{2}} k^{-\frac{7}{2}} \tag{4.37}$$

과는 일치하지 않는다. 이후 더 많은 연구가 필요한 실정이다.

마지막으로 지적해두고 싶은 것은, 동력파 영역의 평형 스펙트럼과 고주파 스펙트럼과의 관련도이다. 이 둘은 (4.24)식과 (4.31)식을 비교하면 알 수 있듯이, 형식적으로는 매우 유사하다. 즉, 둘 다 근사적으로 f^{-4} 법칙을 따르고 있다. 그러나 α_g가 풍속에 매우 의존한다는 점에서도 알 수 있듯이, 둘은 별개의 것이므로 주의하지 않으면 안 된다. 단, 중력파

영역의 평형 스펙트럼으로부터 고주파 스펙트럼으로의 변이에 관해서는 현재 명확히 밝혀진 것이 없다. 평형 스펙트럼, 고주파 스펙트럼과 함께 이후 더 많은 연구를 필요로 하고 있다.

4.5 풍파의 방향 스펙트럼

2.4절에서 논한 것처럼 매우 불규칙한 성질을 보이는 풍파는 제1근사로서는 전파 방향, 주파수, 에너지를 각각 달리하는 무한히 많은 성분파가 불규칙한 위상으로 합성된 것이라 생각할 수 있다(그림 2.6 참조). 이러한 해양파의 성분파별 에너지 분포를 부여하는 것이 **방향 스펙트럼**(directional spectrum)이다. 방향 스펙트럼은 일반적으로 성분파의 주파수별 에너지 분포를 부여하는 **주파수 스펙트럼**(frequency spectrum)과 각 주파수 성분의 방향별 에너지 분포를 부여하는 **방향분포함수**(angular distribution function)의 곱으로 표현되는 경우가 많다.

전파 방향과는 무관하게 주파수별 에너지 분포를 부여하는 주파수 스펙트럼은, 한 지점에서 수위 변동을 측정하여 그 데이터를 스펙트럼 분석을 통해 비교적 간단히 구할 수 있다. 이에 반해 주파수 성분의 방향별 에너지 분포를 나타내는 방향분포함수의 측정은 쉽지 않다.

방향 스펙트럼의 측정용 기기에 관해서는 제7장에서 다시 논하기로 하되, 이를 측정하려면 한 지점에서의 수위 변동뿐만 아니라 파동운동의 방향 정보를 포함한 변동량(벡터량)인 파에 동반되는 유속변동이나 파면의 경사 등을 동시에 정밀히 계측하여 크로스 스펙트럼 해석을 포함한 복잡한 분석을 해야 할 필요가 있는데 계측법과 분석법 둘 다 매우 까다롭다. 이러한 이유로 주파수 스펙트럼에 비하면 신뢰할 수 있는 데이터가 그리 많지 않다.

미쓰야스(Mitsuyasu)는 **클로버 부이**(cloverleaf buoy)를 개발하여 일본 주변의 광범위한 해역에서 해양파의 방향 스펙트럼을 측정했다(Mitsuyasu *et al.*, 1975). 클로버 부이는 영국의 국립해양연구소에서 고안해낸 것으로, 그림 4.14와 같은 세 잎 클로버 형태의 부이형 파랑계이다. 파를 추적하여 운동하는 부체 속에 측정 기기가 내장되어 해면의 상하가속도, 파면의 균배 및 곡률을 동시에 측정하고, 그 데이터를 분석

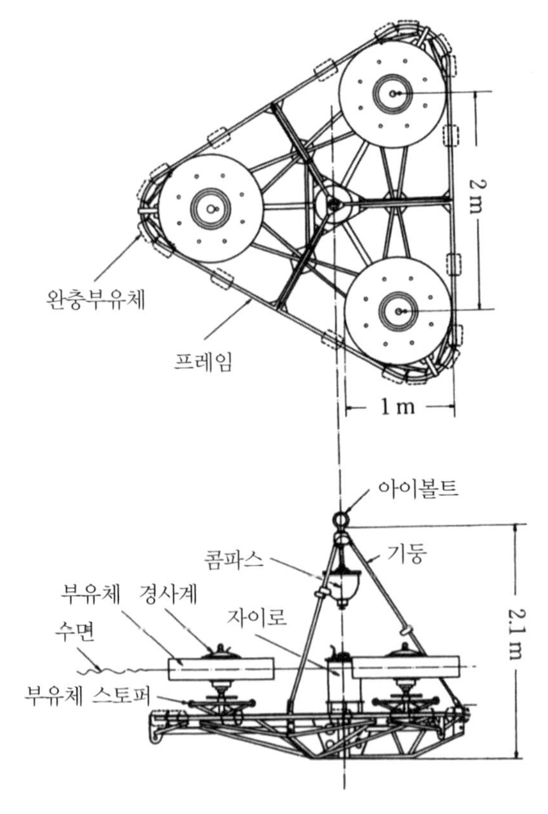

그림 4.14 클로버 부이

함으로써 높은 분해능으로 방향 스펙트럼을 구할 수 있다. 그는 이 파랑계를 가지고 측정한 해양파 데이터를 토대로 발생역에서의 해양파의 방향 스펙트럼에 관한 하나의 표준형을 도출해냈다. 그것은 다음과 같은 형태를 가진다.

$$\psi(f,\theta) = \phi(f)G(\theta, f) \tag{4.38}$$

$$G(\theta, f) = G'(S)\cos^{2S}\left(\frac{\theta-\overline{\theta}}{2}\right) \tag{4.39}$$

$$G'(S) = \frac{2^{2S}}{2\pi}\frac{\Gamma^2(S+1)}{\Gamma(2S+1)} \tag{4.40}$$

여기에서 $\phi(f)$는 주파수 스펙트럼, $G(\theta,f)$는 방향분포함수, $\overline{\theta}$ $(=\overline{\theta}(f))$는 성분파의 평균 전파 방향, $G'(S)$는 방향분포함수를

$$\int_0^{2\pi} G(\theta, f)d\theta = 1 \tag{4.41}$$

로 하기 위한 규격화 함수, S는 방향분포의 집중도를 결정하는 집중도 파라미터, Γ는 감마함수이다.

(4.39)식에서 주어진 방향분포함수는 그림 4.15에서 보이는 함수로, 집중도 파라미터 S의 증대와 함께 방향분포의 집중도가 증대한다. 집중도 파라미터 S는 일반적으로 f/f_m 및 $U/C_m(=2\pi f_m U/g)$의 함수, 즉

$$S = S\left(\frac{f}{f_m}, \frac{U}{C_m}\right) \tag{4.42}$$

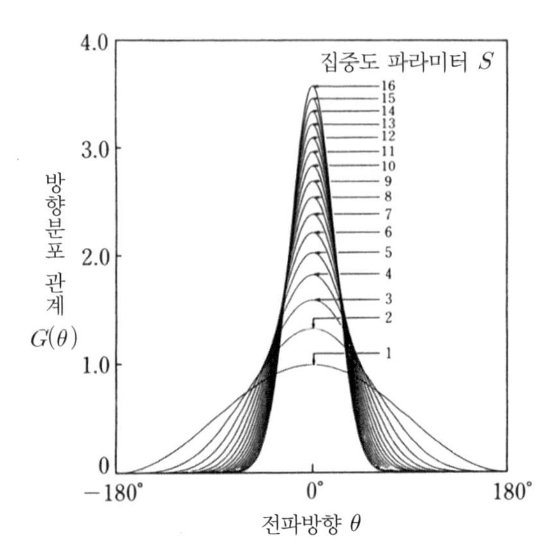

그림 4.15 풍파 스펙트럼에서의 방향분포함수 모델

로 생각해볼 수 있다. 앞의 관측 결과를 토대로 이 집중도 파라미터의 변화를 나타내는 함수형으로 다음 식이 나와 있다.

$$S = S_m \left(\frac{f}{f_m} \right)^{\mu} \tag{4.43}$$

여기에

$$S_m = 11.5 \left(\frac{U}{C_m} \right)^{-2.5}, \quad 0.7 \le \frac{U}{C_m} \le 1.2 \tag{4.44}$$

$$\mu = \begin{cases} \mu_a = 5 & (f/f_m \le 1) \\ \mu_b = -2.5 & (f/f_m \ge 1) \end{cases} \tag{4.45}$$

이 결과에서 중요한 것은, 해양 스펙트럼 에너지가 가장 집중되어 있는 주파수 스펙트럼의 피크 부근에서 방향분포 또한 가장 큰 집중도를 보이며, 스펙트럼 에너지가 급속히 저하되는 저주파 측 및 고주파 측을 향해 집중도가 급속한 저하를 보인다는 점이다. 즉, 풍파의 주요 주파수 성분은 바람의 방향으로 나아가는 경향이 강하지만, 주요 주파수로부터 떨어진 성분은 풍향으로부터 떨어져 나아가는 것의 비율이 증대한다. 이러한 성질은 이후의 많은 관측 결과들이 지지해주고 있다.

단, (4.44)식에 나타난 S_m과 U/C_m의 관계는 관측 데이터에 의해 충분히 검증된 것은 아니다. 주파수 스펙트럼의 집중도가 무차원 취송거리 $\tilde{F}$ 또는 무차원 피크 주파수 $\tilde{f}_m (= U_{10} f_m / g)$에 의존한다는 점으로 유추해보면, 방향분포의 집중도가 무차원 풍속 $U/C_m (= 2\pi U f_m / g)$에 의존한다고 볼 수 있다.

이후 북해에서 JONSWAP의 관측 결과를 토대로 다음과 같은 방향분포함수가 제안되었다(Hasselmann *et al.*, 1980).

$$\begin{aligned} &\text{저주파 측}(f/f_m \leq 1.06) \\ &S_m = 6.97 \pm 0.83 \\ &\mu = \mu_a = 4.06 \pm 0.22 \end{aligned} \tag{4.46}$$

$$\begin{aligned} &\text{고주파 측}(f/f_m \geq 1.06) \\ &S_m = 9.77 \pm 0.43 \\ &\mu = \mu_b = -(2.33 \pm 0.06) - (1.45 \pm 0.45)\left(\frac{U}{C_m} - 1.17\right) \end{aligned} \tag{4.47}$$

이 함수형은 형식적으로는 미쓰야스(Mitsuyasu)의 것과 조금 다르지만, 스펙트럼 피크 부근에서 방향분포의 집중도가 최대치를 취하는 지점을 포함하여 실질적으로는 유사한 분포형을 보인다.

최근에는 호수나 대형 풍동수조에서 파고계군을 이용하여 높은 분해능으로 풍파의 방향 스펙트럼을 정밀하게 계측하고 그 데이터를 분석하여,

$$\mathrm{sech}^2\beta(\theta-\bar{\theta}(\omega)) \tag{4.48}$$

에 비례하는 방향분포함수가 도출되었다(Donelan *et al.*, 1985). 여기서 방향분포의 확장을 규정하는 파라미터 β는 f/f_m만의 함수로, 다음과 같은 변화를 보인다.

$$\beta = 2.61\left(\frac{f}{f_m}\right)^{1.3} \quad (0.56 \le f/f_m \le 0.95) \tag{4.49}$$

$$\beta = 2.28\left(\frac{f}{f_m}\right)^{-1.3} \quad (0.95 \le f/f_m \le 1.6) \tag{4.50}$$

$$\beta = 1.24 \qquad (\text{상기 이외의 주파수 역}) \tag{4.51}$$

이 방향분포함수는 방향 스펙트럼이 높은 방향분해능으로 측정되었다는 것을 반영하며, 앞의 두 개의 방향분포함수와 비교해 보다 높은 집중도를 보인다. 그러나 스펙트럼 피크 부근에서 최대 집중도를 보이고 고저주파수 측을 향해 급속히 집중도가 저하되는 점 등 정성적으로는 이들과 같은 성질을 가진다.

마지막으로 한 가지 주의해야 할 것은, 4.1절이나 4.5절에서 제시한 해양파 스펙트럼의 표준형은 일정한 바람이 해면 위를 장시간 계속해 불

었을 때 발생하는, 어떤 의미로 이상화된 상태에서의 해양파 스펙트럼형이라는 점이다. 해양에서의 풍파 발생역에서는 이러한 스펙트럼이 발생할 기회가 많지만, 그 외 복수의 발생역에서 발생한 파, 예를 들면 풍파와 너울이 공존하여, 주파수 스펙트럼, 방향분포함수와 함께 복수의 피크를 가지는 것도 많다. 이러한 스펙트럼은 천차만별이라 그 표준형을 구하기가 어렵다.

W.J. 피어슨
(Willard James Pierson Jr., 1922~2003)

W.J. 피어슨은 뉴욕 출신의 해양물리학자이다. 1944년 시카고 대학을 졸업하고, 1949년 뉴욕 대학에서 학위를 수여받았다. 그 후 뉴욕 대학에서 연구를 계속하여 당시 같은 대학에 있던 독일 출신의 노이만(Neumann)과 공동으로 정력적인 연구활동을 전개하여, 해양파 스펙트럼 이론의 기초를 다졌다. 그 외에 파랑 스펙트럼을 이용한 파랑추산법 PNJ 법을 완성, 두 기의 항공기를 이용하여 스테레오 사진법으로 해양파의 2차원 스펙트럼을 처음으로 측정한 해상실험 SWOP을 추진, 대학원생 모스코위츠(Moskowitz)를 지도하며 실행한 해양파의 표준 스펙트럼인 피어슨-모스코위츠(Pierson-Moskowitz) 스펙트럼의 도입 등 역사적으로도 너무나 유명한 다수의 연구를 이끌어 왔다. 파랑수치 모델의 최초라 불리는 이노우에(Inoue) 모델은 고베 대학의 이노우에 토쿠지로(井上篤次郎) 박사가 피어슨 교수 아래에서 연구를 계속하고 있던 당시 개발한 것이다. 그 후 뉴욕 시립대학으로 옮기고부터는 SKYLAB 계획 이래, 그의 흥미 대상은 해상풍의 리모트센싱 문제

로 바뀌었다. 최근에는 뉴욕 시립대학의 교수를 은퇴했다.

피어슨 교수와 맨 처음 만난 것은, 내가 Texas A&M 대학에 체재하고 있던 1964년의 일이다. 버클리에서 열린 국제지구물리학연합 IUGG의 회의에 참석하고 텍사스로 돌아오는 도중 교수를 방문하기 위해 뉴욕 대학에 들렀다. 이때의 일은 다른 책에도 썼지만, 학회에서 발표된 키타이고로드스키(Kitaigorodskii, 1962)의 파랑 스펙트럼의 상사성에 관한 논문이 화제가 되어 상당히 흥분되는 논의가 오고갔다. 그 후 1969년에 만났을 때에는, 마침 내가 실험 결과를 토대로 하여 비선형 에너지 전달의 존재를 실증한 직후기도 해서 그것이 자연스레 화제가 되었다. 그때까지 그는 비선형 에너지 전달의 존재를 완고하게 믿지 않았지만, 그 존재를 명료하게 나타낸 내 실험 결과를 보고, 결국 그 존재를 인정하게 된 것 같다.

그 후에도 미국을 방문했을 때나 국제 심포지엄 등에서 그와 만날 기회가 많았다. 개성 강하지만 매우 사려 깊은 인물이었다.

CHAPTER 05

풍파 스펙트럼의 변동 기제

CHAPTER 05

풍파 스펙트럼의 변동 기제

풍파 스펙트럼의 시간적·공간적 변동은 3.4절에서 나타냈듯이, 기본적으로는 에너지 평형방정식 (3.5) 및 (3.7)로 기술된다. 이 풍파 에너지 평형방정식의 일반형 (3.5)식은 에너지의 평형관계를 나타낸 것으로, 의미는 단순명쾌하지만 문제는 우변의 파 에너지의 출입항 S의 구체적 내용이다. 풍파 스펙트럼의 변동을 명확히 하기 위해서는 이 항에 관한 각종 물리구조를 분명히 하지 않으면 안 된다. 즉, 풍파 스펙트럼의 변동은 이 에너지 입출력항의 성질에 의존한다. 그래서 이 장에서는 풍파 스펙트럼의 에너지 출입에 관한 대표적인 물리구조와 그 표현에 대해 서술한다.

5.1 바람과 수면파의 상호작용

수면 위에 바람이 불면 수면파가 발생하여 시간적·공간적으로 점차 발달해간다. 이러한 과정은 바람과 수면파와의 상호작용의 결과, 바람에서 파로 에너지가 전달된 결과 발생하는 것이다. 이 과정을 형식적으로

표현한 것이 파의 에너지 입력항인 S_{in}이고, 보통

$$S_{in} = A + BE(k) \tag{5.1}$$

로 표현되는 경우가 많다. A는 3.2(a)절에서 논했던 필립스(Phillips)의 공명 기제에 해당하는 것으로, (3.1)식에 나타냈듯이 시간에 대해 선형적인 증폭을 나타낸다.

이 기제는 기류와 함께 이동하는 난류압력 변동과 수면파의 상호작용 결과, 바람에서 파로 공명적으로 에너지를 전달하는 것을 말한다. 필립스는 당초 초기파의 발생만이 아닌, 파의 발달 전 과정에 대해 이 기제가 유효하게 작용할 것이라고 생각했다(Phillips, 1957). 그러나 이후의 관측 결과, 난류압력 변동의 크기가 필립스가 가정한 값보다도 작아, 풍파의 주요 발달 과정에 대해서 이 기제만으로는 충분하지 못하다는 것이 발견되었다. 이 때문에 현재는 초기파의 발생에만 적용되고 있다. 초기파의 발생구조로는 3.2(b)절에서 서술했듯이, 이 외에 2층류의 불안정 기제가 있고, 어느 쪽이 지배적인지에 대해서는 아직 결론이 나지 않고 있다.

그러나 (5.1)식의 제2항 $BE(k)$에 대응하여, 지배적인 에너지 전달 기제인 마일즈(Miles, 1957) 기제는, 그 형태에서 알 수 있듯이 파의 에너지 $E(k)$가 존재하지 않으면 작용하지 않기 때문에, 풍파의 수치 모델 등에서 초기파를 부여하는 구조로 필립스의 공명 기제에 대응하는 A를 추가하는 경우가 많다.

필립스의 공명 기제와 같은 시기에 발표된 마일즈 기제는, 수면파에

의해 파면 위의 기류가 흐트러져 일종의 불안정을 유발하고, 파면의 경사에 비례하는 압력 변동을 발생시켜 바람으로부터 파로 효과적으로 에너지를 전달한다. 마일즈 구조에 대응하는 $BE(k)$는 에너지 변화가 에너지 자체에 비례하기 때문에, (3.5)식에 대입해보면 알 수 있듯이, 파는 시간과 함께 기하급수적으로 증폭된다. 그 후 마일즈(Miles, 1960)는 풍파의 발생에 관한 공명 기제와 불안정 기제를 결합시켜, 풍파 발달의 주요 단계에서의 스펙트럼 변화는 필립스 기제에 의해 변화를 나타내는 (3.1)식에 다음의 계수를 곱한 것으로 표현할 수 있다는 것을 보여주었다.

$$\frac{e^{MT}-1}{MT}=f \tag{5.2}$$

여기서

$$M=\frac{\rho_a}{\rho_w}\left(\frac{U_1\cos\theta}{C}\right)^2\frac{U_1}{C}\beta \quad (\rho_a : \text{공기의 밀도},\ \rho_w : \text{물의 밀도})$$

$$T=\frac{gt}{U_1} \tag{5.3}$$

$$U_1=\frac{u_*}{\kappa} : \text{일종의 대표속도} \quad (\beta : \text{무차원 압력계수})$$

이 식을 보면 알 수 있듯이, 파의 발생 초기 $t\to 0$에서 함수 f는 1에 점근하기 때문에 필립스의 공명 기제가 지배적이다. 그러나 t가 커지면 증폭은 기하급수적으로 이루어져 마일즈의 불안정 기제가 우세해진다.

그 후에도 이론의 개선이 계속적으로 이루어지고 이론을 지지하는 실내 실험 결과도 나오게 되어, 풍파의 발생과 발달에 관한 문제는 해결된 것처럼 보였다. 그러나 해양파 발달률의 계측 결과(Snyder and Cox, 1966; Barnett and Wilkerson, 1967), 바람에 의한 해양파의 발달률 B는 마일즈 이론으로 예측되는 값보다도 한 자리 정도 크다는 것이 밝혀져, 마일즈 이론이 충분하지 못하다는 것을 알게 되었다. 이 때문에 실제 해양파의 발달률 B를 표현하기 위해 실측 결과를 토대로 다음과 같은 형태의 실험식을 도출해냈다.

$$B = a\left(\frac{\rho_a}{\rho_w}\right)\omega\left(\frac{U}{C} - 1\right) \tag{5.4}$$

여기서 a는 무차원상수, U는 대표풍속 그리고 C는 성분파의 파속을 각각 나타낸다. 이 식은 뒤에 나타냈듯이 파랑의 수치 모델에서 $S_{in} = BE(k)$로 삽입된다.

그러나 문제는 그 후에 새로운 국면으로 접어들게 된다. 그들이 구한 해양파의 발달률 B는 실제 해양파 스펙트럼 성분의 풍하를 향한 발달을 측정하여 구한 것이다. 이것은 분명 파의 발달률이기는 하지만, 스펙트럼 에너지의 평형방정식 (3.5)식 및 (3.7)식으로부터 알 수 있듯이, 실측된 파의 스펙트럼 에너지의 변화, 즉 좌변의 변화란 바람으로부터의 에너지 전달 S_{in}만이 아닌, 성분파 간의 비선형 에너지 전달 S_{nl}이나 다양한 기제에 의한 에너지 손실 S_{ds}를 종합한 결과 발생하는 것이다. 특히 급속한 발달 과정에 있는 풍파의 스펙트럼 피크보다 저주파 측 성분의 에너지 증가는 스펙트럼 피크 부근의 주파수 성분으로부터의 비선형 에너지 전달에 기여가 크다.

따라서 그들이 구한 스펙트럼 성분의 발달률은 바람으로부터의 에너지 전달 S_{in}과 비선형 상호작용에 의한 에너지 전달 S_{nl} 두 가지를 모두 포함하고 있어 매우 큰 발달률이 나온 것이라 생각된다. 그리하여 파랑추산 시에 이 발달률을 사용하여 풍파의 발달을 계산하면, 충분하진 않지만 비선형 에너지 전달 효과를 포함하게 된다. 여기에 독립적으로 비선형 에너지 전달 S_{nl}의 계산을 추가하면 이중으로 그 효과를 포함하게 되기 때문에 주의가 필요하다.

그 후 바람에서 파로의 에너지 전달에 관한 신뢰도 높은 측정이 스나이더 등(Snyder *et al.*, 1981)에 의해 이루어졌다. 그들은 해양에서 파에 의한 수위 변동과 동시에 파면 위 기류의 압력 변동 및 속도 변동을 측정하여 그 데이터를 분석하고, 바람에서 파의 스펙트럼 성분으로의 에너지 플럭스를 직접 구했다. 그리고 그 결과를 토대로 다음과 같은 실험식을 도출했다.

$$S_{in}(\boldsymbol{k}) = 0.25\left(\frac{\rho_a}{\rho_w}\right)\left(\frac{U_5}{C}\cos\theta - 1\right)\omega E(\boldsymbol{k}) \tag{5.5}$$

단, U_5는 해면 위 5m의 풍속이다.

이 식에서 해면 위 5m의 풍속 U_5가 사용된 것은, 그들이 평균 풍속을 측정한 높이가 5m였기 때문이다. 때문에 코멘(Komen *et al.*, 1984)은 이 식을 일반화하기 위해 해면 위의 풍속에 대수분포를 가정하고, 해면의 저항계수 변화를 가정하여 다음과 같이 바람의 마찰속도 u_*를 대표풍속으로 하는 실험식으로 변환했다.

$$S_{in}(\boldsymbol{k}) = 0.25\left(\frac{\rho_a}{\rho_w}\right)\left\{28\beta\left(\frac{u_*}{C}\right)\cos\theta - 1\right\}\omega E(\boldsymbol{k}) \tag{5.6}$$

β는 0.85~1.0 정도의 무차원계수이다. 이들 (5.5) 및 (5.6)식은 비선형 에너지 전달 S_{nl}을 개별적으로 고려한 파랑의 수치 모델에서 자주 사용되는 것이다.

그 후 플랜트(Plant)는 앞서 서술한 스나이더(Snyder)의 데이터뿐만 아니라, 수많은 신뢰도 높은 실내실험 데이터를 사용하여, u_*/C보다 광범위한 값에 적용할 수 있는 실험식

$$S_{in}(\boldsymbol{k}) = (0.04 \pm 0.02)\left(\frac{u_*}{C}\right)^2 \cos\theta \cdot \omega E(\boldsymbol{k}) \tag{5.7}$$

을 도출해냈다(Plant, 1982). 거의 같은 시기에 단일주기인 규칙적 수면파의 바람에 의한 발달률을 직접 측정하여, 바람과 동일한 방향으로 진행하는 수면파($\theta = 0$)에 대해 플랜트 식의 상한에 가까운 다음 식이 구해졌다(Mitsuyasu and Honda, 1982; 그림 5.1 참조).

$$S_{in}(\boldsymbol{k}) = 0.054\left(\frac{u_*}{C}\right)^2 \omega E(\boldsymbol{k}) \tag{5.8}$$

이 경우, 다른 성분파는 존재하지 않기 때문에 비선형 상호작용에 의한 에너지 전달의 효과는 포함되어 있지 않다.

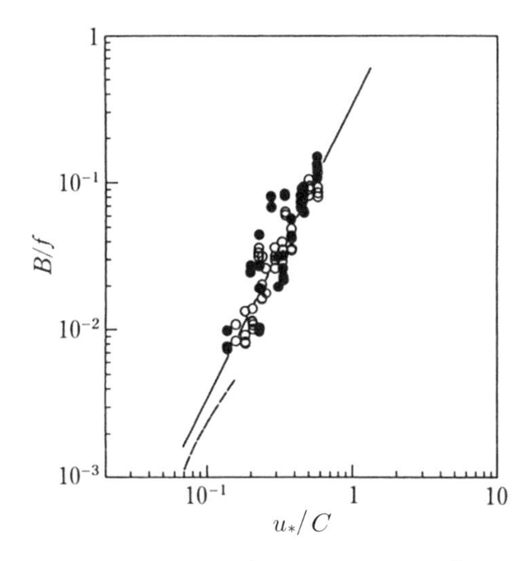

그림 5.1 수면파의 무차원 발달률 B/f와 무차원풍속 u_*/C의 관계.
○은 담수를 사용, ●는 계면활성제를 사용하여 풍파 발생을 억제하고 파면을 평평하게 유지했다. 그림에서 점선은 스나이더(Snyder *et al.*, 1981)의 실험식이다.

따라서 직접 바람에 의한 수면파의 증폭을 측정하여 구한 발달률에 관한 식이라고 할 수 있다. 이 결과에서 흥미로운 점은, 담수를 사용한 경우(기계적으로 발생시킨 수면파 위를 풍파가 덮어 파면이 거칠다)와 계면활성제를 사용한 경우(풍파 발생이 억제되어 파면이 평평하다) 간에 무차원 발달률과 무차원 풍속과의 관계에 차이가 없다는 것이다. 이는 파면 거칠기의 효과가 바람의 마찰속도 u_*에도 반영되어 있기 때문이다.

한편, 실제 해양파에 대해서는 스나이더 등(Snyder *et al.*, 1981)과 동일한 측정을 보다 광범위한 u_*/C에 대해 실시하면서 다음과 같은 실험식을 도출하였다(Hsiao and Shemdin, 1983).

$$S_{in}(\boldsymbol{k}) = 0.065\left(\frac{u_*}{C} - 0.047\right)^2 \omega E(\boldsymbol{k}) \tag{5.9}$$

바람으로부터 수면파로 에너지가 전달되는 현상을 이론적으로 계산한 연구로는, 알자나이다와 후이(Al'Zanaidi and Hui, 1984)의 연구가 있다. 그들은 난류 모델을 토대로 변동하는 파면상에서 기류의 난류경계층을 수치적으로 계산하고, 그 결과를 토대로 바람에서 수면파로 전달되는 운동량을 계산하여 수면파의 발달률에 대한 다음 식을 도출했다.

$$S_{in}(\boldsymbol{k}) = \delta_i\left(\frac{\rho_a}{\rho_w}\right)\left(\frac{U_\lambda}{C} - 1\right)^2 \omega E(\boldsymbol{k}) \tag{5.10}$$

$\delta_i = 0.04$ (파면이 유체역학적으로 안정적인 상태)

$\delta_i = 0.06 \pm 0.01$ (파면이 유체역학적으로 거친 상태)

단, U_λ은 $z = \lambda$, 즉 해면 위 1파장 λ만큼 위쪽의 풍속이다. 그들은 거친 표면의 경우($\delta_i = 0.06$)에는 $\rho_a/\rho_w = 1.25 \times 10^{-3}$, $U_\lambda = 25u_*$로 가정하면, (5.10)식은

$$S_{in}(\boldsymbol{k}) = 0.047\left(\frac{u_*}{C}\right)^2 \omega E(\boldsymbol{k}) \tag{5.11}$$

이 되고, 플랜트(Plant, 1982)나 미쓰야스와 혼다(Mitsuyasu and Honda, 1982)에 가까운 식이 된다는 것을 보여주었다. 그림 5.2는 위에 서술한 $S_{in}(\boldsymbol{k})$에 관한 다양한 식을 무차원 발달률 $B/\omega(= S_{in}/\omega E)$

의 형태로 비교해놓은 것이다.

그 후, 실험 수조에서의 측정 데이터를 토대로 직접 U_λ를 계산하여, $U_\lambda = 25u_*$의 가정 없이 알자나이다와 후이(Al'Zanaidi–Hui)의 실험식이 도출되었다(Mitsuyasu and Kusaba, 1988). 그 결과, 평탄한 파면에 비해 거친 파면 쪽이 에너지 전달이 40~50% 크다는 점은 일치하지만, 전체적으로는 실측된 에너지 전달이 알자나이다와 후이(Al'Zanaidi and Hui, 1984)의 식에 비해 1.7~1.8배 크다는 결과를 얻을 수 있었다. 이론적인 연구에서는 기존의 마일즈 구조뿐만 아니라 플랜트(Plant, 1982)가 집약한 실험 결과에 매우 일치하는 계산 결과를 얻어냈다(Miles, 1993).

이상으로 보다 자세히 논한 것으로부터 알 수 있듯이, S_{in}에 관해서는 아직 통일된 결과를 얻지는 못하고 있지만 어느 정도 수준까지는 그 성질이 명확해지고 있다. 또한 그림 5.2로부터도 알 수 있듯이, u_*/C가 작은 부분을 제외하면, 각종 실험식들의 차이는 그다지 크지 않다. 단, 스나이

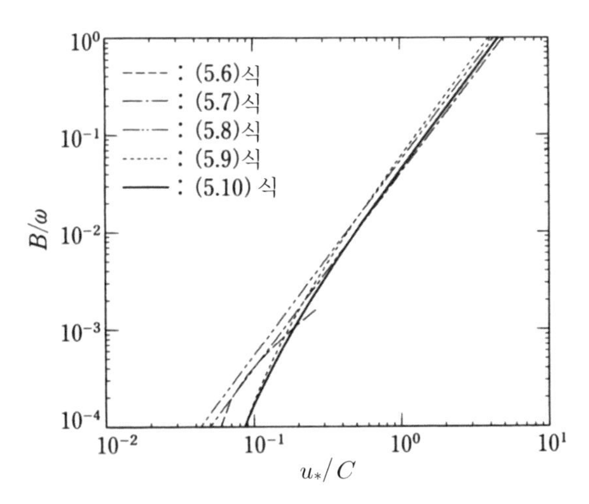

그림 5.2 파의 무차원 발달률 $B/\omega(= B/2\pi f)$에 관한 각종 실험식의 비교(상수의 ±는 +를 사용. $\delta_i = 0.06$, $U_\lambda = 25u_*$)

더 등(Snyder *et al.*)의 (5.6)식은 u_*/C이 큰 부분 $(u_*/C > 2\times 10^{-1})$에서는 다른 식과 큰 차이가 있다.

5.2 성분파 간의 비선형 상호작용

해양파의 스펙트럼 모델에서 해양파는 제1근사로 파수, 주파수 및 에너지를 달리하는 무한히 많은 성분파가 랜덤한 위상으로 중첩된 것이라고 가정된다(선형근사). 그러나 고차근사까지 생각해보면 성분파 간의 선형 상호작용에 의해 에너지 교환이 발생한다. 이에 대한 표현을 이론적으로 도출해낸 최초의 인물은 하셀먼(Hasselmann, 1962)으로, 이는 다음 식으로 주어진다.

$$
\begin{aligned}
S_{nl}(\boldsymbol{k}) = \omega \int\int_{\infty}^{\infty}\int Q(\boldsymbol{k}_1, \boldsymbol{k}_2, \boldsymbol{k}_3, \boldsymbol{k}) \\
\times \delta(\boldsymbol{k}_1 + \boldsymbol{k}_2 - \boldsymbol{k}_3 - \boldsymbol{k}) \cdot \delta(\omega_1 + \omega_2 - \omega_3 - \omega) \\
\times \{n_1 n_2 (n_3 + n) - n_3 n (n_1 + n_2)\} d\boldsymbol{k}_1 d\boldsymbol{k}_2 d\boldsymbol{k}_3\} \qquad (5.12)
\end{aligned}
$$

여기에 $n(\boldsymbol{k}) = E(\boldsymbol{k})/\omega$은 파의 **작용밀도**(action density)로,

$$
n_i = n(k_i) = \frac{E(k_i)}{\omega_i} \quad (i = 1, 2, 3)
$$

적분핵함수 Q는 스펙트럼 성분의 결합계수, δ는 델타 함수(공명조건에 해당)를 각각 나타낸다.

하셀먼(1963)은 이 식을 토대로 노이만(Neumann) 스펙트럼에 대해 비선형 에너지 전달의 수치계산을 실시하고, 스펙트럼의 고주파 측에서 스펙트럼 피크 부근의 주파수 성분에 대해 에너지가 전달되는 것을 보여주었다. 그 후 셀과 하셀먼(Sell and Hasselmann, 1972)은 JONSWAP 스펙트럼에 대해서 동일한 계산을 수행하여, 고주파 측으로부터 스펙트럼 피크보다 약간 저주파 측으로 에너지가 전달되어 스펙트럼 피크가 저주파 측으로 이동하도록 이 구조가 작동한다는 것과 P-M 스펙트럼처럼 에너지 밀도의 집중도가 그다지 크지 않은 스펙트럼에서는 고주파 측에서 피크 주파수 부근으로 에너지가 전달되어 피크를 상승시키도록 이 구조가 작동한다는 것을 보여주었다.

이렇게 비선형 에너지 전달의 효과는 스펙트럼형에 의해 달라지지만, 위 식의 적분은 엄청난 계산량을 요하기 때문에 스펙트럼형을 체계적으로 변화시킨 계산은 좀처럼 수행되지 않았다.

롱게-히긴스(Longuet-Higgins)는 하셀먼(Hasselmann, 1962)의 비선형 상호작용에 관한 모델의 계산상의 어려움을 해결하기 위해 협대역 스펙트럼을 가정하고, 비선형 결합계수가 매우 복잡한 하셀먼의 모델과는 달리, 스펙트럼 피크 부근에서의 일정한 결합계수 등으로 단순한 공명조건을 가정하여 훨씬 계산이 용이한 새로운 모델을 제안했다(Longuet-Higgins, 1976). 또한 폭스(Fox)는 이 모델을 따라 JONSWAP 스펙트럼에 대해 비선형 에너지 전달의 계산을 수행하여 셀과 하셀만(Sell and Hasselmann, 1972)과는 매우 다른 결과를 얻었다(Fox, 1976).

그러나 그 후 마쓰다(Masuda)가 하셀먼의 모델을 토대로 계산의 정확도를 높이기 위한 연구를 거듭하여 매우 정밀한 계산을 수행한 결과, 셀과 하셀먼(Sell and Hasselmann, 1972)의 결과 쪽이 맞다는 것과 폭스

(Fox, 1976)의 계산 결과가 다른 것은 롱게-히긴스(Longuet-Higgins, 1976)가 새로운 모델을 도출할 때 채용했던 가정이 실제 스펙트럼에서 적절하지 않기 때문이라는 것을 보여주었다(Masuda, 1980). 또한 그는 스펙트럼형의 집중도를 체계적으로 변화시킨 경우에서의 비선형 에너지 전달의 변화를 밝혀냈다(그림 5.3 참조).

그리고 실험 수조의 무풍 영역에서 측정된 풍파(너울)의 스펙트럼 변화(Mitsuyasu, 1968)가 비선형 에너지 전달의 계산 결과와 매우 일치한다는 것을 밝혀내어 비선형 에너지 전달이 실제 풍파 스펙트럼의 변동에서 중요한 역할을 담당한다는 것을 보여주었다(그림 5.4 참조).

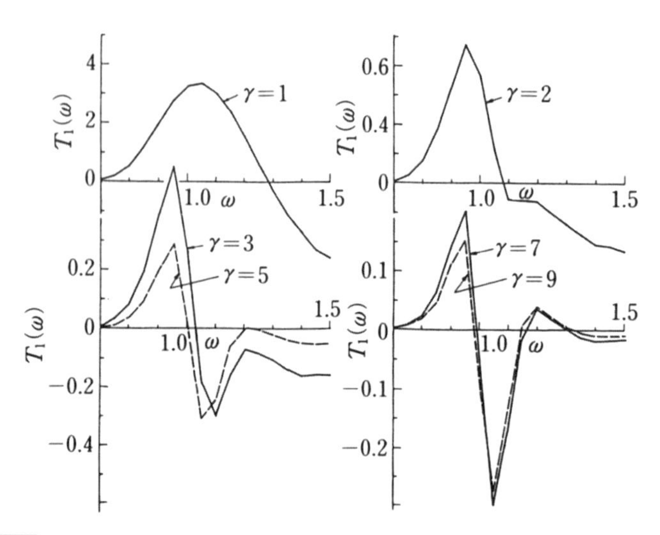

그림 5.3 풍파 스펙트럼형의 변화에 의한 비선형 에너지 전달 $T_1(\omega)$의 변화. JONSWAP 스펙트럼 (4.11)식에서 스펙트럼의 집중도를 결정하는 파라미터 γ를 순차적으로 변화시켜 비선형 에너지 전달 $T_1(\omega)$을 계산했다. $T_1(\omega)$이 음수인 영역에서 $T_1(\omega)$가 양수인 영역으로 에너지가 전달된다. 즉, 가로축의 ω는 ω_m(피크 주파수)로 나누어 규격화시켰다. γ에 의해 에너지 전달 패턴이 변화하는 것에 주의한다(Masuda, 1980).

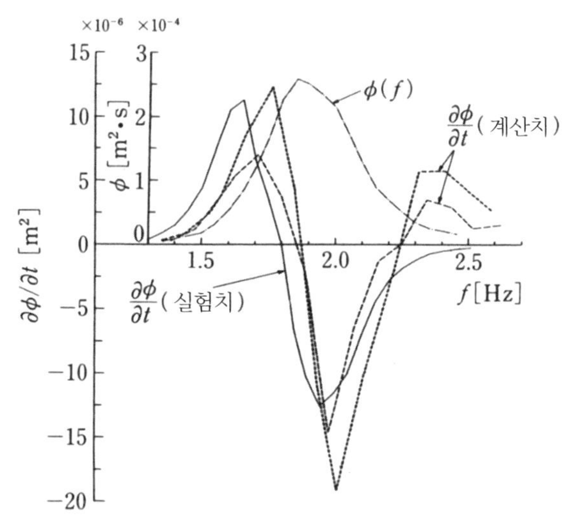

그림 5.4 비선형 에너지 전달에 관한 계산 결과를 실측 결과와 비교.
$\phi(f)$: 풍파 스펙트럼, $\partial\phi/\partial t$: 실측된 스펙트럼의 변화, 비선형 에너지 전달의 계산값. 초기 스펙트럼을 주는 방법에 따라 계산 결과가 약간 달라진다(Masuda, 1980).

그 후 광범위한 스펙트럼형에 대한 비선형 에너지 전달의 계산이 수행되어 그 스펙트럼형으로의 의존특성이 밝혀졌다(Hasselmann and Hasselmann, 1981). 이렇게 풍파 스펙트럼의 발달에서 비선형 에너지 전달의 중요성은 명확해졌지만, 계산에 필요한 시간 자체는 자연스레 늘어나 실제로는 파랑추산을 위한 수치 모델에 대입시키기는 어려웠다. 때문에 노이만 스펙트럼에 대한 하셀먼(Hasselmann, 1963)의 계산 결과를 토대로 비선형 에너지 전달 표현을 모수화(parameterize)하여 실용적인 계산식을 도출한 바넷(Barnett, 1968)의 연구처럼, 비교적 간단한 모수화를 수행하여 그 결과를 파랑 모델에 도입하였다.

그러나 마쓰다(Misuda, 1980)나 하셀먼과 하셀먼(Hasselmann and

Hasselmann, 1981)의 계산 결과에서 나타나듯이, 비선형 에너지의 전달 패턴은 스펙트럼형에 민감하게 의존하기 때문에 특정 스펙트럼형에 관한 계산 결과를 토대로 모수화한 것만으로는 충분하지 못하다. 특히 급속하게 변하는 파랑 스펙트럼을 설명하기 위해서는 비선형 에너지 전달의 직접적인 계산을 효율적으로 실행하거나 보다 세세한 모수화를 수행할 필요가 있다.

이런 문제를 해결하기 위해 비선형 에너지 전달을 직접적이고 효율적으로 계산하는 알고리즘 개발 및 보다 진화한 모수화의 개발이 이루어졌다(Hasselmann and Hasselmann, 1985; Hasselmann *et al.*, 1985). 그 결과를 토대로 높은 정밀도의 비선형 에너지 전달 계산을 도입한 파랑 수치 모델의 개발이 이루어졌으며, 이것이 뒤에 설명될 제3세대 파랑 수치 모델이다.

5.3 풍파 에너지의 손실

(a) 쇄파 효과

수면파의 스펙트럼 변동에 관한 물리구조 중 가장 복잡한 것이 에너지 손실구조(과정)이다.

수면파의 에너지 손실구조에서 제일 처음 고려되는 것은 물의 점성 효과이다. 물의 분자점성에 의한 에너지 손실은

$$S_{ds} = 4\nu k\omega^2 g^{-1} E(\boldsymbol{k}) \tag{5.13}$$

로 주어지고(Lamb, 1945), 쇄파되지 않는 단주기 파의 감쇠에는 잘 맞아떨어진다(Mitsuyasu and Honda, 1982). 그러나 점성 효과는 파의 주기가 커짐에 따라 급속히 감소한다. 따라서 물의 분자점성에 의한 에너지 손실은 표면장력파 같은 고주파 성분에서는 중요한 역할을 하지만, 해양파의 지배적인 주파수 성분에 대해서는 역할이 거의 미미하다.

수면파에서 에너지 손실의 대부분은 쇄파에 의해 일어난다. **쇄파**(wave breaking)는 파의 진폭이 증대하여 파형경사가 안정한계를 넘어 불안정해져 부서지는 현상이다. 따라서 쇄파는 매우 강한 비선형 현상으로 이론적 취급이 매우 까다롭다. 수면파의 비선형 이론이 발전함에 따라서 수면파의 불안정으로부터 쇄파에 이르는 과정에 관해서는 상당히 명확해졌으나(光易, 1987; Banner and Peregrine, 1993), 대규모로 쇄파하는 풍파의 특성 및 에너지 손실의 정량적인 표현에 관해서는 충분한 이해가 이루어지지 않고 있는 상황이다. 특히 쇄파에 의한 에너지 손실에 대한 추정도 문제지만, 각각의 쇄파에 의한 에너지 손실을 파랑 스펙트럼 성분에 어떻게 분배할 것인가에 대한 점이 까다롭다.

이 때문에 파랑추산에 사용하는 초기 파랑 모델의 대다수에서, 파랑 스펙트럼이 풍속이나 취송거리에 대응하는 스펙트럼이 평형에 도달하면 (예로, P-M 스펙트럼이나 JONSWAP 스펙트럼) 에너지 입력과 에너지 손실이 균형을 이루어 그 이상이 되지 않게 하는 등의 손쉬운 방법을 통해 간접적으로 쇄파에 의한 에너지 손실을 고려하고 있다.

쇄파에 의한 풍파의 에너지 손실에 관한 직접적 표현을 최초로 고안한 것은 하셀먼(Hasselmann, 1984)이다. 그는 쇄파의 효과를 파면에 작용하는 랜덤한 압력 변동의 효과 같은 것으로 보고, 쇄파에 의한 에너지 손실의 항으로써 다음과 같은 식을 도출해냈다.

$$S_{ds} = -\eta^2 \omega^2 E(\boldsymbol{k}) \tag{5.14}$$

여기서, η은 풍속 및 파랑 스펙트럼의 특성량 함수로 다음과 같다.

$$\eta = \omega_m^{-1} \left[2.2 \times 10^{-4} \left\{ 1 - 0.3 \left(\frac{\omega_m U}{g} \right)^{-1} \right\} + 2\alpha^2 \lambda \right] \tag{5.15}$$

α : 필립스(Phillips)의 계수

$$\lambda = \begin{cases} 0.12 & (\text{P} - \text{M 스펙트럼의 경우}) \\ 0.16 & (\text{JONSWAP 스펙트럼의 경우}) \end{cases}$$

한편, 코멘 등(Komen)은 쇄파에 의한 에너지 손실로

$$S_{ds} = -G \left(\frac{\omega}{\overline{\omega}} \right)^n \left(\frac{\hat{\alpha}}{\hat{\alpha}_{PM}} \right)^m \overline{\omega} E(\boldsymbol{k}) \tag{5.16}$$

의 형태를 가정했다(Komen *et al.*, 1984). 여기서, G는 무차원상수, $\overline{\omega}$ 및 $\hat{\alpha}$는

$$\overline{\omega} = E_t^{-1} \int E(\boldsymbol{k}) \omega d\boldsymbol{k} \tag{5.17}$$

$$\hat{\alpha} = \frac{E_t \overline{\omega}^4}{g^2} \quad (\text{비선형 파라미터}) \tag{5.18}$$

으로 주어지고, α_{PM}은 P-M 스펙트럼에 대한 α이며, $\alpha_{PM}=4.57\times 10^{-3}$이다. 또한 $E_t=\int E(\boldsymbol{k})d\boldsymbol{k}$는 파랑 스펙트럼의 전체 에너지이다. 이 (5.16)식에서 $n=2$로 두면, 하셀먼의 (5.14)식과 같은 형태의 주파수 의존을 보인다.

그들은 또한 대표적 스펙트럼형으로 P-M 스펙트럼을 가정하고, 에너지 입력은 스나이더 등(Snyder *et al.*, 1981)이 고안한 (5.5)식을 사용, 비선형 에너지 전달은 (5.12)식을 직접 계산하여 에너지 손실은 (5.16)식에서 m 및 n을 체계적으로 변화시켜 계산하였으며, 취송거리와 함께 발달해가는 풍파의 에너지 밸런스를 계산하여 종래의 실측 결과에 가장 잘 맞는 최적의 m, n을 구했다. 그 결과를 토대로 에너지 손실의 표현으로 다음 식을 유도하였다.

$$S_{ds}=-3.33\times 10^{-5}\left(\frac{\omega}{\overline{\omega}}\right)^2\left(\frac{\hat{\alpha}}{\hat{\alpha}_{PM}}\right)^2\overline{\omega}E(\boldsymbol{k}) \tag{5.19}$$

이와 같이 쇄파에 의한 에너지 손실의 물리구조 및 그 표현에 관한 연구는 아직 충분하지 못하다. 또한 코멘 등(Komen *et al.*, 1984)의 연구에서 알 수 있듯이, 풍파의 에너지 손실에 대한 표현은 풍파의 에너지 평형을 지배하는 다른 물리 기제의 모순점을 떠안고 있는 것처럼 보인다.

쇄파에 의한 에너지 손실의 표현에 관해서는 성가신 문제가 남아 있는데, 대기에서 해양으로 운동량이 전달되는 과정에서는 쇄파가 매우 중요한 역할을 담당하고 있다는 사실이다. 미쓰야스(Mitsuyasu, 1985)는 수면파의 발달률에 관한 (5.8)식을 토대로 바람에서 파로 전달되는 운동량을 추정하여 그것이 바람에서 해면을 향한 운동량의 수십 퍼센트에 이르는 경우가 있다는 것과 함께, 풍파 자체가 전달하는 운동량의 변화는 기껏해야 수 퍼센트에 지나지 않는다는 것을 보여주었다. 그리고 이러한 운동량 수지에서의 어긋남을 설명하기 위해 풍파가 흡수한 운동량의 대부분이 쇄파를 통해 흐름으로 전환된다고 추론했다. 그 후 멜빌과 랩(Melville and Rapp, 1985)은 특수한 실험을 통해, 쇄파에 의한 운동량 손실이 파형경사가 큰 파의 경우에는 파가 전달하는 운동량의 약 30%에 달한다는 것을 보여줌으로써 위에 서술한 추론을 지지하였다. 이러한 결과를 종합하면 풍파의 발생, 발달 및 쇄파라는 일련의 과정은 대기로부터 해양으로 운동량을 전달하는 매우 효율적인 과정이라고 볼 수 있다.

(b) 역풍 효과

수면파의 진행방향과 반대 방향으로 바람이 불 경우에는 **역풍 효과**로 인해 파의 에너지가 손실된다. 태풍의 영향권처럼 풍향이 공간적으로 크게 변화하는 경우에는, 어떤 장소에서 발생한 풍파는 전파와 함께 역풍의 영향을 받는다.

파와 바람의 방향이 반대인 경우에는 파속와 풍속이 같아지는 **임계층**(critical layer)이 존재하지 않기 때문에, 마일즈 기제는 적용되지 않는다. 역풍에 의한 파의 감쇠에 관한 실험적 연구는 다수 수행(Mizuno, 1976; Young and Sobey, 1985; Tsuruya, 1988; 光易·吉田, 1989)되었는데, 미즈노(Mizuno, 1976)는 역풍의 작용하에 있는 규칙적 수면 위의 정압 변동을 측정하여, 그로 인해 계산되는 역풍에 의한 파의 감쇠율이 파의 감쇠를 실측하여 구한 감쇠율보다도 작고, 그것의 약 30퍼센트라는 점을 확인하였다. 이와 비슷한 실험에서는 파면 위 기류의 압력 변동과 함께 풍속 변동을 측정하여 정압 변동의 효과보다 파에 의해 야기된 풍속 변동(u, w)에 의한 법선응력 $-\rho_a uu$의 효과가 지배적이라는 것도 명확히 하였다(Young and Sobey, 1985. 단, 수면파의 감쇠율을 직접 측정하고 그와 비교하는 작업은 수행하지 않았다). 그 후 쓰루야(Tsuruya, 1988)는 대형 실험 수조를 이용해 유사한 측정을 수행하여, 정압 변동의 효과가 전체의 약 90퍼센트를 차지할 정도로 가장 지배적이며, 그 외에 파로 야기된 속도 변동(u, w)에 의한 법선응력 $-\rho_a uu$ 및 난류 속도 변동(u', w')에 의한 법선응력 $-\rho_1 u'u'$의 효과가 각각 수 퍼센트를 차지한다는 것을 발견했다. 이러한 측정 결과를 토대로, 역풍에 의한 수면파의 감쇠율에 관한 실험식

$$\frac{B}{f}=2\pi\left\{0.2\left(\frac{\rho_a}{\rho_w}\right)\left(1-\frac{U_\infty}{C}\right)^{1.44}\left(1+0.8(ak)^{1.44}\left|\frac{U_\infty}{C}\right|^{0.56}\right)\right.$$
$$\left.+7.34\times10^{-3}\left(\frac{\rho_a}{\rho_w}\right)\left(1-\frac{U_\infty}{C}\right)^2\right\} \tag{5.20}$$

을 얻었다. 단, U_∞는 경계층 외의 풍속, $ak(=2\pi a/L)$는 파형경사를 각각 나타낸다. 또한 이 실험식을 실제 측정한 수면파의 감쇠율과 비교한 결과, 그 추정치는 낮은 풍속에서는 지나치게 큰 감쇠율을 보였고, 높은 풍속에서는 지나치게 작은 감쇠율을 보인다는 것을 알아냈다.

이론적인 연구로는, 난류 모델을 이용하여 순풍에 의한 파의 발달률을 이론적으로 계산하는 동시에, 역풍에 의한 파의 감쇠율 계산도 이루어지고 있다(Al'Zanaidi and Hui, 1984). 그리고 그 결과를 토대로 감쇠율

$$\frac{B}{f} = 2\pi\delta_i\left(\frac{\rho_a}{\rho_w}\right)\left(\frac{U_\lambda}{C}+1\right)^2 \tag{5.21}$$

$$\delta_i = \begin{cases} 0.024 & (\text{파면이 유체역학적으로 안정적인 상태}) \\ 0.04 & (\text{파면이 유체역학적으로 거친 상태}) \end{cases}$$

이 도출되었다.

바람에 역행하는 수면파가 존재하는 경우에, 바람과 해면의 상호작용을 체계적으로 조사하여 역풍에 의한 수면파의 감쇠율에 관해 다음과 같은 실험식도 도출되었다(光易·吉田, 1989).

$$\frac{B}{f} = 1.5\times10^{-4}\left(\frac{U_\lambda}{C}\right)^{2.9} \tag{5.22}$$

쓰루야(Tsuruya)의 식 (5.20)에서 $U_\infty = U_\lambda$로 놓은 것, 알자나이디와 후이(Al'Zanaidi and Hui)의 식 (5.21)에서 $\delta_i = 0.04$로 놓은 것과 (5.22)식을 비교한 것이 그림 5.5이다. 단, $\rho_a/\rho_w = 1.2\times10^{-3}$으로 두었다.

쓰루야(Tsuruya)의 식 (5.20)은 평균적으로는 미쓰야스와 요시다(光易·吉田)의 식 (5.22)에 가깝지만, 저풍속에서는 감쇠율을 과대평가하고 고풍속에서는 과소평가하는 경향이 있다. 알자나이디와 후이(Al'Zanaidi and Hui)의 식 (5.21)은 저풍속에서는 (5.22)식과 일치하지만, 변화하는 경향이 달라 고풍속에서는 꽤 작은 감쇠율을 보인다. 영과 소베이(Young and Sobey, 1985)의 결과는 이들 세 가지 식에 비해 매우 작은 값을 보이기 때문에 언급하지 않기로 한다.

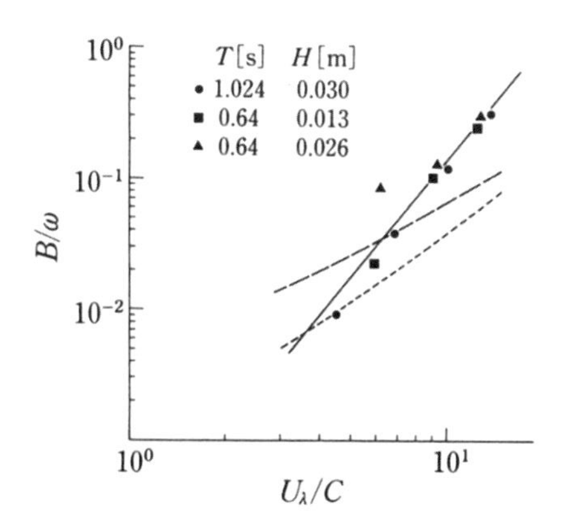

그림 5.5 역풍에 따른 수면파의 감쇠율.
파선 : (5.20)식, 점선 : (5.21)식, 실선 : (5.22)식(光易 · 吉田, 1989)

또한 (5.22)식과 같은 데이터를 사용하여 이전에 구한 순풍에 의한 수면파의 발달률에 관한 식 (5.8)과 비교하기 위해 바람의 마찰속도 u_*를 사용한 실험식

$$\frac{B}{f}=0.52\left(\frac{u_*}{C}\right)^{2.37} \tag{5.23}$$

이 도출되었다(光易 · 吉田, 1989). 이 식을 도출했을 때의 실험 데이터 및 (5.8)식으로부터 구한 순풍에 의한 파의 발달률에 관한 식

$$\frac{B}{f}=0.34\left(\frac{U_*}{C}\right)^{2} \tag{5.24}$$

를 서로 비교한 것이 그림 5.6이다.

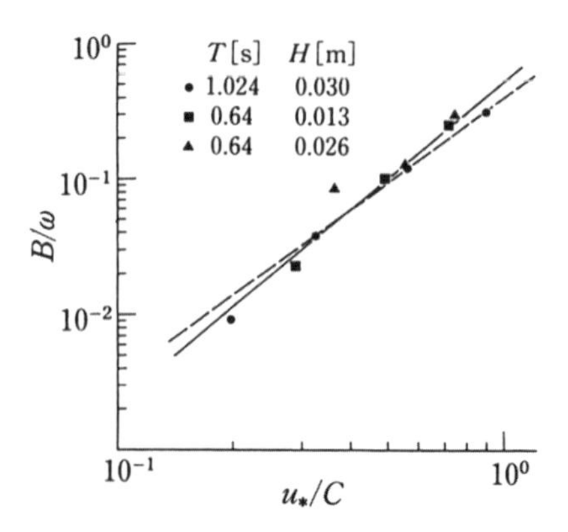

그림 5.6 수면파의 순풍에 의한 발달률(점선)과 역풍에 의한 감쇠율(실선)의 비교(光易・吉田, 1989)

이 그림이 보여주듯이, $0.1 < u_*/C < 1.0$에서는 순풍에 의한 수면파의 발달률과 역풍에 의한 수면파의 감쇠율이 비슷한 수준으로, u_*/C에 대한 변화 경향도 유사하다는 것을 알 수 있다. 즉, 역풍에 의한 수면파의 감쇠구조에서는 기류의 박리에 의한 압력 변동이 중요하다고 생각할 수 있지만 기류의 박리를 검증한 예는 아직 보고된 바가 없다.

이상의 결과로부터, 역풍에 의한 수면파의 감쇠구조에 관해서는 아직 불분명한 점이 많이 남아 있지만, 감쇠율의 크기 자체는 순풍에 의한 수면파의 발달률 크기와 같은 수준이고 풍속에 대한 의존관계도 유사하다는 것을 알 수 있을 것이다.

(c) 해저 마찰 등에 의한 효과

천해역에서는 해저 마찰(Hasselmann and Collins, 1968; Collins, 1972), 해저에서의 물의 침투작용(Putnum, 1949; Shemdin *et al.*, 1977)에 기인하는 파의 에너지 손실이 일어난다. 또한 물로 포화되어 침투

성이자 약간 비탄성적인 해저퇴적층과 수면파와의 상호작용(Yamamoto, 1981)을 고려하지 않으면 안 되는 경우도 있다. 그 외에 복잡한 해저지형에 의해 생겨난 파의 산란에 의한 에너지 손실(Long, 1973)이나 천해효과에 의한 포화 스펙트럼형의 변화(Bouws *et al.*, 1985) 등도 생각해볼 수 있다. 이는 모두 매우 복잡한 물리과정으로, 해저지형이나 저질(底質)의 특성에 크게 의존하고 있어 엄밀히 말해 현재 시점에서는 극히 다루기 어려운 문제들이다. 해저 마찰이 문제가 되는 천해역에서는 대다수의 경우 파의 천해 변형에 의한 쇄파가 동시에 발생하기 때문에 에너지 손실에 미치는 각각의 효과를 분리하여 취급하기가 어렵다.

K. 하셀먼
(Klaus Hasselmann, 1931~)

K. 하셀먼은 독일 출신의 해양물리학자이다. 함부르크 대학에서 물리학 및 수학을 배운 후 괴팅겐 대학에서 물리 및 유체역학(난류) 연구를 수행하고, 1957년 학위를 수료했다. 그 후 뭉크(Munk) 등이 있었던 캘리포니아 대학의 지구물리, 우주물리연구소(IGPP) 및 Scripps 해양연구소에 잠시 머물렀다가, 수면파의 비선형 상호작용에 관한 획기적인 논문을 발표했다. 다시 함부르크 대학으로 돌아가 지구물리연구소로 자리를 옮겨, 해양파에 관한 해상실험으로 유명한 JONSWAP이나 기후변동에 관한 국제공동연구의 하나인 GATE 등의 대형 프로젝트 연구를 추진하여 유수의 성과를 올렸다. 1971년 난류 및 파의 비선형 상호작용에 관한 훌륭한 연구로 스베드럽(Sverdrup) 상을 받았다. 최근에는 막스 프랑크 기상연구소로 옮겨, 대규모 연구조직을 구성하여 대기해양의 상호작용 및 기후변화에 관한 연구를 정력적으로 추진하고 있다.

실험실에서 하셀먼 부부

내가 박사와 처음 만난 것은, 1969년 영국 브라이튼에서 열린 해양공학 국제회의에 참석 후 함부르크 대학의 선박연구소를 방문했을 때이다. 거기서 생각하지도 못하게 박사를 만났다. 그는 비선형 상호작용에 관한 훌륭한 논문을 발표한 직후였음에도 왠지 기운이 없어 보였다. "다른 대학으로 옮겨서 플라즈마 물리 연구로 전향할까 싶습니다(수학적 기법으로는 공통된 부분이 많기 때문에)."라며 큰 덩치를 움츠리며 말하던 모습이 인상적이었다.

후에 박사를 만난 것은, 1974년 오스트레일리아에서 열린 IAPSO/IAMAP의 국제회의 때였다. 함부르크 때와는 180도 다른 활기 넘치는 모습에 적잖이 놀랐었다. 대기해양의 상호작용에 대해서 특별강연을 하고 있었는데, 단상을 바삐 돌아다니며 엄청난 속도의 영어로 말하고 있던 모습이 인상적이었다. 그러나 그 후 잡담 시간에 그는, 자신은 언제까지나 비선형 상호작용의 잔상을 쫓고 있다고 했던 것으로 기억한다.

1990년에 막스 프랑크 기상연구소에 박사를 방문했을 때에는, 그는 이미 파의 연구는 취미로 하고 있었고, 연구 중점을 기상변화문제에 두고 있다고 했다(사진은 이때 찍은 것이다). 사실 그는 현재 유럽의 기후변동에 관한 연구의 중심인물이다. 부인인 S. 하셀먼과 동생인 D.E. 하셀먼이 해양파 연구를 수행하고 있으므로, 가족들이 파 연구를 계속하고 있다고 할 수 있다.

CHAPTER 06

해양파의 추산과 예보

CHAPTER 06

해양파의 추산과 예보

지형이나 기상조건을 부여하고 해양파를 계산하는 것을 파랑추산이라고 한다. 과거 부여된 기상조건을 토대로 파랑을 계산하는 것을 파랑후측(wave hindcasting), 미래의 기상조건을 예측하여 그를 이용해 파랑을 계산하는 것을 파랑예측(wave prediction) 혹은 파랑예보(wave forecasting)라 한다. 따라서 본 장의 주제인 파랑추산은, 파랑후측과 파랑예측을 통합한 용어이다.

추산이나 후측 같은 용어는 다른 자연현상(예로 기상현상)의 계산에서는 그다지 쓰이지 않는다. 해양파의 계산에 이런 용어가 특별히 사용되는 것은, 다음과 같은 사정에 의한 것이 아닐까 생각된다. 기상의 경우, 적당히 배치된 기상대나 관측소에서 끊임없이 데이터가 기록되기 때문에 과거 및 현재 상황에 관해서 어느 정도 알 수 있다. 이에 반해 해양파는 연안부의 관측점 및 외해의 극소수 관측 부이 등을 제외하면 상시 파랑을 관측하는 곳이 거의 없다. 따라서 해양파에 관해서는 과거 및 현재 상황조차 불분명한 경우가 대부분이다. 그러나 다행히도 해양파는 바람에 의해 발생하고, 그 바람은 기상 데이터(기압배치, 기온, 수온 등)를 가지고 계산할 수 있다. 따라서 축적된 기상 데이터를 토대로 바람장을 계산하고, 바람과 파의 관계를 이용하여 파랑장을 계산할 수 있는 것이다. 이것이 파랑추산이다. 또한 기상예측의 기법에 따라 미래의 바람장을 계산하고, 이를 토대로 파랑장을 계산하는 것이 파랑예측이다.

해양파는 해양재난이나 해양재해를 일으키는 큰 원인 중 하나로, 이를 예측하는 것은 해양에서의 인간활동에서 매우 중요하다고 할 수 있다. 최근 해면을 통한 운동량, 열, CO_2 등의 교환량이 해양파의 유무에 많은 영향을 받는다는 것이 밝혀졌다. 그러므로 지구 환경의 변화를 예측하기 위해서라도 전 지구적인 스케일로 파랑추산을 실시해 그 결과를 대기 해양 결합 모델에 적용시킬 필요가 있고, 이러한 시도가 계속 이루어져야 한다.

해양에서 일어나는 파랑에 대한 예측은 해양에서 일어나는 다양한 물리현상 중 조석 다음으로 예측 정확도가 높은 것으로 알려져 있다. 이는 19세기 위대한 물리학자인 레일리 경이 “해양파에 관한 기본적인 법칙이란, 어떠한 법칙성도 결여되어 있다는 점이다”라고 말할 정도로 불규칙한 현상인 해양파의 특성을 생각하면 실로 놀라운 진보라고 할 수 있다.

이 장에서는 근대적인 파랑추산법이 개발된 약 50년간의 연구 역사에 대해 간단히 짚어본 후 최근의 파랑추산법, 특히 파랑의 수치 모델을 토대로 파랑 스펙트럼을 예측하는 수치예보법에 대해 논한다. 단, 파랑 수치 모델에 관해서는 스왐프 그룹(The SWAMP Group, 1985)이나 이소자키(磯崎, 1990) 등 훌륭한 책들이 나와 있으므로, 각 수치 모델이나 구체적 계산법에 관해서는 깊이 들어가지 않고 파랑추산법을 대략적으로 개괄하기로 한다. 현재 문제시되고 있는 파랑 수치 모델에 관련된 물리에 관해서는 제5장에서 자세히 설명하였으니 그것을 참조하도록 하자.

6.1 파랑추산법의 역사적 변천

(a) SMB 법

잘 알려진 대로, 근대적인 파랑추산법이 출현한 것은 제2차 세계대전 중에 수행한 연구 결과를 전후 발표한 스베드럽과 뭉크(Sverdrup and Munk, 1947)의 논문이 최초이다. 이 연구가 당시로서는 획기적이었던 것은 다음과 같은 점이다.

(i) 불규칙하게 변하는 해양파를 정량적으로 기술하기 위해, 통계적 평균량으로서 유의파라는 개념을 도입했다.

(ii) 풍파의 발생, 발달, 전파 및 감쇠라는 일련의 현상을 전체 현상으로 파악해 연구 방향의 큰 틀을 제시했다.

(iii) 이 틀을 토대로 종래의 단편적으로 얻어진 관측 데이터를 통일적으로 정리하고, 유의파의 파고 $H_{1/3}$나 주기 $T_{1/3}$과 그 파를 일으킨 외적 조건(풍속 U, 취송시간 T, 취송거리 F, 수심 d 등)과의 관계를 다음과 같이 차원적이고 논리적인 형태로 구체화시켰다.

$$\frac{gH_{1/3}}{U^2} = F_1(gF/U^2,\ gt/U,\ gd/U^2) \tag{6.1}$$

$$\frac{gT_{1/3}}{2\pi U} = \frac{C_{1/3}}{U} = F_2(gF/U^2,\ gt/U,\ gd/U^2) \tag{6.2}$$

(단, g는 중력가속도이고, 풍속 U는 현재 해면 위 10m의 풍속 U_{10}이 사용되고 있다.)

그들이 직관적으로 도입한 유의파의 파고 $H_{1/3}$나 주기 $T_{1/3}$는, 그 후 파의 통계 이론 출현으로 파랑 스펙트럼의 특성과 명확한 형태로 결합되었다. 또한 해양파의 정밀한 관측 데이터가 얻어짐에 따라 이 틀에 의한 파랑추산법의 개량(위의 F_1이나 F_2의 구체적 함수형의 정밀화 등)이 브레트슈나이더(Bretschneider, 1952; 1958)와 윌슨(Wilson, 1961; 1965)에 의해 활발하게 추진되어 점차 완성도를 높여갔다. 이것이 스베드럽, 뭉크, 브레트슈나이더 3인의 이름 첫 글자를 따서 만든 SMB 기법이라 불리는 파랑추산법이다. 단순한 외적 조건, 즉 일정한 바람이 불어와 취송거리가 명확히 규정된 경우에는, 이 방법으로 간단하고도 정밀하게 파의 추산을 실행할 수 있다.

제3장에서 보여준 윌슨(Wilson)의 IV형이라 불리는 (3.27) 및 (3.28)의 두 식을 사용하면 조건이 단순할 경우 간단히 파랑을 추산할 수 있다. 즉, 취송거리(풍상 경계로부터의 거리) F가 명확한 해역에 일정한 풍속 U의 바람이 장시간 불 때, 풍파가 정상 상태에 도달한 경우 무차원 취송거리 $\tilde{F} = (gF/U_{10}^2)$을 계산하고, 이것을 두 식에 대입함으로써 유의파의 파고 및 주기를 쉽게 구할 수 있다. 더욱 간단히 파랑추산을 실행하기 위해 두 식을 바탕으로 체계적으로 풍속 및 취송거리 값을 부여해 유의파의 파고 및 주기를 계산하여 그 결과를 가지고 실용적인 계산도표를 작성하였다(그림 6.1 참조).

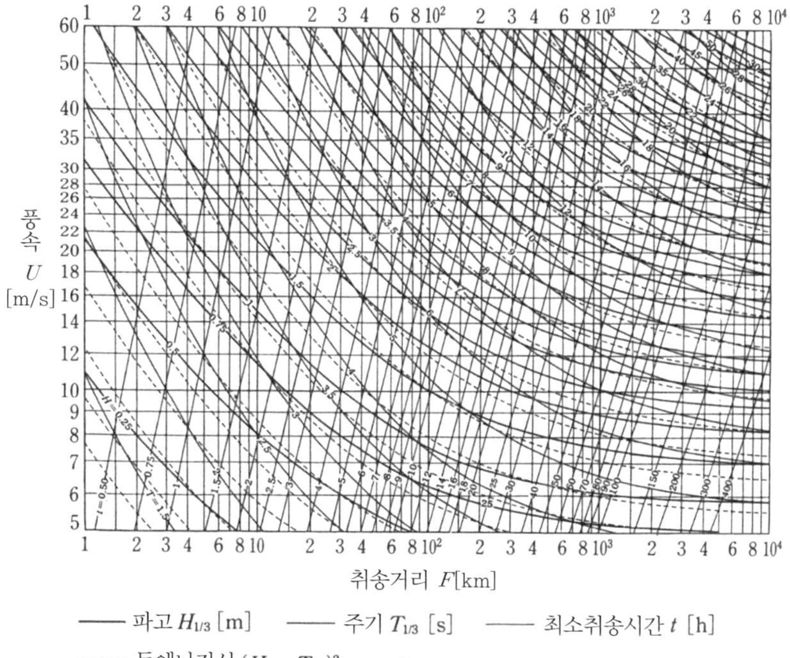

그림 6.1 해양에서의 풍파 추산도(수리공식집 1971 출판 발췌).
우선 주어진 풍속 및 취송거리로부터 최소 취송시간을 구한다. 주어진 취송시간 쪽이 더 클 경우에는, 파는 풍속과 취송거리로 제한되어 있으므로 풍속과 취송거리의 교차점 부근의 파고와 주기를 파악한다. 반대의 경우, 파는 풍속과 취송시간으로 제한되어 있기에, 취송시간을 최소 취송시간으로 두고, 풍속 교차점 부근의 파고와 주기를 파악한다.

예를 들어, 풍속 $U = 12\text{m/s}$의 바람이 7시간 동안 계속 불어온다고 가정하고, 이때 취송거리 $F = 50\text{km}$와 $F = 100\text{km}$인 각 점의 파고와 주기를 구해보자.

취송거리 $F = 50\text{km}$, 풍속 $U = 12\text{m/s}$에 대응하는 최소 취송시간 t를 그림 6.1에서 읽어들이면, $t \approx 5.3\text{h}$가 된다. 취송시간 7시간은 이보다 크기 때문에, 파는 정상 상태에 도달하여 취송거리 50km에 의해 제한된다. 따라서 $U = 12\text{m/s}$와 $F = 50\text{km}$의 교차점 근처의 파고 $H_{1/3}$과 주기 $T_{1/3}$을 그림에서 읽어 들이면, $H_{1/3} \approx 1.5\text{m}$, $T_{1/3} \approx 4.5\text{s}$가 된다. 취송거리 $F = 100\text{km}$에서는 $U = 12\text{m/s}$에 대응하는 최소 취송시간은 $t = 9\text{h}$인데, 취송시간 7시간으로는 바람이 아직 정상 상태에 도달하지 못했으므로 취송시간에 의해 제한된다. 따라서 $U = 12\text{m/s}$와 $t = 7\text{h}$의 교차점 부근의 $H_{1/3}$과 $T_{1/3}$를 그림에서 읽어 들이면, $H_{1/3} \approx 1.7\text{m}$, $T_{1/3} \approx 5\text{s}$가 된다.

(b) PNJ 법

1950년대에 들어서서는, 불규칙한 성질을 가지는 해양파를 기술하기 위한 통계 이론이 롱게-히긴스(Longuet-Higgins, 1952)와 피어슨(Pierson, 1952)에 의해 급속히 정비된다. 그리고 노이만(1953)은 해양파의 실측 결과를 토대로 해양파의 스펙트럼형(이른바 노이만 스펙트럼)을 결정했다. 이처럼 기초연구의 성과를 배경으로, 파랑 스펙트럼을 기본으로 한 파랑추산법인 **PNJ 법**이 피어슨, 노이만, 제임스(Pierson, Neumann and James, 1955)에 의해 제출되었다.

이 파랑추산법의 요점은 다음과 같다. 충분히 발달한 해양파 스펙트럼인 노이만 스펙트럼은 풍속을 파라미터로 포함하고 있어, 바람장이 주어지면 발생역 안의 풍속에 대응하는 노이만 스펙트럼을 추정해낼 수 있다. 취송시간 또는 취송거리로 파의 발달이 제한되어 있는 경우에는, 파의 에너지가 그 상한값을 취하도록, 스펙트럼의 어느 주파수 이하의 저주파 성분을 잘라내, 그 이상의 주파수 성분의 파랑 스펙트럼이 발생하는 것으로 간주한다. 스펙트럼을 구성하는 각 성분파는 각각의 군속도로 각 방향으로 전파한다. 발생역에서 초기파의 방향분포는 $\cos^2\theta$에 비례하는 것으로 간주한다. 또한 PNJ 법에 의한 파의 추산 지침서에는, 파의 추산이 가능한 기계적으로 수행될 수 있도록, 각종 편리한 계산 도표가 많이 준비되어 있다. 그러나 이 방법은 역사적으로는 유명하지만, 현재는 그다지 사용되지 않고 있다.

(c) 수치 모델에 의한 파랑추산법

SMB 법과 PNJ 법은 해양파의 표현에 유의파를 사용할 것인지 파랑스펙트럼을 사용할 것인지의 차이는 있지만, 모두 시간적·공간적으로 일정한 바람이 불어 정상 상태에 도달한 파의 파고와 주기 또는 스펙트럼, 풍속, 취송시간 또는 취송거리와의 관계(취송거리법칙)를 기초로 한다. 이는, 즉 파랑에너지의 변동을 지배하는 에너지 평형방정식((3.5)식)에서, 좌변의 시간미분항을 분리시킨 것을 거리에 관해 적분한 것을 기초로 한다는 뜻이다. 따라서 바람장이 시간적·공간적으로 변동하는 경우에는 이러한 방법에 의한 파랑추산은 쉽지 않다(그림 6.1에서 등에너지선을 이용한 방법 등 다양한 편의적인 방법이 고안되어 있기는 하다). 이러한 경우에는 파랑에너지, 특히 에너지 스펙트럼의 변동을 기술하는 미분방정식으로 되돌아가서, 이를 기초로 한 파의 추산을 실시하는 것이 적절하다. 이 파랑에너지 스펙트럼의 변동을 기술하는 미분방정식이 이른바 에너지 평형방정식으로, 이를 이용한 파랑추산법이 여기에서 서술할 **파랑의 수치예보법**이다. 그리고 에너지 평형방정식 우변의 에너지 입출력항 S에 구체적인 표현을 조합한 것이 **파랑의 수치 모델**이다.

역사적으로 파의 수치예보법 연구가 활발히 행해지게 된 것은, 하셀먼

(Hasselmann, 1960)에 의해 파의 에너지 평형방정식의 원형이 제출된 이후, 즉 1960년대에 들어서서부터이다. 다만 프랑스의 겔스(Gelci) 등은 SMB 법의 개조나 PNJ 법의 적용이 활발하던 1957년 무렵에도 이미 간략화한 에너지 평형방정식을 가지고 파랑추산을 실시하고 있었다(Gelci, Cazale and Vassale, 1957).

그 후 파랑의 수치 모델 연구는 눈부신 진보를 이루어, 1960년대부터 1970년대 초반에 걸쳐 개발된 파의 비선형 효과를 직접적으로 고려하지 않는, 이른바 제1세대 모델로부터, 1970년대에서 1980년대 초반에 걸쳐 개발된 파랑 스펙트럼의 상이성을 이용하여 스펙트럼을 규정하는 파라미터를 계산함으로써 비선형 효과를 고려한, 이른바 파라미터 예보법을 더한 제2세대 모델로 변천하였고, 현재에 이르러서는 비선형 효과를 가능한 정확하게 도입하여 파의 추산을 실시한 제3세대 모델의 개발이 활발히 이루어지고 있다.

6.2 파랑 수치 모델에 의한 파랑추산

파랑 수치 모델의 기초가 되는 에너지 평형방정식은, 파랑에 대한 에너지 출입에 대응하는 파랑의 방향 스펙트럼 $E(\boldsymbol{k};\ x,\ t)$의 변화를 기술한 식이다. 그 일반적 표현은 (3.5)식으로 주어진다. 즉, 좌변에 나타낸 방향 스펙트럼의 시간적 변화 및 공간적 변화가, 우변의 에너지 출입, 즉 바람에서 파로의 에너지 전달 S_{in}, 비선형 상호작용에 의한 스펙트럼 성분 간의 에너지 전달 S_{nl} 및 다양한 물리과정에 의한 에너지 손실 S_{ds}의 3가지((3.7)식 참조)와 어우러져 있는 것을 나타낸 식이다. 우변의 스펙트럼

에너지 출입을 나타내는 각 항이 시간적·공간적으로 주어지면, 이 식을 (각 스펙트럼 성분별로) 적절한 경계조건 및 초기조건을 토대로 수치상으로 적분함으로써 파의 방향 스펙트럼과 그 시간적, 공간적 변동을 구할 수 있다.

이 경우, 대상 해역을 그림 6.2처럼 격자망으로 덮어, 모든 격자점에서 방향 스펙트럼의 변화를 계산하는 격자점법과 특정 지점에 도달하는 각 성분파의 경로상에서만 계산을 실시하여 특정 지점의 방향 스펙트럼의 시간 변화를 계산하는 경로법, 혹은 1점법 등이 있다(山口, 1987). 전자는 정통적인 방법으로, 격자점으로 덮인 전 해역에서 파의 방향 스펙트럼을 구하는 것이 가능하다. 이에 반해 후자는 비선형 상호작용을 고려할 수 없기에 대상지점의 파밖에 구할 수 없는 등의 제약이 있는 대신, 계산시

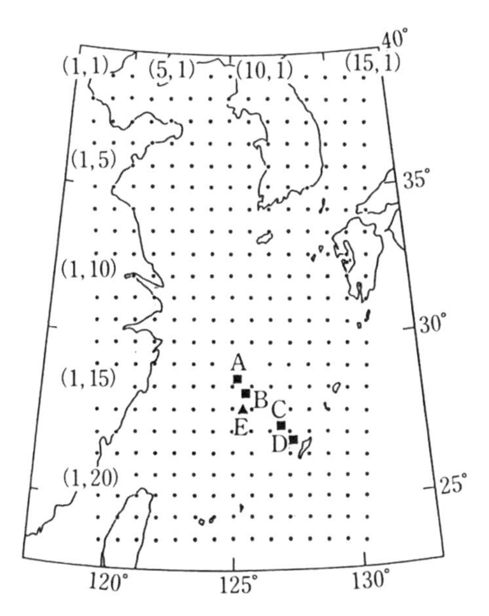

그림 6.2 수치 모델에 의한 파랑추산 격자점의 한 예.
A~E는 파랑관측점(Mitsuyasu and Uji, 1989)

간을 크게 단축시킬 수 있다. 이처럼 전자가 대상 해역 전체의 파랑의 성질을 명확히 하는 데에 최적화되어 있는 반면, 후자는 특정 지점에 대해 장시간 파랑계산을 실시하여 파랑의 통계적 성질을 해명할 때 유효한 방법이다.

6.3 파랑 수치 모델의 실제

제5장에서 상세히 기술한 것처럼, 풍파 스펙트럼에 대한 에너지 출입의 물리구조에 관해서는 아직 통일된 결과가 나와 있지 않다. 이를 반영하듯 천차만별인 수치 모델이 각국에서 개발되어 실제 파랑예보에 사용되고 있다. 그리고 대체적으로 모델들의 차이는 주로 에너지 평형방정식 (3.5)식에서 우변의 에너지 출입을 나타내는 항 S의 표현에 있다. 특히 그중에서도 비선형 에너지 전달의 취급에서 큰 차이를 보인다. 각 모델들은 모두 단순한 조건에서는 실측 결과에 맞게 조절되어 있기에 그렇게 이상한 값을 내놓거나 하지는 않지만, 서로 어떤 상호관계에 있는지 전혀 알 수 없었다.

이러한 상황을 해결하기 위하여 1979년 무렵 K. 하셀먼(Hasselmann)을 중심으로 Sea Wave Modeling Project(통칭 SWAMP)라는 프로젝트가 시작되어, 각국에서 사용되는 파랑 수치 모델의 상호 비교를 실시했다. 이 프로젝트는 각종 수치 모델들의 우열을 가리는 것이 아닌, 통일된 외적 조건하에서 각각의 모델이 어떤 성질을 보여주는지 밝혀내는 것을 목적으로 이루어졌다. 무한히 이어지는 해안선에 직각 방향으로 동일한 바람이 계속해서 불어오는 경우, 비스듬히(45° 방향) 불어오는 경우, 반평면으로만 바람이 불 경우 등의 바람장을 부여해서 각 파랑 수치 모델이 나타내는 계산 결과의 특징을 조사했다. 맨 처음 결과는 1981년 마이애미에서 열린 Wave Dynamics and Radio Probing of the Ocean Surface라는 국제 심포지엄에서 발표되었다. 각 수치 모델의 특징 및 계산 결과의 상세한 비교는, 1985년 The SWAMP Group의 "Ocean Wave Modeling"이라는 타이틀로 간행되었다. 상세한 내용은 이 책을 참조하기 바란다.

각종 파랑 모델의 특징을 살펴보기 위해, SWAMP에서 채용하고 있는 분류에 따라 각 수치 모델을 분류해보면, 기존 파랑 모델은 다음의 세 종류로 분류할 수 있다.

(a) DP 모델

DP 모델(Decoupled Propagation Model)은 일종의 선형 모델로, 파랑의 2차원 방향 스펙트럼을 구성하는 각 성분파는 독립적으로 전파되고, 비선형 상호작용의 항을 포함하지 않는 에너지 평형방정식에 따라 성장 혹은 감쇠를 한다. 단, 경험적으로 알려진 충분히 발달한 풍파 스펙트럼(예로 P-M 스펙트럼)에 도달하면 포화하고, 그 이상으로는 발달하지 않도록 상한이 억제되어 있다. DP 모델에서는 비선형 상호작용의 효과는 고려되지 않지만, 많은 모델에서 에너지 입력항 S_{in}로 실제 해양파의 발달 특성으로부터 구한 실험식(Snyder and Cox, 1966; Inoue, 1967)을 이용하고 있기 때문에, 바람으로부터의 에너지 입력과 함께 비선형 에너지 전달의 효과도 불완전하지만 포함되어 있다. 이 때문에 많은 경우에 다른 복잡한 모델에 비해 그렇게 동떨어진 결과를 보이지는 않는다.

DP 모델의 대표적인 것으로는, 일본의 기상연구소에서 이소자키와 우지(Isozaki and Uji, 1973)가 개발하여 기상청에서 사용하던 MRI 모델이나 뉴욕 대학에서 개발된 이노우에(Inoue, 1967) 모델과 그것을 확장시켜 미국 해군이 전 해역의 파랑예보에 사용하던 SOWM/GSOWM이라고 불리는 모델(Lazanoff and Stevenson, 1975; Clancy *et al*., 1986) 등이 있다.

(b) CH 모델

일반적으로 풍역 내에서 발달 과정에 있는 풍파 스펙트럼은 상사형을 보이는 경우가 많다(Pierson and Moskowitz, 1964; Hasselmann *et al*., 1973; Mitsuyasu *et al*., 1975; 1980). 또한 이러한 스펙트럼을 규정하는 파라미터의 변화에는 일정한 법칙성이 있고(Mitsuyasu, 1968 a, b; Hasselmann *et al*., 1973; Mitsuyasu, 1980), 파라미터 사이에도 토바(鳥羽)의 3/2제곱 법칙처럼 상당히 규칙적인 관계가 있다(Toba, 1972; 1973). 따라서 스펙트럼을 규정하는 파라미터를 추정함으로써 변동하는 스펙트럼형을 구해낼 수 있다. 이것이 해양파의 **파라미터 예보 (parametric wave forecasting)**이다. 파라미터 예보에 사용되는 기준 스펙트럼은 $S_{in} + S_{nl} + S_{ds}$의 모든 효과가 복합된 결과로 나타나는 것이므로, 개별적인 계산이 매우 어려운 비선형 에너지 전달 및 쇄파에 의한 에너지 손실 효과도 총체적으로 포함하고 있다. 다만, 이러한 스펙트럼형의 상사성 이용은 발달 과정에 있는 풍파에 국한된 것이므로, 풍파와 혼재하는 너울이나 너울로 전환된 파의 계산에 관해서는 DP 모델의 사용을 병행할 필요가 있다. **CH 모델(Coupled Hybrid Model)**이라는 명칭이 붙은 것은 이러한 이유에서이다.

이 분류에 속하는 파랑 모델은 매우 많으며, 네덜란드의 GONO(Sanders, 1976; Janssen *et al.*, 1984), 독일의 HYPA(Gunther *et al.*, 1979), 일본의 기상청이 현재 사용하고 있는 MRI-II(Uji, 1984), 동북대학에서 개발한 TOHOKU 모델(Kawai *et al.*, 1979; Joseph *et al.*, 1981) 등이 있다.

(c) CD 모델

CD 모델(Coupled Discrete Model)은 DP 모델과 동일하게 파랑의 2차원 스펙트럼을 구성하는 성분파의 발달과 감쇠를 따로 계산하지만, 몇 가지 방법으로 성분파 사이의 비선형 에너지 전달을 계산에 도입한 것이다. 그러나 CH 모델과 CD 모델의 구별은 이소자키(磯崎, 1990)도 말했다시피 그다지 명확하지 않고, 비선형 에너지 전달 효과를 표현하는 자유도의 수에 의존하며, 적은 자유도로 표현하는 것이 CH 모델, 자유도 수가 많은 것이 CD 모델이라고 구분되기도 한다. CD 모델의 예로는, 영국에서 사용 중인 BMO(Golding, 1983)가 있다.

이와는 조금 다른 분류로, 주로 1960년대부터 1970년대 초반에 걸쳐 개발된 DP 모델을 제1세대 파랑 모델, 1970년대부터 1980년대 초반에 걸쳐 개발된 CH 모델 및 CD 모델을 제2세대 수치 모델이라고 부르는 경우도 있다. 단, 1960년대에 개발된 바넷(Barnett, 1968)의 모델은 비선형 상호작용의 효과를 불완전하지만 파라미터화하여 도입했음에도 불구하고 제1세대 모델에 속해 있기 때문에 이 분류도 명확하다고는 할 수 없다.

한편, 앞서 말한 SWAMP의 결과, 형식적으로는 진보했다고 평가되는 제2세대 모델이 반드시 제1세대 모델보다 매우 뛰어나다고는 할 수 없는 점, 그 원인 중 하나가 비선형 에너지 전달의 계산이 충분하지 못하기 때문이라는 점, 특히 급속하게 변화하는 바람장에서의 파의 기술에서 제1세대 및 제2세대 모델의 결함이 현저하게 나타나는 점 등이 밝혀졌다. 이러한 문제점을 해결하기 위해, 비선형 에너지 전달의 효과를 좀 더 정밀하게 도입한 제3세대 파랑 모델을 개발하려는 움직임이 커졌다. 이러한 상황에 대응하기 위해, 독일의 K. 하셀먼이나 네덜란드의 코멘(Komen)이 중심이 되어 세계 각국의 파랑 모델러를 모아 그룹(WAMDI 그룹 : Wave Model Development and Implementation Group)을 결성하고, 새로운 제3세대 파랑 모델의 개발에 착수했다. WAM 모델이라 불리는 이 수치 모델에서는, 비선형 에너지 전달의 효과가 종전보다 정밀하게 도입되었는데, 이는 5.2절에서 서술한 것처럼, 비선형 에너지 전달의 계산식 (5.12)를 근사적이고 효율적으로 계산하는 알고리즘(Hasselmann and Hasselmann, 1985; Hasselmann *et al.*, 1985)이 개발된 것에 의한 바가 크다.

WAMDI 그룹(1988)은 이 제3세대 파랑 모델을 이용하여 전 지구적인 파랑계산을 실시하고, 대표적인 해역에서 관측 부이나 인공위성을 통해 얻은 데이터와 비교하여 전체적으로 상당히 만족스러운 결과를 얻었다. 그러나 높은 파고(高波高) 영역에서는 파랑 모델에 의한 추산값이 실측값에 비해 작은 경향을 보인다. 그러나 본래 이는 바람장의 계산 모델에도 크게 지배되는 것이므로, 반드시 파랑 모델 자체의 결함이라고 단정할 수는 없을 것이다. 또한 고마쓰(小松, 1993)에 의하면, WAM 모델을 이용하고 있는 비선형 에너지 전달의 계산법(Hasselmann *et al.*, 1985)은 복잡한 스펙트럼형에 대해서는 정밀도가 충분하지 않아, 이후 개선의 여지가 있음을 시사하고 있다(WAM 모델의 상세한 내용은 참고서 [28]을 참조 바람).

6.4 파랑추산 모델의 응용 및 이후의 전개

파랑추산의 목적은 대상 해역의 파랑 특성을 항상 정확하게 예측하는 것에 있다. 이를 위해, 세계 각국은 각각 독자적인 파랑 모델을 개발하여 파랑 예보에 사용하고 있다. 최근에는 전 지구적인 규모로 파랑 예보가 이루어지는 체제가 구축되고 있다. 이 외에도 다양한 응용을 생각해볼 수 있다. 현재 파랑 관측점의 수는 그다지 많지 않은데다 그 대부분이 해안역에 집중되어 있다. 또한 계측기를 이용한 파랑 관측이 그리 오래되지 않아, 가장 오래된 것이라도 약 30년 정도에 불과하다. 따라서 태풍역 내의 파랑분포, 넓은 해양 전역에서의 파랑의 성질, 특정 해역의 파랑 극치 혹은 설계파 등을 명확히 하기 위해서는 관측 데이터만으로는 충분치 않으며, 기상 데이터를 가지고 파랑추산을 실시하고 그 데이터를 토대로 검토해야만 한다. 이러한 목적으로 우지(Uji, 1975)는 태풍역 내의 파랑분포를, 츠치야(土屋, 1983)는 일본(동)해에서 계절풍이 불 때의 파랑추산을, 야마구치(山口, 1987)는 일본의 태평양 해안에서 태풍 시 최대파고의 지역 분포 추정을 각각 도맡아 실시했다.

또한 최근 지구온난화, 사막화, 이상기후 등 지구 환경의 변화가 크게 문제시 되고 있는데, 지구 환경 변화는 대기, 해양, 대륙 간의 상호작용으로 발생하는 결과로 이러한 변화를 예측하기 위한 수치 모델을 개발 중이다. 특히 장기적인 지구 환경 변화에서 해양이 중요한 역할을 맡고 있기 때문에, 대기 해양 상호작용의 적절한 모수화(parameterization)가 매우 중요해졌다. 종래의 모델에서 대기와 해양 간의 다양한 물리교환량(flux)은 주로 풍속에 의해 지배되는 것으로 취급해왔지만, 이후의 연구에 따르면 풍속과 파랑 이동 시에 파랑이 중요한 역할을 맡고 있음이 논의되고 있다(光易·草場, 1990). 이러한 문제에 대응하기 위해서는 전 지구적인 파랑 모델을 대기, 해양 결합 대순환 모델로 재구성하는 것이 필요하다. 단, 이를 위해서는 이후 대기와 해양 간의 다양한 물리교환량에 미치는 해양파의 역할이 추가적으로 명확해질 필요가 있다.

인공위성을 이용한 해양 리모트센싱 기술이 진보함에 따라 전 지구적인 해양파와 해상풍의 계측이 가능해지고 있다는 점도 파랑 수치 모델의 전개를 새로이 하고 있다. 즉, 마이크로파 고도계의 신호를 기초로 한 평균 파고의 추정이나 해상풍의 추정(Stewart, 1985; Mognard, 1988), 마이크로파 산란계를 이용한 해상풍의 계측(Stewart, 1985; 光易, 1990) 등이 바로 그것이다. 인공위성을 이용하여 계측된 광역 해상풍 데이터는, 파랑계산의 정밀도를 좌우하는 해상풍 추산 정밀도의 비약적인 향상으로 이어지고, 파랑 데이터는 파랑 수치 모델의 정밀도 확인 및 수치예보와 연동하여 파랑예보의 정밀도 향상에 일조한다. 이처럼 파랑 수치 모델에 의한 파랑의 광역 계산과 인공위성을 이용한 해상풍 및 해양파 모니터링이 연계하여, 전 지구적인 해양파 예측 정밀도의 향상, 나아가 지구 환경 변화 예측의 정밀도 향상으로 이어질 것이라 생각된다.

• H.U. 스베드럽(Harald Ulrik Sverdrup, 1888~1957)
• W.H. 뭉크(Walter Heinrich Munk, 1917~)

H.U. 스베드럽은 노르웨이가 배출한 훌륭한 기상·해양학자이다. 1911년 오슬로 대학을 졸업하고, 유명한 기상학자인 비야크네스(Bjerknes)와 연구를 계속해, 1917년 '북태평양 무역풍'에 관한 연구로 오슬로 대학 학위를 취득했다. 그 후 베르겐 지구물리연구소의 교수를 거쳐 미국으로 건너가 해류, 대기해양 상호작용, 해양난류, 용승 등에 관한 매우 우수한 연구를 많이 진행하였으며, 1936년부터 1948년에 걸쳐 스크립스 해양연구소의 소장으로 일하며 연구조직을 충실히 하는 데 힘썼다. 또한 해양물리학의 플레밍, 해양생물학의 존슨과 공동으로 해양물리, 이학 및 생물을 포함한 해양학의 바이블이라고 일컬어지는 명저 "The Sea"를 1942년 완성했다.

좌) 스베드럽(금메달 배경)
우) 뭉크(사진은 히로사키(弘前) 대학 리키이시(力石国男) 교수 제공)

해양파에 관한 연구로는, 제2차 세계대전 중 뭉크 등 많은 연구자들과 함께 해양파의 예보법에 관한 연구를 실시했다. 그 연구 결과로 획기적인 논문 "Wind, Sea and Swell"(Sverdrup and Munk, 1942)을 발표하였으며, 이는 이후 해양파 연구의 효시가 되었다.

그 후 1948년 노르웨이로 돌아가 극지연구소 소장을 거쳐 오슬로 대학의 지구물리학 교수로 일하는 한편, 국제해양물리학협회(IAPO) 총재, AGU 부총재 등 수많은 요직에 임하며 학문 발전, 국제협력, 후진 양성 등에 전력을 다했다. 다수의 극지 탐험에도 참가한 그는 해양학의 거인이라고 불리는 학자이다. 미국 기상학회가 대기해양 상호작용에 관한 연구로 뛰어난 업적을 이룬 연구자에게 수여하는 스베드럽 상(Sverdrup Gold Medal)은 이러한 그의 업적을 기리기 위한 것이다.

*****

W.H. 뭉크는 오스트리아 출신의 해양물리학자이다. 1939년 캘리포니아 공과대학을 졸업하고 스크립스 해양연구소에서 연구를 이어가 1947년 캘리포니아 대학에서 학위를 취득했다. 특히 제2차 세계대전 중 스크립스 해양연구소에서 당시 연구소장이었던 스베드럽과 공동으로 해양파의 추산법을 완성시킨 것은 너무나도 유명한 일화다. 그의 연구는 해양파 문제에 그치지 않고, 해류의 이론적 연구, 심해조석 및 내부파 연구, 음향 토모그래피(X선 대신에 음향파를 이용한 의학에서의 CT와 유사한 수법으로, 해양(해수)의 광범위한 구역에 걸친 내부 구조를 동시에 조사하는 방법) 연구 등 매우 광범위한 분야에 미치는 것으로, 끊임없이 시대의 선두에서 정력적으로 연구를 이끌어가며 다채로운 연구성과를 일궈내고 있다. 1966년 해류이론 및 해면파 연구에 관한 그의 눈부신 업적에 대해, 스베드럽 상을 수여했다. 이 수상은 1964년 스톤멜 수상에 이어 두 번째였다.

CHAPTER 07

해양파의 계측

CHAPTER 07

해양파의 계측

해양에서 장시간에 걸쳐 풍파를 정확하게 측정하는 것은 계측기술이 진보한 오늘날에도 쉬운 일이 아니다. 그 이유로는 해양에서는 계측기를 안정적으로 고정시키기 힘들다는 점, 계측기를 이용하기에 해양 환경이 매우 나쁘다는 점, 측정 활동이 장기간이 되면 전력 확보가 어렵다는 점 등을 들 수 있다. 얕은 바다에서는 계측기를 해저에 설치하거나 해저에 고정된 관측탑에 부착할 수 있지만, 심해에서는 설치가 거의 불가능하다. 또한 해면에 계류하는 부체에 부착한 계측기의 측정 자료에서 부체 운동의 영향을 제거하기가 매우 어렵다. 파면 위에 떠다니는 부체 자체의 운동을 측정해서 파의 측정을 실시하는 방법도 생각할 수 있지만, 이 경우에는 파에 대한 부체의 응답 특성이 문제가 된다. 이 외에도 해면 부근에 설치된 파랑계에는 강한 파력이 작용하며, 선박의 충돌 등도 생각해야 하기 때문에 이런 것들에 대처하기 위한 설계를 해야 할 필요가 있다.

이러한 해양 계측상의 문제점 외에도 수면파, 특히 풍파 측정에는 고유한 문제가 있다. 그것은 측정대상인 풍파가 매우 복잡한 성질을 가지고 있다는 것이다. 풍파는 변동 주파수대역이 매우 넓고, 시간적·공간적으로 매우 불규칙하게 변한다. 예를 들면, 태풍 때 발달된 거대한 파부터 해상풍의 리모트센싱에서 중요한 잔물결까지 포함하면 파의 주파수대는 약 5.0×10^{-2}~1.0×10^{2}Hz의 범위에 있다. 게다가 4.1~4.4절에서 설명한 풍파 스펙트럼형에서 볼 수 있듯이, 에너지 레벨이 주파수에 의해 매우 달라진다. 예를 들어, 주파수 10^{2}Hz인 고주파 성분의 스펙트럼 에너지는 주파수 10^{-1}Hz인 주요 주파수 성분 스펙트럼 에너지의 10^{-12}배 정도이다.

또한 수면파를 특성 짓는 양으로는 한 지점에서의 수위 변동뿐만 아니라, 파의 전파 방향이 필요하다. 이를 위해서는 인접한 복수 지점에서 동시에 수위 변동을 측정하여 파의 위상에 관한 정보를 수집하고, 수면파에 의한 수중 속도변화처럼 방향성을 가지는 벡터량을 측정하여 복잡한 분석을 해야 할 필요가 있다.

위와 같은 배경을 토대로 이제까지 개발된 해양파의 대표적 계측방법에 대하여 논해보았다. 단, 위의 조건들을 모두 만족하는 파랑 계측법을 실현하는 것은 현재로서는 불가능에 가깝기 때문에, 현실에서는 목적에 부응하여 정보량, 정밀도, 측정시간, 광역성 등 중 무언가를 포기하고 특정 성질에 중점을 두어 계측하고 있다. 현재 사용되는 대표적 파랑계를 연안파랑계와 주로 외해(심해부)에서 사용되는 외해파랑계로 임의로 분류하여 이들을 사용한 파랑계측법에 대해 논해보기로 한다.

7.1 연안파랑계

(a) 수압형 파랑계

수면파에서 수위 변동 $\eta(t)$와 수중 압력 변동 $p(t)$의 사이에는 일정 관계가 있다. 수면파의 선형이론에 의하면, 그것은,

$$p(t) = \rho_w g \eta(t) \frac{\cosh k(d+z)}{\cosh kd} \tag{7.1}$$

로 주어진다(부록 (A.63)식 참조). 여기에서 ρ_w는 물의 밀도, k는 파수, d는 수심, z는 파랑계 압력 수감부의 해면으로부터의 거리이다. 수면 부근에서는 $z=0$이기 때문에,

$$p(t) = \rho_w g \eta(t) \tag{7.2}$$

으로 거의 감쇠하지 않고 수위 변동에 상응하는 수압변동이 발생한다. 한편, 해저에서는 $z=-d$이므로,

$$p(t) = \frac{\rho_w g \eta(t)}{\cosh kd} \tag{7.3}$$

이 된다. 이들 관계를 이용하면, 수중 압력 변동 $p(t)$을 측정하고, 수위 변동 $\eta(t)$을 구하는 것이 가능하다. 이것이 수압형 파랑계(pressure-type wave recorder)의 원리이다.

풍파처럼 불규칙 파의 경우, 파는 파수 및 주파수를 달리하는 무한히

많은 성분파로 구성되어 있기 때문에(2.4절 참조), (7.1)식은

$$p(t) = \rho_w g \sum_{n=1}^{\infty} \eta_n(t) \frac{\cosh k_n(d+z)}{\cosh k_n d} \tag{7.4}$$

가 된다. 여기서, $\eta_n(t)$은 파수 k_n, 주파수 ω_n의 성분파에 의한 수위 변동이다.

수압형 파랑계는 1940년대 말 무렵 이미 미국에서 발명되었고 해저에 설치하여 사용할 수 있다는 편리함도 있어 연안파랑의 계측에 많이 사용되었다. 같은 원리로는 투커(Tucker)형 파랑계로 불리는, 선체에 부착하여 사용하는 계측기가 있다. 단, 선체가 파에 의해 흔들리기 때문에 선체의 흔들림을 동시에 독자적으로 측정하여(보통 가속도계를 사용하여 연직가속도를 측정하고, 두 번 적분하여 상하변위로 변환), 선체의 흔들림에 의해 발생하는 수압변동을 보정하는 작업이 필요하다.

수압형 파랑계는 구조나 취급이 비교적 간단하고, 수중에 설치하기 때문에 그에 작용하는 파력도 그다지 크지 않다는 장점이 있다. 그러나 측정 정밀도 측면에서는 다소 문제가 있다. 수면변위와 수압변동을 결합시키는 (7.1)식이나 (7.4)식은 파의 선형이론으로 도출된 것이지만, 실제 연안파랑에서는 비선형성의 영향을 무시할 수 없기 때문에, 선형 근사식을 사용함으로 인한 오차가 발생한다. 그러나 비선형 이론에 의한 관계식을 불규칙파에 대해 구하는 것은 매우 어렵다. 수압형 파랑계에 관한 또 한 가지 문제는 (7.4)식에서 알 수 있듯이, 고파수인(k_n이 큰) 성분파에 의한 수압변동은 수중에서는 감쇠가 크게 일어나기 때문에, 수심이 비교적 깊은 곳에서는 그 값이 매우 작아져 잡음에 묻힐 가능성이 있다는 점

이다. 따라서 수압형 파랑계는 파랑 스펙트럼을 고주파 영역까지 정밀하게 측정하기에는 적합하지 않다.

이러한 장점 및 단점을 고려해보면, 수압형 파랑계는 해양파의 구조를 상세히 조사하는 것을 목적으로 하는 연구용 파랑계라기보다는 장기간 안정적으로 사용할 수 있는 실용적인 파랑계라고 할 수 있을 것이다. 특히 장주기파의 측정 등에는 충분히 연구용으로 사용할 수 있다.

(b) 초음파형 파랑계

초음파형 파랑계(sonic-type wave recorder)는 수압변동을 수위 변동으로 변환할 때의 문제점을 피하기 위해, 초음파 빔을 사용하여 고정된 지점(해저 및 해양관측탑)으로부터 수면까지의 거리를 연속적으로 측정하는 것이다. 측정 원리는 초음파가 발사되고 다시 되돌아오기까지의 시간 $\tau(t)$를 측정하고, 음속 c를 곱하여 거리 $z(t)(=c\tau(t))$로 변환하는 것이다. 시간 대신 위상차를 측정하여 거리로 변환하는 것도 가능하다.

이 파랑계는 이미 실용화되어 많이 이용되고 있다. 수위 변동을 직접 측정할 수 있는 지점에서는 매우 유용하지만, 파랑계로부터 수면까지의 거리가 크면 초음파 빔이 퍼지기 때문에 고주파(단파장) 성분파를 측정하기는 어렵다. 쇄파 등으로 수면 부근에 대량의 기포가 혼입되면, 초음파가 돌아오지 않게 되어 신호가 누락된다는 문제도 있다. 또한 공중에서 초음파를 발사하는 형식의 경우, 강풍 시에 초음파 빔이 바람의 영향을 받아 수신기 위치로 돌아오지 않는 경우도 있다.

(c) 마이크로파 파랑계

마이크로파 파랑계(microwave-type wave recorder)는 초음파 대신에 마이크로파 빔을 사용하는 것으로, 공중에서 발사하여 사용한다. 현재 규슈 대학에서 츠야자키 앞바다(津屋崎沖)의 해양관측탑에 설치하여 해양파의 정상관측에 사용하고 있으나, 바넷과 윌커슨(Barnett and Wilkerson, 1967)이 이미 항공기에 부착하여 해양파의 발달률을 구하는 데 사용했다. 즉, 이 파랑계는 반드시 연안파랑계로만 사용되는 것은 아니다. 마이크로파 대신에 레이저를 사용하는 것도 있다.

이러한 파랑계는 강풍 시 바람에 의해 신호가 돌아오지 않는다는 문제점은 적지만, 빔을 너무 가늘게 조절하면 파도치는 해면의 미세한 요철에 의해 마이크로파가 난반사되어 해면으로부터의 반사신호가 수신기 위치까지 돌아오지 않을 위험성이 있다. 이 때문에 극단적으로 빔을 가늘게 묶는 것이 불가능하므로, 현재 풍파의 미세구조(큰 파 위에 얹힌 잔물결 등)를 계측하는 데에는 적합하지 않다.

(d) 전극형 파랑계

전극형 파랑계(prove-type wave recorder)는 수면을 가르고 수중에 삽입된 전극의 전기저항이나 전기용량이 수위 변동에 의해 변화하는 점을 이용한 것이다. 저항선을 사용하여 삽입수심에 의한 전기저항 변화를 검출하는 것이 **전기저항형 파랑계**(resistance-type wave recorder), 피복선을 사용하여 심선과 해수 간의 전기용량의 삽입수심에 의한 변화를 검출하는 것이 **전기용량형 파랑계**(capacitance-type wave recorder)이다(그림 7.1 참조).

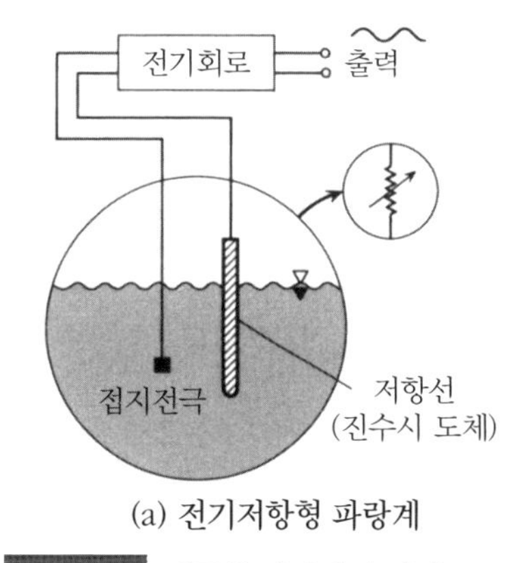

(a) 전기저항형 파랑계

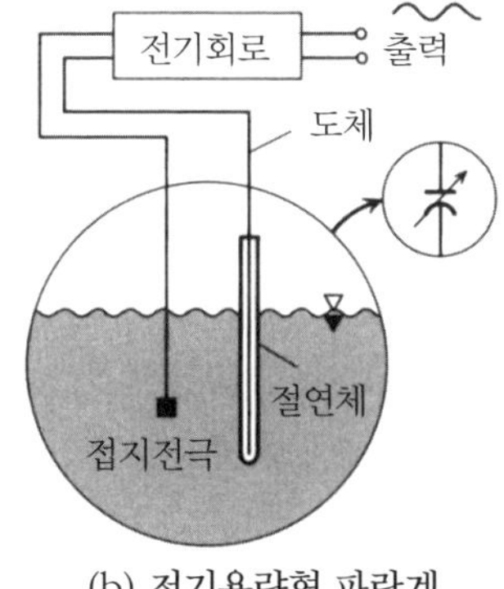

(b) 전기용량형 파랑계

그림 7.1 전극형 파랑계의 설명도

이들 파랑계는 표면장력의 영향을 감소시키기 위해 매우 가는 전극을 사용하며, 응답이 빠른 전기회로를 조합하면 잔물결처럼 초고주파에 미세구조를 가지는 파까지 측정할 수 있다. 따라서 실험실에서 사용되는 경우가 많다. 해양관측탑에 부착하여 해양파 측정에 사용할 수도 있지만, 이 경우 내구성을 위해 전극을 가늘게 할 수 없다. 그러나 (a)~(c)에서 서술한 다른 파랑계와 비교하면, 고주파인 파를 측정하는 데에는 적합하다. 단, 표면장력의 영향 때문에 고주파인 파의 측정에 한계가 없는 것은 아니다(Mitsuyasu and Honda, 1974).

이 파랑계의 약점은 해양에서 장기간 사용할 경우 전극에 노화가 발생하여 부유물이 달라붙거나 심한 경우 전극이 잘려나가기도 한다. 따라서 해양파의 정상관측보다는 실험관측 쪽에 보다 적합하다. 또한 이 파랑계는 부착할 고정된 지점을 필요로 하기 때문에 외해에서 관측하기에는 적합하지 않지만, 파에 의한 흔들림이 적은 기둥모양 부이(spar buoy)에 부착하면 외해에서 사용하는 것도 가능하다.

(e) 파향계측

이제까지 알아본 모든 파랑계들은 결론적으로는 한 지점의 수위 변동 $\eta(t)$를 측정하는 것이었다. 이 데이터를 토대로 해양파의 파고, 주기, 분산관계를 이용하여 파장, 주파수 스펙트럼 등을 구할 수 있다. 그러나 파의 전파 방향에 관한 정보를 구하는 것은 불가능하다.

파의 전파 방향, 즉 파향(波向)을 구하기 위해서는 인접한 복수 지점에서 수위 변동을 동시에 측정하여 파의 위상에 관한 정보를 얻을 필요가 있다. 즉, 복수의 파랑계를 공간적으로 적절히 배치 및 설치하여 동시에 파의 관측을 실시해야 한다. 예를 들면, 간단한 방법으로 l만큼 떨어진 두 지점에서 해양파에 의한 수위 변동 $\eta_1(t)$, $\eta_2(t)$를 측정하고, 그 크로스 스펙트럼 C_{12} 및 Q_{12}를 계산하면, 두 지점 간의 파의 위상차 β_{12}를

$$\beta_{12} = \arctan\frac{Q_{12}}{C_{12}} \tag{7.5}$$

과 같이 구하는 것이 가능하다. 한편, 파의 선형이론에 의하면, 파의 전파속도 $C(f)$는 주파수 함수로써 $g/2\pi f$로 계산할 수 있기 때문에, 두 지점의 위상차 β_{12}를

$$\beta'_{12} = \frac{(2\pi f)^2 l}{g} cos(\theta - \theta_l) \tag{7.6}$$

과 같이 주파수 f 및 파향 $\theta(f)$의 함수로써 이론적으로 계산하는 것이 가능하다. 단, θ_l는 두 개의 파랑측정점을 묶는 직선의 방위각이

다(그림 7.2 참조). 파향은 측정한 위상차 β_{12}와 계산된 위상차 β'_{12}가 일치하는 각도로

$$\cos(\theta-\theta_l)=\frac{g\beta_{12}}{(2\pi f)^2 l} \tag{7.7}$$

라고 결정할 수 있다. 단, 이 해법으로는 $\theta-\theta_l$ 외에 $\pi-(\theta-\theta_l)$이 있기 때문에, 현지 조건을 고려하여 적절한 쪽을 선택해서 사용하면 된다.

해양파 주파수 성분의 주 방향은 이러한 방법으로 비교적 간단히 구할 수 있지만, 각 주파수 성분의 에너지 방향분포, 즉 방향 스펙트럼을 결정하기 위해서는, 세 지점 이상에서 수위 변동을 측정할 필요가 있고, 데이터의 분석법도 약간 복잡해진다. 그러나 복수의 파랑계를 이용하여 해양

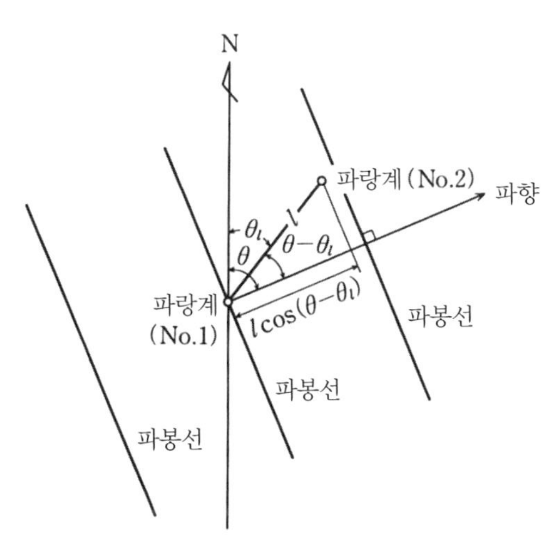

그림 7.2 두 개의 파랑계에 의한 파향계측의 원리 설명도

파의 방향 스펙트럼을 측정하는 방법에 대해서는 수많은 연구가 진행되었고(Donelan *et al.*, 1985; 橋本, 1992 등), 연안역에서 해양파의 방향 스펙트럼을 측정하는 대표적인 방법이 되었다.

방향을 측정하기 위한 다른 방법으로는, 파에 의한 물입자의 궤도운동(수중의 유속변동) $u(t)$, $v(t)$, $w(t)$나 파면의 경사 $\eta_x (= \partial\eta/\partial x)$, $\eta_y (= \partial\eta/\partial y)$처럼 방향성을 가지는 벡터량을 측정하는 방법이 있다. 파에 의한 물입자의 궤도운동은 유속변동에 대해 응답성이 좋은 초음파 유속계나 전자 유속계(Nagata, 1964)를 바닷속에 설치하여 측정한다. 이러한 계측기는 그 이름처럼 본래 유속계의 일종이었지만, 이러한 목적으로 사용될 경우에는 **파향계**라고 불린다. 수면파에 의한 수중 유속변동은 수압변동과 마찬가지로 수위 변동과 밀접하게 엮여 있어, 이로부터 수위 변동을 간접적으로 구하는 것도 가능하다. 그러나 실제로는 수압변동이 훨씬 계측하기 쉽기 때문에, 수위 변동에 관해서는 수압변동으로부터 구하는 경우가 대부분이다.

파면의 경사 η_x, η_y의 측정은, 원리적으로는 매우 밀접하게 배치된 세 개의 파랑계(특히 전극형 파랑계)를 이용해서도 이루어질 수 있지만, 피치−롤 부이(pitch−roll buoy)나 클로버 부이처럼 파면에서 정확히 추적하며 운동하는 해면 부이의 경사운동을 내장된 측정기로 계측함으로써 측정하는 경우가 대부분이다. 이 경우, 해면 부이의 연직가속도 $\eta_{tt} (= \partial^2\eta/\partial t^2)$도 동시에 측정되어, 이 신호를 시간적으로 두 번 적분함으로써 수위 변동 $\eta(t)$를 구한다.

연안파랑의 파향에 관한 정보를 보다 직접적으로 구하는 방법으로는, 연안부에 설치된 밀리파나 센티파 레이더를 이용하는 방법이 있다. 조건이 좋으면 이 레이더를 사용하여 직접적으로 파봉선의 형태를 측정할 수 있기 때문에, 그 데이터로부터 평균 파향을 구할 수 있다. 또한 원리적으로는 파봉선의 분포형태로부터 파의 방향분포함수 등을 구하는 것도 가능하다.

그림 7.3은 연안에서의 파랑 계측 방법을 모식적으로 나타낸 것이다. 해저 설치형 파랑계에서 데이터 기록은, 내장 기록계에 기록하는 방법, 케이블로 신호를 전달하여 관측탑 혹은 육지의 기록계로 기록하는 방법, 케이블로 관측탑 혹은 해면 부이까지 전달하고 그곳에서 무선 텔레메터로 육지의 기록기까지 전달하여 기록하는 방법 등을 생각해볼 수 있다.

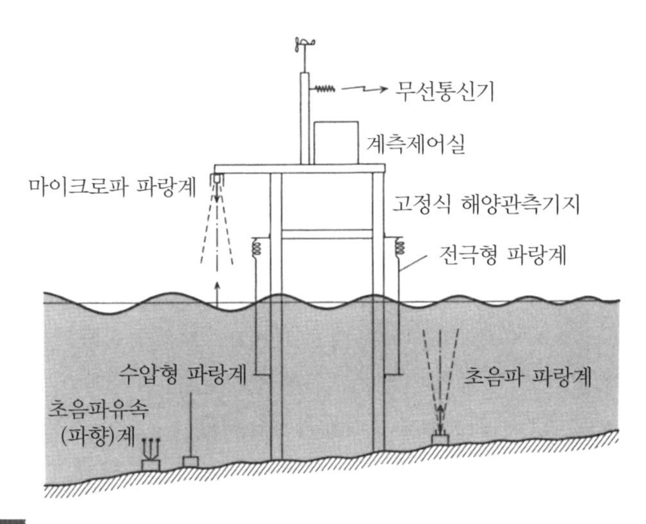

그림 7.3 연안파랑 계측 시스템의 예

7.2 외해파랑계

(a) 선박 탑재형 파랑계

외해 파랑계의 일종인 **선박 탑재형 파랑계**(shipborne wave recorder)는 연안파랑계를 선박에 부착한 것이라 생각할 수 있다. 가장 간단한 것은 7.1(a)절에서 서술한 **Tucker형 파랑계**라고 불리는 수압형 파랑계이다. 이 파랑계는 선체에 부착한 수압계로 수압변동을 측정하고, 선체 운동의 영향을 보정해서 파에 의한 수압변동과 수위 변동을 구하는 것이다. 선체운동의 영향을 완전히 보정하는 것은 매우 어렵기 때문에 측정 정밀도 측면에서는 그다지 좋지는 않지만, 선박이 안전하기만 하다면 어떤 악천후에도 파랑 데이터를 얻을 수 있다는 이점이 있다.

이 외에 7.1절에서 서술한 초음파형 파랑계나 마이크로파 파랑계도 선박에 탑재하여 사용할 수 있다. 단, 이러한 파랑계들은 선상에서 파면까지의 거리를 측정해야 하므로, 파에 의한 선체의 흔들림을 동시에 계측하여 그 영향을 보정하는 작업이 필요하다.

(b) 항공기 탑재형 파랑계

항공기 탑재형 파랑계(airborne wave recorder) 중 간단한 것은 마이크로파 파랑계나 레이저 파랑계를 항공기에 탑재하여 항공기로부터 파면까지의 거리를 측정하는 것이다. 단, 선박의 경우와 마찬가지로 항공기의 흔들림을 자이로(gyro)나 가속도계를 이용하여 동시에 계측하고 그 영향을 제거해야 한다.

항공기 속도는 해양파의 전파속도에 비해 매우 빠르므로, 이 측정에서는 수위의 시간 변동이 아닌, 항공기의 비행경로를 따라 수위의 공간변동(표면파형)을 측정하게 된다. 예를 들면, 해양파의 주 방향을 향해 비행하여, 이 방향을 x축으로 취하면 $\eta(x)$를 측정할 수 있다. 바넷과 윌커슨(Barnett and Wilkerson, 1967)은 해양파 발생역에서의 이러한 데이터를 분석하고, 바람에 의한 해양파의 발달률을 구했다.

마이크로파 파랑계를 더욱 확장시킨 것으로는 미국에서 SCR(Surface Contour Radar)이라고 불리는 항공기 탑재형 파랑계가 개발되었다(Walsh *et al.*, 1985). 특수한 레이더를 이용하여 비행경로를 따라 해양의 비교적 넓은 범위에 걸친 3차원적 파면 형상을 측정하여 해양파의 2차원 스펙트럼을 구하는 것으로, 특히 방향 분석능력에서 매우 우수한 성능을 보유한 파랑계이다.

(c) 부이형 파랑계

부이형 파랑계는 해면 부근에 부동 지점을 설치하여 이를 기준으로 한 수위 변동을 측정하는 대신, 파면에서 충실한 추적 운동을 하는 부체의 상하가속도, 경사 등을 부체에 내장된 측정기로 측정하고, 파면의 상하가속도나 경사를 측정하는 것이다. 웨이브 라이더 부이(Wave-rider Buoy), 피치-롤 부이(Pitch-roll Bouy), 클로버 부이(Cloverfield Bouy) 등이 대표적이다.

웨이브 라이더 부이(wave rider buoy)는 파면에서 추적운동으로 흔들리는 부체 내에 인공 수평대에 부착된 가속도계로 파면의 상하가속도 $\eta_{tt}(=\partial^2\eta/\partial t^2)$를 측정하고, 이를 두 번 적분하여 파면의 상하변위 $\eta(t)$를 구하는 것이다.

그림 7.4 웨이브 라이더 부이

피치 롤 부이(pitch-roll buoy)는 가속도계뿐만 아니라 연직 자이로스코프를 이용한 경사계가 내장된 부이로, 파면의 상하가속도 η_{tt}와 동시에 파면 경사의 두 성분 η_x, η_y를 측정할 수 있다(Longuet-Higgins *et al.*, 1961). 이와 유사한 것으로, 파를 추적하며 운동하는 부이의 가속도 3성분 x_{tt}, y_{tt}, z_{tt}를 측정하는 것도 있다. 이들 데이터를 사용하면 해양파의 주파수 스펙트럼, 평균 파향, 방향 스펙트럼 등을 구하는 것이 가능하다.

그림 7.5 피치 롤 부이

클로버 부이(cloverfield buoy)는 그림 4.14 및 그림 7.6처럼 세 개의 원반형 부체를 클로버 형으로 연결시킨 부이로, 부이의 중앙부에서 파면의 상하가속도 및 경사를, 세 개의 부체로는 독립된 각 지점에서의 파면의 국소 경사를 측정할 수 있다. 세 지점의 파면 경사 차이로 파면의 곡률 η_{xx}, η_{xy}, η_{yy}를 구할 수 있기 때문에, 결국 이 부이로는 파면의 상하가속도 η_{tt}, 파면의 경사 η_x, η_y 그리고 파면의 곡률 η_{xx}, η_{xy}, η_{yy}의 6개 양을 동시에 측정할 수 있다(Mitsuyasu *et al.*, 1975). 파면의 경사와 파면의 곡률을 측정하는 것은 방향 스펙트럼의 측정에서 방향 분석능력을 높이기 위해서이다.

파면 경사의 측정에는 방위 기준이 필요하므로, 피치 롤 부이나 클로버 부이에는 자기 컴퍼스가 부착되어 있다. 만일 이들 부이로 해양파를 계측하는 도중에 부이의 방위가 변하면 컴퍼스 신호를 이용하여 좌표변환을 실행하고, 측정 중인 일정한 좌표계에 대한 양을 변환한다.

그림 7.6 클로버 부이

부이형 파랑계의 공통된 문제점은 파에 대한 부이의 응답이다. 실제 측정하는 것은 부체의 운동이지만, 구하고자 하는 양은 파면의 운동에 관한 양이기 때문에 측정 정밀도는 파에 대한 부체의 응답특성에 의존하게 된다. 따라서 미리 부이의 응답을 알아둘 필요가 있다.

그림 7.7은 큐슈 대학 응용역학연구소에서 개발한 클로버 부이 응답특성의 한 예이다. 그림에는 실험 결과와 간단한 모델에 의한 이론적인 계산 결과가 나타나 있다.

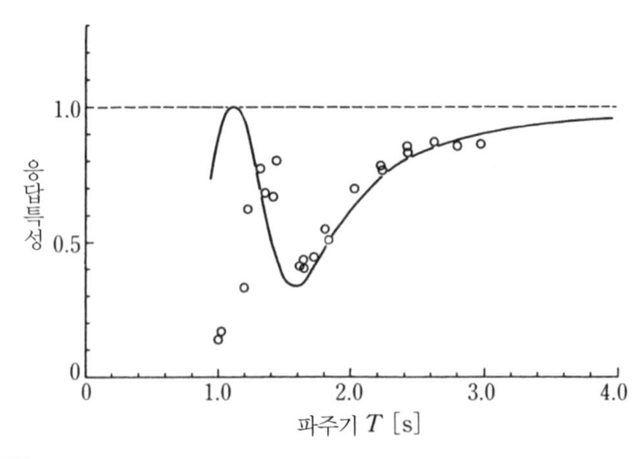

그림 7.7 클로버 부이 전체의 파에 대한 응답특성(光易 등, 1973).
흰 원은 실측값, 곡선은 이론적인 계산값이다. 점선은 완전한 응답에 해당한다.

부이 전체(그림 7.6 참조)의 상하운동은, 주기가 약 3초 이상인 파에 대해서는 양호한 응답을 보였지만, 그 이하의 주기인 파에 대해서는 점차 응답이 저하된다. 여기에는 나타나지 않았지만, 경사운동에 대한 응답도 이와 유사하다. 따라서 이 클로버형 파랑계는 주기 3초 이상인 해양파의

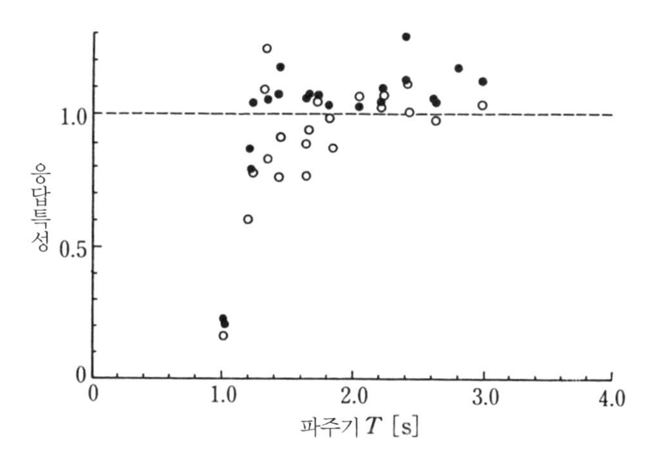

그림 7.8 클로버 부이 플로트 개체의 파에 대한 응답특성(光易 등, 1973). ○과 ●은 두개의 다른 계측법에 해당하는 측정값. 점선은 완전한 응답에 해당한다.

측정에 적합하다는 것을 알 수 있다. 단, 여기에 나타나 있는 응답특성을 가지고 측정 데이터를 수정하면, 좀 더 단주기인 파까지 측정할 수 있다.

그림 7.8은 클로버 부이를 구성하는 원반형 플로트 개체의 상하운동에 대한 응답을 나타낸 것이다. 부이 전체의 지름(약 3m)에 비하면 플로트 개체의 지름은 1m로 작기 때문에, 단주기파(약 1.5초)까지 응답이 좋다는 것을 알 수 있다. 대체로 지름이 작고 두께가 얇을수록 응답이 좋다. 그러나 실제로는 부체의 안정성, 강도, 내장된 계측기 등으로 인해 크기나 형태에 제약이 있다.

(d) 위성 탑재형 파랑계

위성 탑재형 파랑계로는 마이크로파 고도계, 합성개구레이더, 2주파 산란계 등이 대표적이다.

마이크로파 고도계는 원래 해면고도를 측정하는 측정기이지만, 위성의 고도는 매우 높아 마이크로파 빔이 퍼져 파 하나하나의 파면을 직접 측정하는 것은 불가능하다. 그러나 위성에서 평균 수면까지의 거리를 측정하기 위해 사용되는 마이크로파 펄스의 반사파 복귀 시간 지연이 해면의 요철 높이에 의존한다는 것을 이용하면 간접적으로 해양파를 측정하는 것이 가능하다. 이 측정기는 GEOS-3이나 SEASAT-A에서 사용되며, 정밀도는 꽤 신뢰할 수 있을 만한 것으로 확인되고 있다. 다만 이 측정법으로 얻을 수 있는 것은, 측정 원리로부터 알 수 있듯이 해면에 도착한 마이크로파의 확산(풋프린트) 내에서의 평균적인 파고 정보로, 개별 파의 파고나 주기가 아니다.

마이크로파 고도계와 달리 **합성 개구 레이더**(SAR : Synthetic Aperture Radar)는 파에 의한 해면의 요철을 높은 분해능력으로 패턴화하여 측정하는 것으로, 이 데이터를 해석하면 파장이나 파향에 관한 정보를 얻을 수 있다. 단, 현재로서는 파고에 관한 정보를 얻는 것을 불가능하다.

2주파 산란계(dual frequency correlation radar)는 주파수가 조금씩 다른 두 종류의 마이크로파 빔을 해면에 동시에 조사하고, 그 반사강도를 측정함으로써 2주파 빔 주파수(차의 주파수)에 해당하는 파장의 수면파를 측정하는 것이다. 마이크로파의 주파수 차이를 1~30MHz라고 하면, 빔 파의 파장은 10~300m가 되며, 주요 해양파의 파장과 비슷한 정도가 된다. 이렇게 전파와 해양파 간의 상호작용을 조사함으로써 주요 해양파의 특성을 검출하는 것이 가능하다. 비트 주파수 및 전파의 발사 방향을 순차변환시켜 방향별, 파장별로 파의 에너지(2차원 스펙트럼)를 측정하는 것이 원리적으로 가능한 매우 유망한 파랑계지만, 아직 실제 위성에 탑재되어 테스트를 거친 적은 없다.

(e) 마이크로파 산란계

파랑계는 아니지만 해양파와 극히 밀접한 관계에 있는 해상풍을 측정하는 측정기로 **마이크로파 산란계**(SCAT : Scatterometer)가 있다. 이 측정기는 마이크로빔을 해면을 향해 비스듬히 투사시킨 경우의 반사강도가 투사된 마이크로파의 파장과 같은 정도인 잔물결의 에너지에 비례하고(그림 7.9), 이 잔물결의 에너지는 해상풍에 의존한다는 점(4.4절 참조)을 이용하여 간접적으로 해상풍을 계측하는 것이다. 실제 마이크로파의 반사강도와 풍속의 관계를 조사해보면, 그림 7.10에 나타나 있는 것처럼 규칙적인 관계를 보인다.

마이크로파 산란계는 SEASAT-A에 의한 실험에서 그 유효성을 인정받아, 이후 전 지구적인 스케일로 해상풍을 측정할 수 있는 가장 유력한 측정기로 주목받고 있다. 또한 광역 해상풍에 관한 정확한 데이터는 파랑

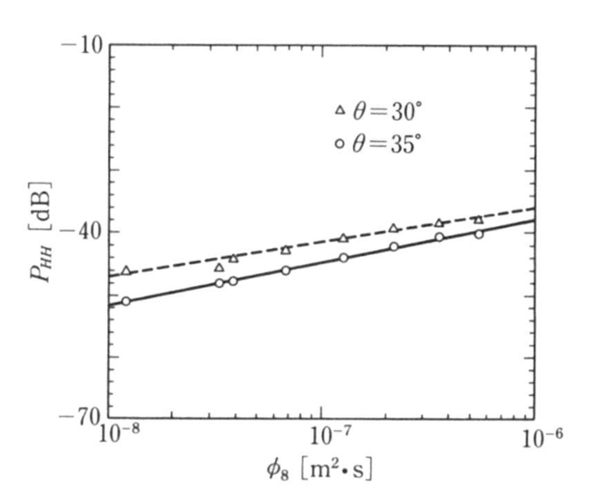

그림 7.9 마이크로파의 후방 산란 강도 P_{HH}와 풍파의 고주파 스펙트럼 밀도 ϕ_8의 관계. ϕ_8은 주파수 $f=8$Hz 에서의 스펙트럼 밀도. θ은 해면에 대한 마이크로파의 입사각이다.

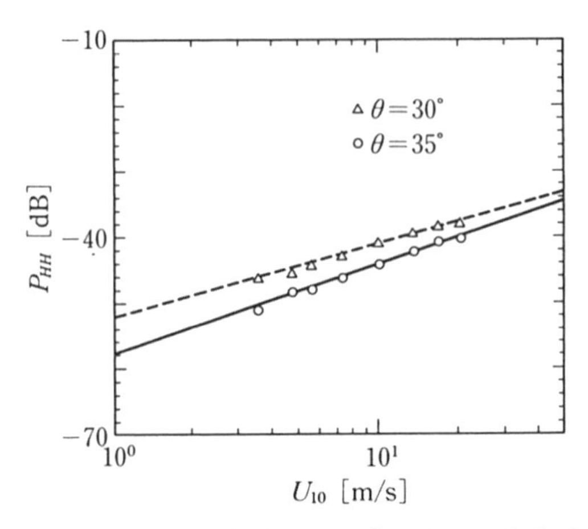

그림 7.10 마이크로파의 후방 산란 강도 P_{HH}와 풍속 U_{10}과의 관계. U_{10}은 해면 위의 고도 $z=10\text{m}$ 에서의 풍속. θ은 해면에 대한 마이크로파의 입사각이다.

추산에서도 매우 중요하기 때문에 파랑예보의 정밀도 향상에 기여하는 바도 크다. 단, 마이크로파 산란계에 의한 해상풍의 계측은 기본적으로는 해상풍에 의한 해양파의 발생, 발생한 해양파의 고파수 스펙트럼에 의한 마이크로파의 산란이라는 두 가지 과정에 의존한다. 따라서 해상풍의 계측 정밀도를 근본적으로 향상시키기 위해서는, 해상풍의 풍속 분포와 해양파의 고파수 스펙트럼의 관계, 해양파의 고파수 스펙트럼과 마이크로파의 후방 산란 강도의 관계, 이 두 가지를 해명하고 정밀하게 표현해낼 필요가 있다. 현재 해양파의 고파수 스펙트럼 계측이 매우 어려운 실정이므로, 비교적 계측이 쉬운 고주파수 스펙트럼에서 분산관계(표면류나 지배적인 파의 궤도운동 효과를 고려하여 약간 수정하는 경우도 있음)를 이용하여 파수 스펙트럼으로 변환시킨 것을 사용하여 큰 틀을 구성하고, 최종적으로는 실측한 풍속과 마이크로파의 후방 산란 강도의 관계를 이용해 보정하여 경험적인 식을 도출하는 것이 현 상황이다. 앞으로 기초연구가 필요한 문제 중 하나로 꼽을 수 있겠다.

위에서 다룬 위성탑재형 계측기 및 그를 이용한 해양계측의 상세 내용에 대해서는 다른 책을 참조하도록 하자(杉森, 1982; 古浜 등, 1986; Stewart, 1985).

CHAPTER 08

해양파 연구의 역사적 변천

CHAPTER 08

해양파 연구의 역사적 변천

해양의 풍파에 관한 설명을 마무리하기에 앞서, 오늘날에 이르기까지의 관련 연구의 흐름을 간단히 돌아보자. 넓은 의미로 물의 파 연구는 크게 두 흐름으로 나눌 수 있다. 그중 하나는 이른바 수면파(water waves)에 관한 유체역학적인 연구이고, 또 하나는 이 책의 주제이기도 한 해양의 풍파(wind waves)에 관한 해양물리학적 연구이다.

8.1 수면파 연구의 흐름

수면파에 관한 유체역학적 연구는 일찍이 물리학의 중심과제 중 하나로 일컬어져 왔으며, 이미 1800년대부터 우수한 연구들이 진행되고 있다. 비교적 초기의 대표적인 연구 중 일부를 연대순으로 짚어 보면 다음과 같다(아래 문헌들에 관해서는 참고서를 참조하도록 하자).

유한 진폭파 이론(트로코이드파) : Gerstner(1802)

미소진폭파 이론 : Airy(1845)

유한 진폭파 이론(주기파) : Stokes(1847)

유한 진폭파 이론(주기파) : Rayleigh(1876)

유한 진폭파 이론(고립파) : Boussinesq(1871)

유한 진폭파 이론(고립파) : McCowan(1891)

크노이드파 및 고립파 이론 : Korteweg and de Vries(1895)

유한 진폭 표면장력파 이론 : Wilton(1915)

유한 진폭파 해의 존재(deep water) : Levi-Civita(1925)

유한 진폭파 해의 존재(shallow water) : Struik(1926)

유한 진폭 표면장력파 이론 : Crapper(1957)

유한 진폭파의 불안정에 관한 이론과 실험 : Benjamin and Feir(1967)

스톡스(Stokes)가 유한 진폭파(비선형 수면파) 이론을 제출한 지 벌써 170년 가까이 지났지만, 비선형 수면파 등 각종 매질에서의 비선형 파동 문제는 비선형 역학 중심과제 중 하나로 현재까지도 활발한 연구가 이루어지고 있다. 자세한 것은 권말의 참고서 목록을 참조할 것을 권한다.

해양 풍파는 수면파의 일종으로 간주되므로, 수면파 연구와 해양 풍파 연구는 표리일체의 관계에 있다. 그러나 수면파의 전반적인 내용에 관한 상세한 논의는 본 서에서는 다루지 않았다. 한 가지 이유는 족히 한 권 이상의 책이 나올 정도의 분량의 내용을 다뤄야 하기 때문이고, 또 한 가지 이유는 수면파에 관해서 훌륭한 책들이 이미 많이 출판되어 있기 때문이다. 필요하다면 권말에 수록한 참고서를 참조할 것을 권한다. 최소한 그 내용을 이해하기 위해 필요하다고 생각되는 수면파에 관한 선형 이론 요점을 부록에 기술하였다.

8.2 해양파 연구의 흐름

파의 연구 중 또 한 가지의 흐름은 본 서에서 다룬 풍파(wind wave) 혹은 해양파(ocean waves)에 관한 것이다. 이들 연구는 수면파 연구보다 상당히 뒤처져 1900년대에 들어 처음으로 주요 연구가 시작되었다. 이처럼 해양파 연구가 수면파 연구보다 1세기 가까이 뒤처지게 된 원인은, 해양파의 성질이 극히 불규칙하고, 해면에 기계적으로 발생한 사인파나 그것을 조합시킨 복합파에 비해 손을 댈 수 없을 만큼 복잡하기 때문이다.

> '사이버네틱스'의 어버이로 유명한 수학자 위너(Norbert Wiener, 1894~1964)의 자서전에는 풍파에 관련된 다음과 같은 재밌는 설명이 있다.
> "끊임없이 이동하는 잔물결 덩어리를 연구하여 수학적으로 정리하는 것은 불가능한 것일까. 본디 수학 최고의 사명은 무질서 속에서 질서를 발견해내는 것이 아니던가. 파는 어떤 때엔 높이 물결쳐 거품 얼룩을 만들고, 또 어떤 때엔 거의 눈에도 보이지 않는 잔물결이 된다. 때때로 파의 파장은 인치로 잴 수 있을 정도인가 하면, 다시 몇 야드 정도가 되기도 한다. 대체 어떤 단어를 사용하면 수면을 온전하게 표현할 수 있을 것인지 하는 감당할 수 없는 복잡함에 빠지지 않고, 확실히 눈에 보이는 사실을 그려내는 것이 가능할 것인가. 파의 문제는 분명 평균과 통계의 문제이고, 이는 당시 내가 공부하던 르베그 적분과 밀접한 관련이 있었다. 그리하여 나는 자신이 구하고자 하던 수학적 도구는 자연을 설명하기에 적합한 도구여야 한다는 것을 깨닫고, 자연 그 자체 안에서 나만의 수학 연구적 언어와 문제를 찾아내지 않

으면 안 된다는 것을 알게 되었다."

(노버트 위너 저, 시즈메 야스오(鎮目恭夫) 역, 『사이버네틱스는 어떻게 탄생했는가』)

이는 그가 1920년대 MIT를 다니던 당시, 보스턴의 찰스강 수면을 바라보며 머릿속에 떠오른 것을 적은 것이라고 한다. 후에 그가 일반조화해석이나 정상확률 과정 등 잡음이론의 기초가 되는 수학을 만들어내고, 그 잡음이론의 성과가 훗날 해양 풍파 해석의 매우 유력한 수단이 되었다는 점을 생각해보면 흥미롭다. 1920년대는 해양 풍파에 관한 이론적 연구는 아직 거의 진행되고 있지 않았다. 그런 시대에 풍파의 특징적인 성질을 정확히 관찰하고, 그 운동을 결정론적으로 기술하는 것은 불가능하여 통계적으로 기술할 수밖에 없다는 점을 지적한 것은 그의 천재성의 편린을 보여주는 것으로 흥미롭다.

잘 알려진 것과 같이 해양파에 관한 근대적인 연구는 제2차 세계대전 이후 발표된 유명한 스베드럽과 뭉크(Sverdrup and Munk, 1947)의 논문에 의해 시작되었다고도 할 수 있다. 그 후 연구는 눈부시게 발전하였다. 이 책의 내용은 그 후부터 오늘에 이르기까지 약 반세기에 걸친 연구 성과를 토대로 한 것이다. 이러한 해양파 연구의 역사적인 흐름에 대해 간단히 돌아보기로 하자.

(a) 창세기(1947년 이전)

많은 학문 영역에서 공통적으로 보이듯이, 해양파에 관한 초기 연구는 기술적인 것으로, 주로 관찰에 기초를 둔 연구가 진행되었다(Krummel, 1911; Cornish, 1934; Thorade, 1931). 단, 이 시대에 제프리스(Jeffreys)

가 풍파의 발생에 관해 훌륭한 이론적 연구를 실시하고 있었다는 점은 놀랍기만 하다.

코니쉬(Vaughan Cornish, 1862~1948)는 영국에서 태어났다. 1888년에 맨체스터 대학에서 지리학을 전공하고, 후에 영국 지리학 협회장을 역임한 인물이다. 그의 명저 "Ocean Waves and Kindred Geophysical Phenomena(바다의 파)"에 의하면, 그는 1890년대 초에 잉글랜드 남쪽 기슭의 본머스 가까이에 정착해, 아름다운 남안의 절벽 위에 집을 지었다. 그러나 거기에는 해변에 부딪히는 파도, 작은 개천 바닥의 사련, 바람이 만들어내는 사련 등 그에게는 매우 흥미로운 현상이 매우 많았다. 거기서 그는 이러한 파동 현상을 연구하기 위해 집을 버리고 세계 여행을 떠날지, 아니면 연구를 버리고 이 아름다운 해안가 집에서 일생을 보낼지 심각하게 고민했고, 고민 끝에 연구를 선택했다. 몰아치는 폭풍 해면의 파를 관찰하기 위해 배로 세계의 바다를 여행했고, 바람 때문에 발생하는 모래의 파를 조사하기 위해서는 이집트로 갔으며, 눈의 파를 조사하기 위해서는 캐나다로 갔다. "바다의 파"는 수십 년 간에 걸친 그의 이러한 현지 관측 결과를 집대성하여 쓴 것이다. 그가 파랑관측에 이용한 계측기는 스톱워치와 정밀 기압계 정도였지만, 거친 외해에서의 바람과 파도의 관계, 풍파에 미치는 너울의 효과, 스콜에 의한 파의 변화 등에 대해 매우 흥미로운 관찰 결과를 매우 상세하게 기술하고 있다. 그는 이 위대한 저서를 남길 수 있었지만, 유감스럽게도 그 아름다운 해안에 지은 수려한 집에 다시 돌아갈 수는 없었다.

한편, 제프리스(Harold Jeffreys, 1891~1989)는 영국에서 태어났다. 캠브리지 대학 출신의 영국을 대표하는 천문 및 지구물리학자로, 천문학 및 지구물리 전반에 관해 수많은 우수한 연구를 진행 중이다. 특히, 고체지구물리학의 명저 "The Earth"나 부인과의 공저 "Method of Mathematical Physics" 등은 유명하다. 그는 해양학에도 매우 관심을 보였으며, 풍파의 발생에 관한 유명한 이론 "제프리(Jeffreys) 기제"를 제창했다. 그가 캠브리지 대학 시절(1922~1958)에 출판된 상기 코니쉬(Cornish)의 책에는 제프리스가 이론가 입장에서 쓴 바다의 파에 관한 훌륭한 해설이 담겨 있다.

(b) 제1기(1947~1956년)

해양파 연구에서 눈부신 진보의 계기는 제2차 세계대전 중 미국에서 이루어진, 군의 상륙작전과 관련된 파의 예보법에 관한 연구이다. 미국 서해안에 있는 스크립스 해양연구소에서는 해양학자를 모아 강력한 연구팀을 편성하여, 해양파 예보법에 관한 조직적이고 집중적인 연구를 실시하였다. 연구는 1943년에 완성되어, 당시 연구소장이었던 스베드럽과 당시 아직 20대였던 천재적 해양물리학자 뭉크와의 공저로 보고서가 완성되었다. 그러나 이 보고서는 전시 중에는 극비 문서로 취급되어, 1947년이나 되고 나서야 공표되었다. 이것이 유명한 스베드럽과 뭉크의 논문(Sverdrup and Munk, 1947)이다.

이 연구가 특히 뛰어난 점은 6.1절에서 서술한 것처럼 다음과 같은 점들이다.

(i) 매우 불규칙한 성질을 가진 해양파를 설명하기 위하여, 유의파의 파고, 주기라는 정의가 분명한 통계적인 평균량을 도입했다.

(ii) 풍파의 발생, 발달, 전파 및 감쇠라는 일련의 현상 전체를 파악

하여 이를 기술하기 위한 이론적 틀을 만들어냈다.
(iii) 이 이론적 틀을 토대로 이제껏 단편적으로 얻어진 해양파 데이터를 통일적으로 정리하고, 실용적인 파의 추산식을 도출해냈다.

다만 당시에는 기초연구 축적이 거의 없었던 만큼, 그들이 이론에 도입시킨 각종 물리구조에는 몇가지 문제점이 존재한다. 또한 예보식에 사용한 파의 데이터도 목측(目測)에 의한 것이 많아 정밀도가 충분하다고는 할 수 없다. 그러나 한번 잡힌 틀을 개량하는 것은 비교적 수월하다. 특히 해양파 추산식은 미국의 해안공학자 브레트슈나이더(Bretschneider, (1952; 1958)나 윌슨(Wilson, 1961; 1965)이 그 후 얻을 수 있었던 정밀도 높은 관측값을 사용하여 개량, 점차 완성도가 높아졌다. 이렇게 완성된 파랑추산법은 스베드럽, 뭉크, 브레트슈나이더 3인의 이니셜을 따서 SMB 법이라고 불리게 되었다.

한편, 전기공학분야 등에서 급격히 발전한 잡음이론의 영향을 받아, 영국의 롱게-히긴스(Longuet-Higgins, 1952)나 미국의 피어슨(Pierson, 1953)에 의해 불규칙한 해양파를 설명하기 위한 통계 이론이 급속히 정비되었다. 노이만(Neumann, 1953)은 파의 관측 결과를 토대로 처음으로 해양파 스펙트럼형을 결정했다. 그리고 이러한 기초연구 결과를 기초로 하여 피어슨, 노이만, 제임스(Pierson, Neumann and James, 1955)에 의해 유의파 대신 해양파 스펙트럼을 토대로 한 해양파 추산법이 고안되었다. 이것이 PNJ 법으로 불리는 유명한 파랑추산법이다. 이는 개념적으로는 대단한 진보였으나, 실용적인 정밀도 면에서 SMB 법에 비해 꼭 두드러진 것은 아니었다.

파랑추산에 관한 획기적인 연구가 스베드럽과 뭉크에 의해 제2차 세계대전 중 미군의 유럽 상륙작전과 관련되어 진행된 것처럼, 세계 각국에서도 파랑추산에 관한 전시 연구가 비슷하게 행해졌다. 일본에서는 히다카 코지(日高孝次) 박사나 요시다 고조(吉田耕造) 박사를 필두로 한 해양물리학자들에 의해, 큐쥬큐리(九十九里) 해변에서 파랑의 목측 및 파랑추산에 관한 연구가 실시되었다. 영국에서도 바버(Barber)나 어셀(Ursell)이 파랑과 너울의 예보를 위해 해군본부의 연구소인 Admiralty Research Laboratory에 설치된 해양부에서 투입되었다. 롱게-히긴스 역시 파의 연구를 시작하게 된 계기 중 하나가 그가 처음 근무한 해군본부의 연구소에서 파 연구를 했던 경험 때문이라고 했다.

1957년은 파랑연구 역사상 매우 중요한 이벤트가 있었던 해이다. 그 중 하나는 풍파의 발생구조에 관한 마일즈(Miles)와 필립스(Phillips)의 논문 발표이고, 다른 하나는 다음부터 이야기 할 일련의 논쟁이다. 논쟁은 그 해 4월, SMB 법의 창시자 중 한 명인 브레트슈나이더가 미국 지구물리학회지(Transaction of American Geophysicaln Union)에 PNJ 법의 입문서(1955)에 대해 쓴 서평으로부터 비롯되었다. 그는 이 서평에서 PNJ 법과 SMB 법을 비교했다. 그리고 PNJ 법에 의한 파의 추산정밀도에 대하여, 특히 파고가 풍속의 2승이 아닌 2.5승에 비례한다는 점의 부적절함이나 고풍속 시의 추산정밀도 저하 등을 들어 PNJ 법을 비판했다.
분명 PNJ 법의 기초를 이루고 있는 것 중 하나인 노이만 스펙트럼은 정밀도가 그다지 높지 않다. 실용적인 파랑추산이라는 목적에서 추산정밀도가 나쁘다는 것은 치명적이기에, 이러한 한계로 보면 브레트슈나이더의 비판은 정당하다고 생각될 수도 있다. 그러나 그가 PNJ 법의 혁신적인 점에 대해 언급하지 않은 것이 논쟁의 원인 중 하나였다고 볼 수 있겠다.

같은 해 10월, SMB 법의 원형이라고 할 수 있는 SM 법을 완성한 뭉크가 같은 학회지에 브레트슈나이더의 서평에 대한 코멘트를 발표했다. 또한 PNJ 법을 완성시킨 중심인물인 노이만과 피어슨도 코멘트를 발표했다. 그 글의 첫머리에 뭉크는 다음과 같이 말하고 있다.

"내 생각에 SMB 법, 적어도 초기의 SM 법은 이미 은퇴 시기에 이르렀다. 오히려 지금까지 버틴 것이 용할 정도다. SM 법의 의의는 매우 어지럽게 흩어져 있던 이전의 관측 데이터를 합리적인 실험식으로 통합하는 데 있었다. 중대한 진보는, 영국의 바버와 어셀(1948)에 의한 너울 기록의 스펙트럼 분석으로 시작되어, 피어슨, 노이만 및 제임스에 의해 해양파 스펙트럼이 파랑추산에 응용된 것으로 이어지고 있다. 나는 이것이 개념의 진보이자 지금까지의 분위기를 쇄신한 것이라 생각한다."

그가 SMB 법의 원형인 SM 법의 개척자라는 점을 생각하면, 이 코멘트는 SM 법의 개량, 발전에 전력을 기울여 SMB 법을 완성시킨 브레트슈나이더에게는 다소 잔인한 느낌일수도 있지만, 끊임없이 새로운 분야의 개척에 의욕적으로 도전하는 뭉크다운 발언이기도 하다. 다만 PNJ 법의 미비한 점도 조금 언급하며, "몇 가지 중요한 문제가 해결되기까지 추산 안내서의 발행을 늦추는 것이 보다 바람직했을 것이다."라고 말한다.

이에 대하여 우선 노이만과 피어슨은, 브레트슈나이더의 글이 서평이라기보다 과학논문의 색깔이 강하기 때문에 그에 대해서는 별도의 논문으로 답하겠다고 했다. 그리고 그 이외의 전반적인 점에 대하여는

"해양파 스펙트럼에 관한 지식이 풍부해진 현 시점에서 생각해보면, SMB 법의 이론적 구성의 전체, 예를 들면 부자원 파라미터의 선택 그 자체, 혹은 너울 추산법의 기초 등에는 의문점이 생긴다."고 언급한 후, 특히 SMB 법의 최대 약점인 너울 추산에 대한 생각의 모호함이 PNJ 법에서는 해결되어 있다는 점을 강조했다. 또한 뭉크가 PNJ 법의 안내서 발행을 조금 늦추는 것이 좋았을 거라고 한 부분에 대해서는 다음과 같이 회답하고 있다.

"우리에게 하나의 이론이란, 특정 문제에 대하여 그때까지 얻어진 사실들을 이해하기 쉬운 하나의 체계로 통합하고, 그 사실들로부터 일반적인 법칙을 도출하여 그 법칙을 토대로 장차 일어날 현상을 예측하는 시험이나 다름없다. 따라서 어떠한 이론도 항상 재검토되어 다음 단계의 연구로 대체될 운명인 것이다. 때문에 문제점이 모두 해결될 때까지 발표를 미루는 것은 아무 의미가 없다."

그 후의 연구 흐름을 돌아보면, 이러한 주장은 모두 목적을 달성한 것이지만, 각각의 주장에 각 연구자의 개성이 담겨 있어 매우 흥미롭지 않을 수 없다.

(c) 제2기(1957~1966년)

제1기에 해양파 연구는 눈부시게 발전했다. 그러나 풍파의 발생, 발달구조 그 자체에 관한 연구는 몇 가지 맹아적인 연구(WüST, 1947; Eckert, 1953; Lock, 1954 등)를 제외하면, 주목할 만한 점은 없었다. 해양파에 관한 연구의 제2의 황금기는 1956년 G.I. 타일러(Taylor)를 기념하는 "Survey in Mechanics"에 발표된 어셀의 해설논문(Ursell, 1956)을 계기로 시작되었다.

이 논문은 풍파의 발생에 관한 대표적인 연구 결과를 통일적이고 상세하게 소개한 것이다. "수면 위에 부는 바람에 의해 파가 발생하지만 그 물리구조는 아직 밝혀지지 않았다."라는 유명한 발언을 시작으로, 대표적인 기초연구 성과를 상세히 소개한 후 "이 문제에 관한 우리들의 현재 지식은 아직 너무나 부족하기만 하다."라고 매듭짓고 있다. 이 논문은 많은 연구자들에게 풍파의 발생구조에 관해 강한 관심을 불러일으켰다. 그 결과, 미국의 필립스(1957)와 마일즈(1957)가 거의 동시에 획기적인 풍파의 발생이론을 발표하였다. 이 이론들은 그 후 통일 이론으로 정밀화되고, 이론을 뒷받침해주는 계측 결과들도 제출되어 풍파의 발생구조 문제는 일단락 된 것으로 생각되기에 이르렀다. 초기의 마일즈 이론은 그 훌륭한 내용에도 불구하고 매우 난해했기 때문에, 유명한 유체역학자 라이트힐(Lighthill, 1962)은 「풍파의 발생에 관한 마일즈의 수학적 이론의 물리적 해석」이라는 논문을 발표했다.

이러한 풍파의 발생이론과는 별개로, 파의 비선형 상호작용에 관한 중요한 이론이 앞서 말한 필립스(1962)와 독일의 하셀먼(Hasselmann, 1962)에 의해 발표되었다. 이는 스펙트럼 구조를 가지는 해양파에서 성분파 간에 에너지 이동이 발생한다는 것을 보여주는 것이다. 이 구조가 해양파 스펙트럼의 발달 특성을 명확히 한 매우 중요한 것이라는 점은 5.2절에서 확인한 바 있다.

(d) 제3기(1966년 이후)

학문의 발전 경로는 직선적이지 만은 않아, 풍파 발달구조의 설명에 성공한 것처럼 보인 마일즈 이론이 해양파의 실제 발달률을 충분히 설명할 수 없다는 것이 잇따라 보고되었다(Snyder and Cox, 1966; Barnett and Wilkerson, 1967 등). 즉, 이들이 계측한 해양파의 발달률은 마일즈 이론으로 예측되는 것보다 한자리수 정도 크다는 것이 밝혀졌다. 이 불일치의 원인 중 하나는 기류 중 난류를 고려하지 않았기 때문이라 여겨졌고, 이를 고려한 이론이 연달아 발표되었다(Townsend, 1972; Davis, 1972; Gent and Taylor, 1976 등). 그러나 이론과 실측의 차이는 그다지 개선되지 않아 문제의 충분한 해결에는 이르지 못했다. 그 후 4.1절에서 언급했듯이 현재까지 연구가 계속되고 있다.

이러한 이론적 연구와 나란히 풍파의 기본적 성질을 해명하기 위한 수많은 실내 실험과 대규모 해상실험도 실시되었다. 그 결과 풍파 스펙트럼의 발생 특성 및 상사구조 등 해양파의 실체와 그 변동특성에 관한 사실들이 매우 많이 밝혀졌다. 또한 제4장 및 제5장에서 언급한 것처럼, 이러한 기초연구 결과를 토대로 풍파 스펙트럼 에너지의 변동을 지배하는 에너지 평형방정식(수치 모델)을 기초로 한 파랑추산법의 개발이 활발하게 진전되었다. 제1기 및 제2기의 약 10년을 기점으로 전환기에 접어들어, 제3기는 이미 25년 이상 경과되었음에도 불구하고 아직 전환기를 맞이할 만한 계기를 찾지 못하고 있다.

굳이 이 시기의 성과를 종합해보자면 다음과 같이 말할 수 있을 것이다.

(i) 수많은 이론적 연구, 정밀한 실내실험, 조직적인 해상실험 등의 결과, 해양 풍파의 구조와 그 변동 특성에 관한 지식이 종전에 비해 비약적으로 증대되었다.

(ii) 이상의 결과를 토대로 파랑추산에 사용되는 합리적인 수치 모델의 개발이 이루어져, 파랑추산의 정밀도가 비약적으로 향상됨과 함께 전 지구적인 파랑추산이 가능해졌다.

(iii) 위성을 이용한 광역 파랑관측이 가능해지고, 수치 모델의 진보와 함께 전 지구적인 파랑 모니터링 및 예측이 가능해졌다.

(iv) 위와 같은 상황을 배경으로, 대기해양 상호작용 모델의 정밀화를 목표로, 해면을 통한 다양한 물리량에 미치는 해양파의 영향에 관한 연구가 시작되었다.

(v) 최근에 바람에 의한 수면파의 발달구조에 관해 흥미로운 이론적 연구가 성과를 냈다(Belcher and Hunt, 1993; Miles, 1993). 이들 연구성과는 이후 해양파의 발달 구조에 관해 새로운 전개를 이끌어냈다. 특히 마일즈의 논문은 그가 쓴 유명한 최초의 논문(Miles, 1957)의 개정판으로, 풍파의 발달률에 관한 최신 관측 데이터(Plant, 1982)에 매우 잘 일치하는 계산 결과를 보여준다.

부 록

수면파의 기본적 성질

CHAPTER

부록 수면파의 기본적 성질

본 서는 수면파에 관한 기본적인 지식은 유체역학, 해양역학, 해안공학 등을 이미 어느 정도 습득했다는 가정하에 기술했다. 기존의 교과서 같은 구성이었다면, 맨 처음에 수면파에 관한 유체역학적 이론을 간단히 설명한 후에 해양파 이론으로 넘어가는 편이 좋았을 것이다. 그러나 해양파 공부를 하고자 이 책을 펼쳤는데 갑자기 유체역학적 기술이 나타난다면 흥미가 사라질 지도 모른다는 생각에 이렇게 구성했다. 또한 개념적인 이해라면 이러한 기초적 지식 없이도 어느 정도 본 서의 내용은 이해할 수 있도록 기술했다.

그러나 내용의 보다 깊은 이해, 혹은 정량적인 논의에 결부시켜 내용을 발전시키기 위하여 최소한의 기초적 지식이 필요하다는 것은 말할 것도 없다. 이러한 목적으로, 수면파에 관한 기초적 사항을 부록으로 덧붙였다.

A.1절은 수면파에 관한 잡지식 같은 것으로, 본론에 반드시 필요한 것은 아니지만 조금이라도 수면파에 익숙해질 수 있도록 추가했다. 단, A.2절은 매우 중요하다. 여기에서는 수면파에 관한 유체역학의 선형이론 결

과에 대해 주요 부분을 정리했다. 수면파의 비선형 이론도 해양파의 성질을 이해하기 위해서는 매우 중요하지만, 비선형 이론에 관해 상세한 논의를 전개하자면 그것만으로도 책 한 권 분량이 되기 때문에 아쉽지만 생략하기로 했다. 수면파의 비선형 이론에 관해서는 권말의 참고서 목록을 참조하면 된다.

A.1 수면파에 관한 기초적 사항

(a) 수면파의 분류와 명칭

바다의 파, 혹은 더 일반적으로 수면파에 관해서는 여러 가지 명칭이 있다. 어떤 것은 학문적 분류에 근거하여, 어떤 것은 그 특징적인 성질에 근거하여 속칭으로 붙여진 것도 있지만, 그것들을 일괄하여 처음으로 정리해 정의해둔다. 단, 아래에 언급한 분류 및 명칭 중에는 다른 차원의 분류에 의한 명칭이 있기 때문에 서로 조합하여 사용하는 것들이 많다. 예를 들면, 수면파 중에는 진행파이자 심수파이고 아울러 중력파인 동시에 규칙파의 특징을 가진 것이 있지만, 굳이 명칭에 붙이자면, '규칙적인 진행성 심수중력파'가 된다. 수면파는 중요한 특징에 따라 분류할 수 있으며, 아래에 수면파의 분류와 명칭을 정리해보았다.

수심에 의한 분류

(i) **심해파**(deep water wave)

수심 d가 파의 반파장 $L/2$보다 깊고($d/L \geq 1/2$),[1] 파의 운동이 수심에는 거의 관계가 없는 파. 표면파 혹은 수심파라고 불리는 경우도 있다.

(ii) **천해파**(shallow water wave)

수심 d가 파의 반파장보다 얕고($d/L \leq 1/2$), 파의 운동이 수심에 의존하는 파. 수심의 감소와 함께 장파로 이행된다. 천수파라고도 부른다.

(iii) **장파**(long wave)

수심 d가 파의 파장에 비해 충분히 얕고($d/L \leq 1/25$), 파의 운동이 수심의 영향을 매우 강하게 받는 파. 극천수파라고도 부른다.

진행성인지 아닌지에 의한 분류

(i) **진행파**(progressive wave)

특정 방향으로 진행하는 파

(ii) **중복파**(standing wave)

서로 역행하는 주기 및 진폭이 같은 파가 합성되어 발생하는 파처럼 어떤 방향으로도 진행하지 않는 파

(iii) **부분중복파**(partial standing wave)

주기는 같지만 진폭을 달리하는 두 개의 역행파가 합성된 경우에 발생하는 파. 진행파와 중복파가 합성된 파라고 봐도 무방하다.

---

1 $d/L \geq 1/2$는 반드시 엄밀한 경계를 의미하는 것은 아니지만, 예를 들면, 뒤에 나올 파속의 식 $C = (gT/2\pi)\tanh(2\pi d/L)$에서 $d/L = 0.5$로 두면, $\tanh(2\pi d/L) = 0.996 \approx 1$이 되어, 파속은 수심과 거의 관계가 없어진다.

복원력에 의한 분류

(i) **중력파**(gravity wave)

중력이 복원력이 되는 파

(ii) **표면장력파**(capillary wave)

표면장력이 복원력이 되는 파(그림 A.1 참조)

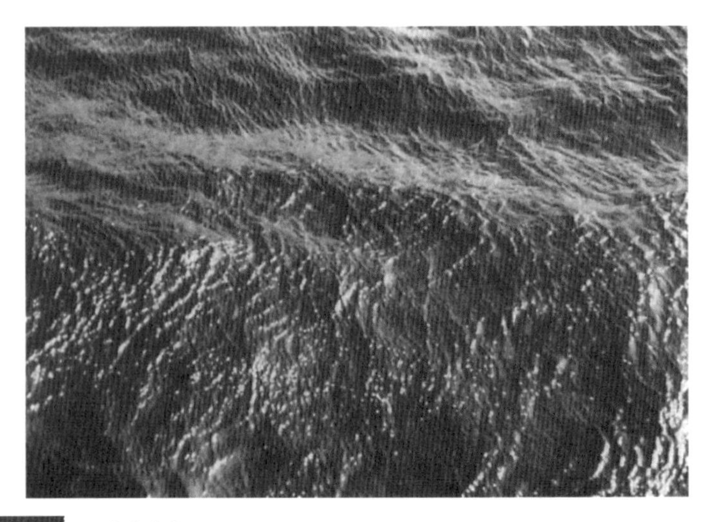

그림 A.1 표면장력파

복원력으로서 중력과 표면장력 어느 쪽이 중요한지는 파의 주파수에 의존하며, 수 Hz 이하의 주파수인 파에 대해서는 주로 중력이 중요하고, 수십 Hz 이상의 주파수인 파에 대해서는 주로 표면장력이 중요하다. 수 Hz~수십 Hz인 파에서는 중력과 표면장력 양쪽의 효과를 생각하지 않을 수 없다. 상온에서의 수면파의 경우, 13.5Hz 부근에서 표면장력의 효과와 중력의 효과가 같아진다.

운동이 규칙적인지 아닌지에 의한 분류

(i) **규칙파**(regular wave)

규칙적인 패턴을 보이는 파이지만, 다음 두 종류로 나뉜다.

- 단일주기인 파(monochromatic wave) : 단일주기인 규칙적인 파형의 파(그림 A.2 참조).

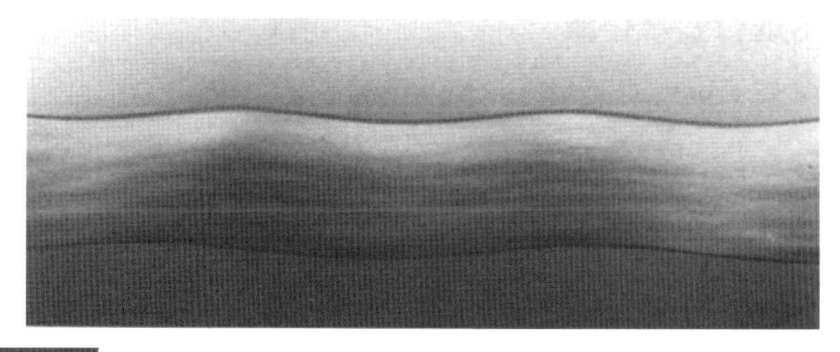

그림 A.2 단일주기파

- 복합파(composite wave) : 주파수 및 위상이 단순한 관계를 가지는 복수의 단일주기인 규칙파가 합성된 파

(ii) **불규칙파**(irregular wave)

해양파처럼 시간적·공간적으로 불규칙하게 변동하는 파. 이는 진폭, 주기, 진행방향 등을 달리하는 무한히 많은 파가 뒤죽박죽인 위상으로 합성된 결과 발생한 것으로 생각된다.

파봉선의 형태에 의한 분류

(i) 1차원 파(one-dimensional wave)

파봉이 파의 진행방향과 직각으로 가지런히 늘어선 파. 파에 동반되는 수립자의 운동은 $x-z$ 평면에서 발생하여 2차원적이므로 2차원 파라고 부르는 경우도 있지만, 파를 규정하는 파수 스펙트럼은 k_x뿐인 1차원이므로, 이 책에서는 1차원파로 부르기로 한다.

(ii) 2차원 파(two-dimensional wave)

파봉이 파의 진행방향과 직각으로 변동하는 파. 수립자의 운동은 3차원적이지만 파를 규정하는 파수 스펙트럼은 k_x, k_y로 2차원이므로 2차원 파로 부르기도 한다. 진행방향 등을 달리하는 복수의 파가 합성된 결과 발생하며, 파봉선이 조각조각처럼 보인다(그림 A.3 참조). 단파봉(short-crested wave)이라고도 부른다.

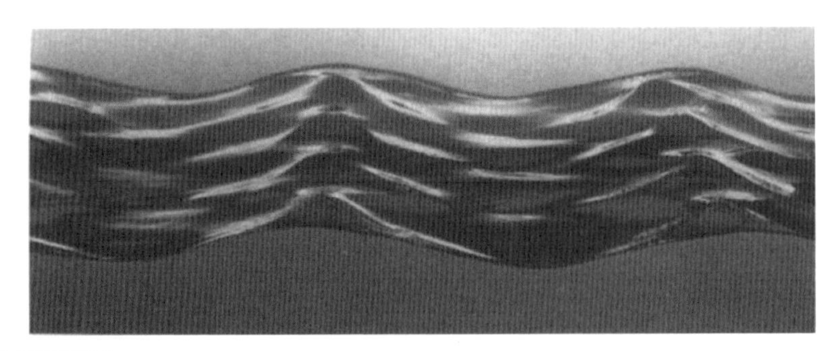

그림 A.3 2차원 파

파형경사에 의한 분류

(i) **미소진폭파**(small amplitude wave)

파형경사가 작아 비선형성이 작은 파. 파형이 사인파에 가깝다. 선형파(linear wave)라고도 부른다.

(ii) **유한진폭파**(finite amplitude wave)

파형경사가 커서 비선형성이 강한 파. 중력파의 경우에는 파고점이 뾰족하고 파저가 둥그스름하다. 표면장력파의 경우에는 거꾸로 파고점이 둥글고 파저가 뾰족하다. 비선형파(nonlinear wave)라고도 한다.

해양에서의 각종 파의 명칭

(i) **풍파**(wind waves)

파의 발생역 내에서 파의 작용을 받는 파(그림 A.4 참조). 일반적으로는 쇄파를 동반하며 파면이 울퉁불퉁하지만, 저풍속에서 발생한 초기파에서는 비교적 매끄러운 경우도 있다.

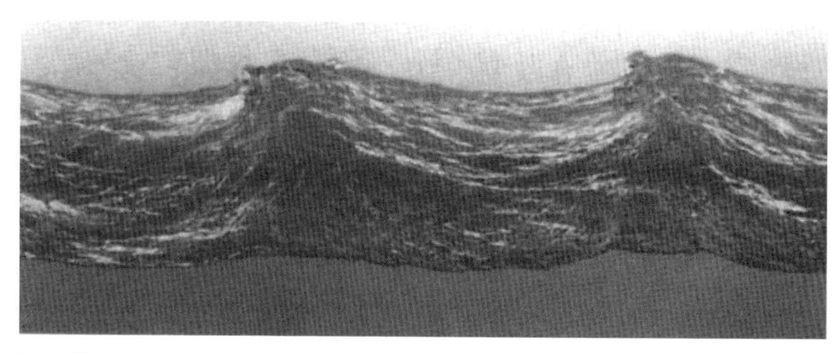

그림 A.4 풍파

(ii) 너울(swell)

풍역(발생역)을 떠나 무풍 혹은 미풍 해역을 지나는 파(그림 A.5 참조). 주기가 긴만큼 파속이 크기 때문에 장주기 성분만큼 풍역 밖의 먼 지점에 빨리 도착한다. 이 때문에 주기가 길고 둥그스름한 파가 많지만, 주기에 의한 분류가 아니므로 해역에 따라서는 비교적 단주기인 너울도 있다. 또한 특정 풍역 내에 다른 해역에서 발생한 파(너울)가 유입되어 바람의 작용을 받는 경우에도 그 풍역 내에서 발생한 파와 확실히 구분되는 경우에는 너울이라고 불리기도 한다.

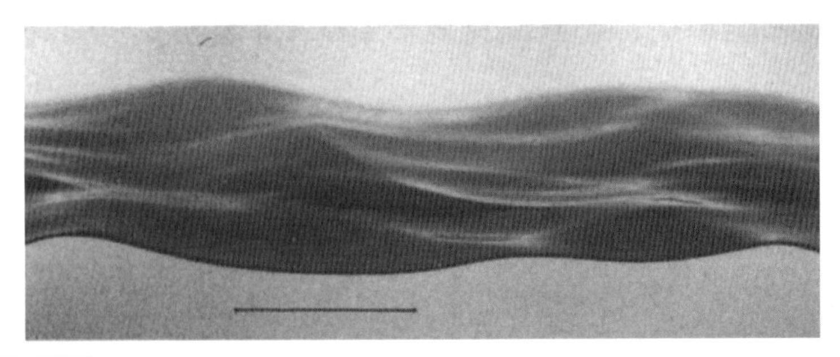

그림 A.5 너울

(iii) 장주기파(long period wave)

그다지 확실한 정의는 아니지만 일반적으로 주기가 수십 초 이상인 파로 생성 원인이 다양하게 혼재해 있다. 주기가 수 분~수십 분인 서프비트(surf beat) 등이 유명하다. 쓰나미, 조석 등을 제외한 장주기(수 시간이나 그 이상) 수위의 시간적 변동을 모두 장주기파로 부르는 경우도 있고, 쓰나미와 폭풍해일을 포함하는 경우도 있다.

(iv) 삼각파

확실한 정의는 아니지만, 여러 방향으로 진행하는 파가 합성되거나 파가 흐름에 역행하여 진행하는 경우에 발생하는 파형경사가 매우 큰 뾰족한 파의 속칭이다(그림 A.6 참조). 영어로는 적절한 명칭을 발견하지 못했지만, 최근 화제가 되고 있는 freak wave가 이에 가깝다.

그림 A.6 삼각파(북대서양에서 1988년 10월 24일 촬영)

(v) 내부파(internal waves)

염분이 많은 물과 적은 물, 차가운 물과 따뜻한 물 등 밀도가 다른 유체의 경계에 발생하는 파로, 밀도경사가 큰 경우에는 밀도가 연속적으로 변화하는 경우에도 발생한다. 대기와 접하고 있는 수표면 부근에 발생하는 파를 표면파라고 부르는 경우도 있지만, 심해파를 표면파라고 부르는 경우도 있기 때문에 주의가 필요하다.

(vi) 백파(white cap)

쇄파되어 기포를 머금은 파봉이 하얗게 보이기 때문에 붙여진 쇄파의 속칭(그림 A.7 참조). 일본어로는 백파라고 부르지만, 영어에도 쇄파의 속칭으로 'white horse'라는 말이 있다는 것이 재미있다.

그림 A.7 백파

(b) 파에 관한 물리량의 정의

물의 파에 관한 기본적인 양을 정의하고 이를 표현하기 위해 사용되는 기호를 아래에 정리해두었다(그림 A.8 참조).

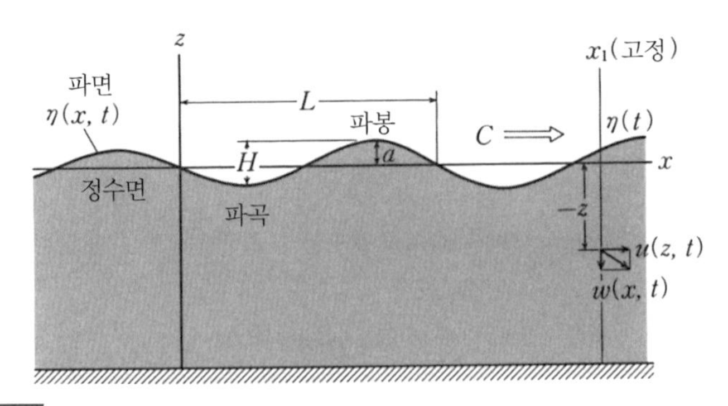

그림 A.8 파에 관한 물리량의 정의

• 파고(wave height) : H

파의 하나의 파고점(파봉)과 서로 이웃하고 있는 파저점(파곡)과의 높이 차

• 파진폭(wave amplitude) : a

정상 수위로부터 파고점(파봉) 혹은 파저점(파곡)까지의 거리. 사인파의 경우에는 반파고 $H/2$와 동등하다.

• 파장(wave length) : L

파의 한 개의 파고점에서 다음 파고점까지의 거리. 기준이 반드시 파고점에서 파고점이어야 할 필요는 없으며, 같은 위상인 곳 사이의 간격으로 정의된다.

• 주기(wave period) : T

수면의 어느 한 점에서, 파의 어느 위상(예를 들면 파고점)으로부터 같은 위상(파고점)에 도달하기까지의 시간 간격

파운동력을 논의할 경우 파장, 주기와 동일하게 종종 사용되는 양이 다음과 같이 정의되는 파수 및 각주파수이다.

• 파수(wave number) : $k(=2\pi/L)$

거리에 대한 위상 변화의 비율

• 각주파수(angular frequency) : $\omega(=2\pi/T)$

시간에 대한 위상 변화의 비율. $f=1/T$, 즉 주기의 역수를 단순히 주파수라고 부른다.

• 파속(wave velocity) : C

엄밀히는 파의 위상 속도(phase velocity). 파의 형태가 전파하는 속도

• 군속도(group velocity) : C_g

군파(주기를 조금씩 달리하는 파를 합성하여 발생한 포락파)가 전달되는 속도. 파의 에너지가 전달되는 속도이기도 하다(A.2(e)절 참조).

• 파면(wave surface) : $\eta(x, y, t)$

파에 의한 수면의 시간적·공간적 변동(이는 파면의 일반적 표현으로, 단순한 경우는 뒤에서 설명하겠다)

• 수위 변동(surface elevation, surface-time history) : $\eta(t)$

수면의 한 지점에서 수위의 시간적 변동

• 수면파형(surface profile) : $\eta(x, y)$

어느 순간에서의 파면의 형태(공간적 변동)

• 수중 압력 변동(wave pressure) : $p(x, y, z; t)$

파에 의한 수중의 압력 변동. 파면에 대응하여 시간적·공간적으로 변동하지만, z방향(깊이 방향)으로도 변화한다. 유한수심의 경우에는 수심 d도 관여한다.

• 물입자 속도(water particle velocity) : u, v, w

파에 의한 수중의 물입자 속도에서, u, v, w는 각각 x, y, z 성분에 대응한다. 압력과 동일하게 x, y, z, t, d의 함수, 궤도속도(orbital velocity)라고도 한다.

• 파의 에너지(wave energy) : E

파에 의해 수중에 축적되어 있는 모든 에너지로, 다음에 서술할 위치에너지 E_p와 운동에너지 E_k로 이루어진다.[2]

---

2 단주기 파에서 표면장력의 효과를 무시할 수 없는 경우에는 표면장력에 의한 표면에너지가 더해진다.

• 위치에너지(potential energy) : E_p

파의 운동에 의해 물입자가 평형위치로부터 연직방향으로 이동하는 것으로 인한 에너지

• 운동에너지(kinetic energy) : E_k

파의 운동에 기인하는 물입자의 궤도운동에 의한 에너지

• 전달에너지(energy flux) : W

파의 진행방향으로 전달되는 에너지로, 상기의 전체 에너지가 군속도로 전달된다.

(c) 파동의 일반적 성질

x 방향으로 시간에 따라 형태를 바꾸지 않고 전파되는 사인파의 파면은 일반적으로 다음과 같이 표현할 수 있다.

$$\eta(x, t) = a \sin(kx - \omega t + \epsilon) \tag{A.1}$$

a는 파의 진폭, k는 파수로 파장 L과의 사이에 다음과 같은 관계가 있다.

$$k = \frac{2\pi}{L} \tag{A.2}$$

ω는 각주파수로, 파의 주기 T와의 사이에는 다음과 같은 관계가 있다.

$$\omega = \frac{2\pi}{T} \tag{A.3}$$

ϵ은 파의 기준위상으로, 하나의 파를 고려할 경우에는 원점을 적당히 0으로 하는 것이 가능하지만, 다수의 파의 공존(중첩)을 고려할 경우에는 중요하다.

어느 순간의 파형, 예를 들어 사진에 찍힌 파형은 앞의 식으로 표현되는 파면을 시간을 고정시켜 관찰하는 것에 해당하므로, ωt는 정수가 되고, 이를 위상 ϵ 속에 포함시킨 후 원점을 적당히 이동시키면 다음과 같다.

$$\eta(x) = a\sin kx = a\sin\frac{2\pi x}{L} \tag{A.4}$$

즉, 파형은 파장 L로 공간적으로 변동을 반복한다.

거꾸로 공간의 어느 한 점에서 파에 의한 수위 변동은 x를 고정하여 시간 원점을 적당히 이동하는 것에 의해 다음과 같이 된다.

$$\eta(t) = a\sin\omega t = a\sin\frac{2\pi t}{T} \tag{A.5}$$

즉, 수위는 주기 T에서 시간적으로 변동을 반복한다. 또한 파면의 전체적인 위상을

$$\Theta = kx - \omega t + \epsilon \tag{A.6}$$

이라고 하면,

$$\frac{dx}{dt} = \frac{\omega}{k}\left(= \frac{L}{T}\right) = C \tag{A.7}$$

로 주어지는 파속 C로 이동하는 좌표에서 보면, 위상 Θ는 $x = Ct = (\omega/k)t$을 (A.6)식에 대입하여 알 수 있듯이 일정값을 취한다. 따라서 파면의 상태는 늘 동일하다. 즉, (A.1)식으로 주어지는 파면은 ω/k 속도로의 x방향으로 전파된다. 이 파면의 전파속도를 파의 **위상 속도**(phase velocity)라고 부른다. 결국 파동 (A.1)은 변동진폭 a, 파장 $L = 2\pi/k$, 주기 $T = 2\pi/\omega$, 파형의 전파속도 $C = \omega/k$의 사인파를 나타내고 있다는 것을 알 수 있다.

상기의 파를 일반화하여 수면을 임의의 방향 θ으로 전달되는 파를 고려해보면, 그 파면은 다음과 같이 표현할 수 있다.

$$\eta(x, y, t) = a\sin(k\cos\theta \cdot x - k\sin\theta \cdot y - \omega t + \epsilon) \tag{A.8}$$

그림 A.9(a)에서 볼 수 있듯이

$$L_x = \frac{L}{\cos\theta}, \quad L_y = \frac{L}{\sin\theta} \tag{A.9}$$

이다. $\theta = 0$이라고 하면 x방향으로 전달되는 파로 (A.1)식이 된다. 파수공간으로 고려하여 그림 A.9(b)처럼 파수 벡터 $\boldsymbol{k}$를 도입한다. $\boldsymbol{k}$의 성분은

$$k_x = k\cos\theta \tag{A.10}$$

$$k_y = k \sin\theta \tag{A.11}$$

절댓값은

$$k = |\boldsymbol{k}| \tag{A.12}$$

이다. 이 파수 벡터를 사용하면 (A.8)식은 다음과 같이 간단하게 표현할 수 있다.

$$\eta(\boldsymbol{x}, t) = a \sin(\boldsymbol{k} \cdot \boldsymbol{x} - \omega t + \epsilon) \tag{A.13}$$

단, $\boldsymbol{x}$는 좌표 벡터(성분 x, y)로, $\boldsymbol{k} \cdot \boldsymbol{x}$는 파수 벡터 $\boldsymbol{k}$와 좌표 벡터 $\boldsymbol{x}$의 내적이다.

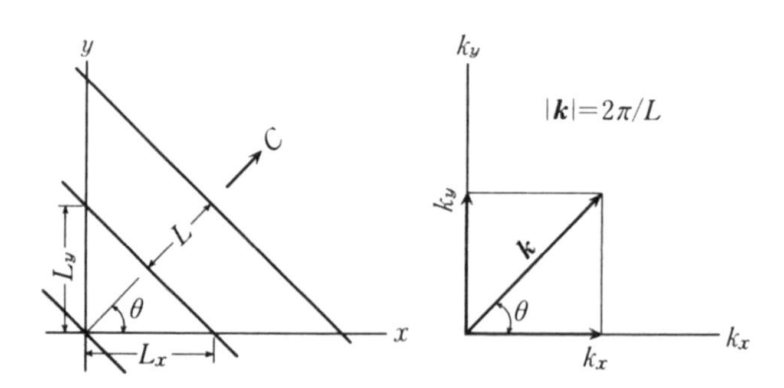

그림 A.9 θ방향으로 진행하는 파의 표현(파장 L)

파의 합성

그림 A.10(a)에 나타냈듯이, θ_1와 θ_2로 각각 다른 방향으로 진행하는 진폭이 같은 두 개의 파를 고려해보자. 그림을 보고 직관적으로 알 수 있듯이 두 개 파의 파고점이 일치하는 위상에서는 합성파의 수위가 최고가 되고, 두 개 파의 파저가 일치하는 위상에서는 합성파의 수위가 최저가 되어, 평면적으로는 마름모꼴의 3차원적인 파면이 형성된다. 이 두 개 파의 합성파면의 수학적 표현은(간단히 하기 위해 기준위상을 $\epsilon_1 = \epsilon_2 = 0$으로 하면),

$$\begin{aligned}\eta &= \eta_1 + \eta_2 \\ &= a\sin(k_{x1}x + k_{y1}y - \omega_1 t) + a\sin(k_{x2}x + k_{y2}y - \omega_2 t) \\ &= 2a\cos(\Delta k_x x + \Delta k_y y - \Delta\omega t)\sin(\overline{k}_x x + \overline{k}_y y - \overline{\omega} t)\end{aligned} \quad \text{(A.14)}$$

로 주어진다. 여기에서,

$$\Delta k_x = \frac{k_{x1} - k_{x2}}{2}, \quad \Delta k_y = \frac{k_{y1} - k_{y2}}{2} \quad \text{(A.15)}$$

$$\Delta\omega = \frac{\omega_1 - \omega_2}{2} \quad \text{(A.16)}$$

$$\overline{k}_x = \frac{k_{x1} + k_{x2}}{2}, \quad \overline{k}_y = \frac{k_{y1} + k_{y2}}{2} \quad \text{(A.17)}$$

$$\overline{\omega} = \frac{\omega_1 + \omega_2}{2} \quad \text{(A.18)}$$

이다(그림 A.10 참조).

이 합성파의 특성을 이해하기 위해 몇 가지 간단한 예를 들어보도록 하자.

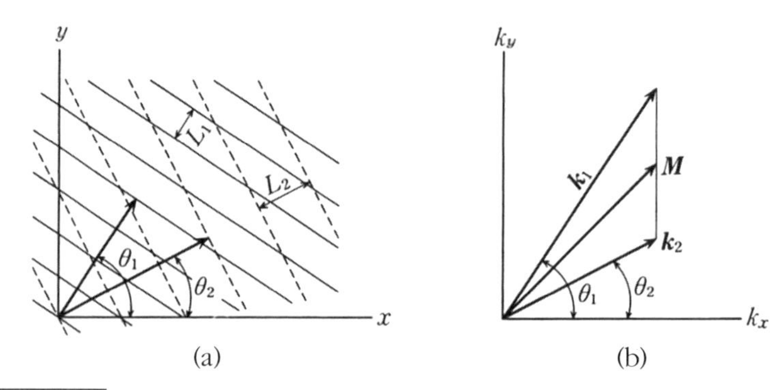

그림 A.10 θ_1 및 θ_2의 방향으로 진행하는 두 파의 표현(파장 L_1 및 L_2)

예 A.1

$$k_1 = k_2, \quad \theta_1 = -\theta_2, \quad \omega_1 = \omega_2 \tag{A.19}$$

즉,

$$k_{x1} = k_{x2} = k_x, \quad k_{y1} = -k_{y2} = k_y, \quad \omega_1 = \omega_2 = \omega \tag{A.20}$$

의 경우(파수, 요컨대 파장이 같고 전파 방향이 x축에 대칭인 경우)를 고려해보면, (A.14), (A.15)~(A.18) 및 (A.20)으로부터

$$\eta = 2a \cos k_y y \cdot \sin(k_x x - \omega t) \tag{A.21}$$

이 된다. 이는 y방향으로 변화하는 진폭을 가지고 x방향으로 전파하는 파, 즉 x방향으로 진행하는 **단파봉**(short-crested wave)을 나타

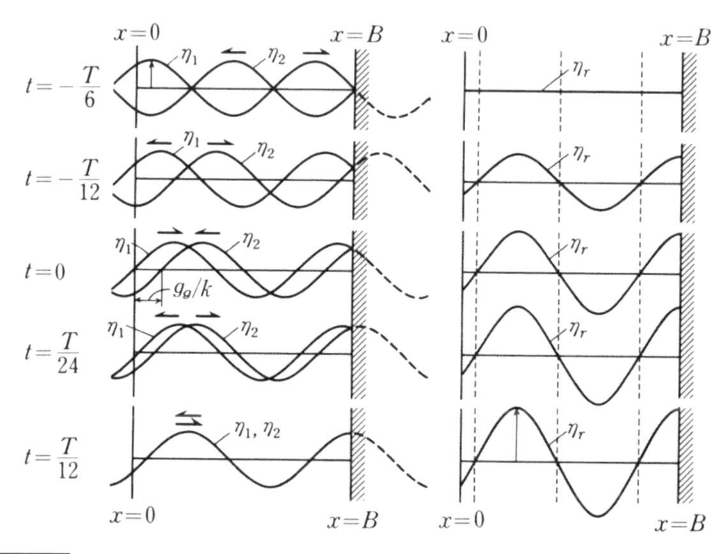

그림 A.11 정상파의 발생.
왼쪽에서 오른쪽을 향해 진행하는 파 η_1이 연직 상태인 벽 B에 반사되어 η_2로써 왼쪽을 향해 진행하면, 두 개가 합성되어 우측의 그림처럼 수위 변동 η_r을 보이는 정상파가 발생한다(Ippen, 1966).

낸다. 원래 식(A.14)도 조금 복잡한 단파봉으로 간주할 수 있다.

예 A.2

$$k_{x1} = -k_{x2} = k_x, \quad k_{y1} = k_{y2} = 0, \quad \omega_1 = \omega_2 = \omega \tag{A.22}$$

즉, x축을 따라 서로 역행하고 파수 및 각 주파수가 같은 파를 고려해 보면, (A.14), (A.15)~(A.18) 및 (A.22)로부터

$$\eta = -2a\cos k_x x \cdot \sin\omega t \tag{A.23}$$

이는 시간적·공간적으로 변동하지만 특정 방향으로 진행하지 않는, 이른바 **중복파**(standing wave)를 나타낸다(그림 A.11).

예. A.3

$$k_{x1} \approx k_{x2}, \quad k_{y1} = k_{y2} = 0, \quad \omega_1 \approx \omega_2 \tag{A.24}$$

즉, x방향으로 진행하는 파수 및 각 주파수가 거의 같은 두 개 파의 합성을 고려해보자.[3] 이는 (A.15)~(A.18) 및 (A.24)로부터

$$\begin{aligned} &\overline{k}_x = k_{x1}, \quad \overline{k}_y = 0, \quad \overline{\omega} \approx \omega_1 \\ &k_{x1} - k_{x2} = \Delta k_x, \quad \Delta k_y = 0, \quad \omega_1 - \omega_2 = \Delta\omega \end{aligned} \tag{A.25}$$

가 되기 때문에

$$\eta = 2a\cos(\Delta k_x x - \Delta\omega t)\sin(k_{x1}x - \omega_1 t) \tag{A.26}$$

이 된다. $\Delta k_x \ll k_{x1}$, $\Delta\omega \ll \omega$이기 때문에, 이는 진폭이 시간적·공간적으로

$$2a\cos(\Delta k_x x - \Delta\omega t) \tag{A.27}$$

---

3 반드시 x방향으로 진행하지 않을 수도 있지만, 수식을 쉽게 풀 수 있기 때문에 예를 들어 고려한다.

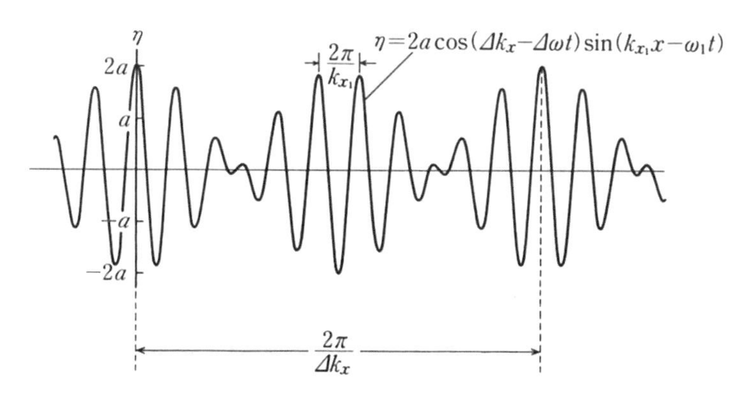

그림 A.12 군파

처럼 완만하게 변화하며, 파수 및 각주파수가 원래 파의 k_{x1}, ω_1와 근사적으로 같은, 이른바 군파(wave group)를 나타낸다(그림 A.12 참조).

전자는 **포락파**(envelope), 후자는 **반송파**(carrier wave)에 해당한다. 각각의 파 η_1 및 η_2은 독립적으로 거의 같은 파속으로 진행하고 있지만, 파장 및 파속의 미세한 차이에 의해 간섭 패턴이 어긋나 이러한 특이한 합성파가 형성된 것이다. 원래의 파에 가까운 파수를 가지는 반송파는 원래의 파에 가까운 파속으로 진행하지만, 완만하게 변동하는 포락파(반송파의 묶음 혹은 집단으로 간주할 수 있다)는 별도의 속도

$$C'_g = \frac{\Delta\omega}{\Delta k} \tag{A.28}$$

로 진행한다. 이 포락파의 진행속도는 일반적으로는 위상 속도와는 다르며, 이를 **군속도**(group velocity)라고 한다. (A.24)식에서 $\Delta k \rightarrow$

0, $\Delta\omega \to 0$으로 한 극한

$$\lim_{\Delta k \to 0,\, \Delta\omega \to 0} \frac{\Delta\omega}{\Delta k} = \frac{d\omega}{dk} = C_g \tag{A.29}$$

를 취하면, 단일파에 대해서도 군속도를 정의할 수 있다. 이러한 정의된 군속도 C_g는 파의 에너지 전파속도와 같기 때문에 이를 군속도라 정의하는 경우가 많다. 한편, 반송파의 속도는 (A.7)식에서 볼 수 있듯이, $C = \omega / k$이므로 $\omega = kC$가 되고, 이를 (A.29)식에 대입하면

$$C_g = \frac{d(kC)}{dk} = C + k\frac{dC}{dk} \tag{A.30}$$

혹은 $k = 2\pi / L$를 고려하면

$$C_g = C - L\frac{dC}{dL} \tag{A.31}$$

이 된다. 이 구체적 표현에 관해서는 A.2(e)절에서 서술하기로 한다. (A.30)식 혹은 (A.31)식에서 알 수 있듯이, 파의 위상 속도 C가 파수 혹은 파장에 의존하는 경우에는 군속도 C_g는 파의 위상 속도 C와 달라진다. 이러한 파의 위상 속도가 파수 혹은 파장에 의존하는 파를 **분산성 파**(dispersive wave)라고 한다. 같은 파라도 음파 혹은 탄성파 등에서는 이러한 현상은 보이지 않는다.

A.2 수면파에 관한 기본식

먼저 수면파의 운동을 지배하는 방정식을 도출하고, 다음으로 파형경사가 작은 파의 경우에 허용되는 파형 근사해, 즉 미소진폭파의 해를 구한다. 미소진폭파의 해는 근사해이긴 하나, 수면파의 기본적 성질 대부분을 미소진폭파의 해로 설명할 수 있다.

(a) 수면파를 지배하는 방정식

간단히 설명하기 위해, 불투수성의 평탄한 바닥 위(수심 d)를 진행하는 단일주기의 규칙파를 고려해보자. 물의 압축성은 무시하기로 한다. 물의 점성은 매우 단주기인 파의 감쇠와 파의 고차 운동으로 인한 흐름 등에는 무시할 수 없는 영향을 미치지만, 해양에서 일어나는 지배적인 파 운동의 기본 성질에 대해서는 무시할 수 있다. 물의 점성이 미치는 영향을 무시하면, 정지 상태에서 중력 등의 자연력을 받아 일어난 운동은 비회전적이며 속도 퍼텐셜(velocity potential) ϕ가 존재한다.

좌표계(x, z)를 고려하여 x는 파의 진행방향, z는 평균 수면보다 연직 상향에 두고, 운동은 (x, z) 평면 내에서 발생하여 y방향으로의 진행은 동일한 것으로 한다(그림 A.9 참조). 물입자의 속도 x, z 성분 u, w는 속도 퍼텐셜 ϕ에 의해 다음과 같이 표현된다.

$$u = \frac{\partial \phi}{\partial x}, \quad w = \frac{\partial \phi}{\partial z} \tag{A.32}$$

따라서 물의 압축성을 무시한 연속적인 식

$$\frac{\partial u}{\partial x} + \frac{\partial w}{\partial z} = 0 \tag{A.33}$$

은 (A.32)식을 대입함으로써, 이른바 라플라스 공식이 된다.

$$\frac{\partial^2 \phi}{\partial x^2} + \frac{\partial^2 \phi}{\partial z^2} = \nabla^2 \phi = 0 \tag{A.34}$$

다음으로 수면파 운동을 지배하는 경계조건에 대해 생각해보자. 불투수성인 해저에서는 물입자 속도의 연직 성분이 0이기 때문에 다음 식, 즉 바닥의 경계조건을 구할 수 있다.

$$(\omega)_{z=-d} = \left(\frac{\partial \phi}{\partial z}\right)_{z=-d} = 0 \tag{A.35}$$

한편, 물의 표면에서는 파의 운동이 안정적이고, 쇄파 등이 발생하지 않으면 수립자가 수면으로부터 튀어오를 일이 없기 때문에, 수면 η의 이동속도 $D\eta/Dt$와 파면에서의 수립자의 연직가속도 w가 동일하여 다음 식이 성립한다.

$$w = \frac{D\eta}{Dt} = \frac{\partial \eta}{\partial t} + u\frac{\partial \eta}{\partial x} \tag{A.36}$$

이 식을 속도 퍼텐셜 (A.32)를 이용하여 변환해보면, 다음의 **운동학적 표면조건**을 얻을 수 있다.

$$\left(\frac{\partial\phi}{\partial z}\right)_{z=\eta}=\frac{\partial\eta}{\partial t}+\left(\frac{\partial\phi}{\partial x}\right)_{z=\eta}\cdot\frac{\partial\eta}{\partial x} \tag{A.37}$$

수중에서의 임의의 압력은 압력방정식(베르누이의 방정식)[4]

$$\frac{p}{\rho_w}=\frac{p_0}{\rho_w}-\frac{\partial\phi}{\partial t}-\frac{1}{2}\left\{\left(\frac{\partial\phi}{\partial x}\right)^2+\left(\frac{\partial\phi}{\partial z}\right)^2\right\}-gz+F(t) \tag{A.38}$$

으로 주어진다. 여기에서 ρ_w는 물의 밀도, $F(t)$는 임의의 부가함수로 시간의 함수이다.

무풍 상태에다가 파에 의한 대기 운동의 효과를 무시하면 수면에서의 압력은 일정 대기압 p_0과 같다. 따라서 부가함수 $F(t)$를 $\partial\phi/\partial t$ 안에 포함하여 고려해보면, (A.38)식으로부터 수면파 $z=\eta$에서는 다음 식이 성립하며, 이는 **역학적 표면조건**이라고 불린다.

$$\left(\frac{\partial\phi}{\partial t}\right)_{z=\eta}+g\eta+\frac{1}{2}\left\{\left(\frac{\partial\phi}{\partial x}\right)^2+\left(\frac{\partial\phi}{\partial z}\right)^2\right\}_{z=\eta}=0 \tag{A.39}$$

실험 수조에서의 매우 작은 파처럼 표면장력의 영향을 무시할 수 없는 경우의 파면의 내측 압력은,

$$p=p_0-\frac{\gamma}{R}=p_0-\gamma\frac{\partial^2\eta}{\partial x^2}\left\{1+\left(\frac{\partial\eta}{\partial x}\right)^2\right\}^{-\frac{3}{2}} \tag{A.40}$$

---

4 이 식은 오일러 형식의 운동방정식을 적분하여 얻어진 것이다.

이 된다. 여기서 R은 파면의 곡률반경, γ은 물의 표면장력 σ과 물의 밀도 ρ_w와의 비율 $\gamma = \sigma / \rho_w$이다. 표면장력의 효과를 고려하면, (A.39)에 대응하는 식은 다음과 같다.

$$\left(\frac{\partial \phi}{\partial t}\right)_{z=\eta} + g\eta + \frac{1}{2}\left\{\left(\frac{\partial \phi}{\partial x}\right)^2 + \left(\frac{\partial \phi}{\partial z}\right)^2\right\}_{z=\eta} - \gamma \frac{\partial^2 \eta}{\partial x^2}\left\{1 + \left(\frac{\partial \eta}{\partial x}\right)^2\right\}_{z=\eta}^{-\frac{3}{2}} = 0 \quad \text{(A.41)}$$

이렇게 구해진 라플라스의 공식 (A.34) 및 경계조건을 표현한 (A.35), (A.37)과 (A.39)식, 또는 (A.41)식이 파를 지배하는 **기초방정식**으로, 파의 운동은 이들 식을 만족하는 해로써 주어진다. 그러나 이들 식은 일반적인 케이스에서 정확한 해를 구하기가 매우 어렵다. 이는 이들 식, 특히 경계조건을 표현하는 식이,

$$\left(\frac{\partial \phi}{\partial x}\right)\left(\frac{\partial \eta}{\partial x}\right), \quad \left(\frac{\partial \phi}{\partial x}\right)^2, \quad \left(\frac{\partial \phi}{\partial z}\right)^2$$

등의 비선형항을 포함하고, 더욱이 표층조건 (A.37) 및 (A.41)식은, 해로써 구하는 미지의 파면 $\eta(x, t)$에서 규정된 매우 까다로운 식이기 때문이다. 따라서 다양한 근사를 실시하여 구체적인 해를 구할 필요가 있다.

(b) 미소진폭파(선형이론)

일반적으로 수면파의 파형경사(파고÷파장) H/L은 쇄파에 의해 억제

되어 그다지 큰 값을 취하지는 못한다. 진행파의 경우에는 최대 파형경사를 고려해도 고작 1/7 정도로, 이는 실험적으로도 이론적으로도 어느 정도 확인된 사실이다. 파형경사가 충분히 작다고 하면, 2차 이상의 항(비선형항)을 생략하는 근사가 허용된다. 한편, $z=\eta$에서 규정된 양, 예를 들면 $(\partial\phi/\partial z)_{z=\eta}$ 등은 $z=0$에서 테일러 전개를 하면,

$$\left(\frac{\partial\phi}{\partial z}\right)_{z=\eta}=\left(\frac{\partial\phi}{\partial z}\right)_{z=0}+\left\{\frac{\partial}{\partial z}\left(\frac{\partial\phi}{\partial z}\right)\right\}_{z=0}\eta+\frac{1}{2}\left\{\frac{\partial^2}{\partial z^2}\left(\frac{\partial\phi}{\partial z}\right)\right\}_{z=0}\eta^2+\cdots \quad (A.42)$$

가 되기 때문에, 동일한 근사에서 2차 이상의 항(제2항 이후)을 생략하면, 표면조건은 $z=\eta$ 대신에 $z=0$로, 근사적으로 부여할 수 있다.

이상과 같은 근사를 수행하면, 파의 기초방정식 (A.34), (A.35), (A.37)식 및 (A.39)식 또는 (A.41)식은 각각 다음과 같아지며, 이러한 식에 지배되는 파를 **미소진폭파**(small amplitude wave) 또는 **선형파**(linear wave)라고 한다.

$$\frac{\partial^2\phi}{\partial x^2}+\frac{\partial^2\phi}{\partial z^2}=0 \quad \text{(연속방정식)} \quad (A.43)$$

$$\left(\frac{\partial\phi}{\partial z}\right)_{z=-d}=0 \quad \text{(바닥경계조건)} \quad (A.44)$$

$$\left(\frac{\partial\phi}{\partial z}\right)_{z=0}=\frac{\partial\eta}{\partial t} \quad \text{(운동학적 표층조건)} \quad (A.45)$$

$$\left(\frac{\partial\phi}{\partial t}\right)_{z=0}+g\eta=0 \quad \text{(역학적 표층조건)} \quad (A.46)$$

표면장력을 고려할 경우의 역학적 표면조건은 다음과 같이 선형식이 된다.

$$\left(\frac{\partial \phi}{\partial t}\right)_{z=0} + g\eta - \gamma \frac{\partial^2 \eta}{\partial x^2} = 0 \tag{A.47}$$

이 식이 미소진폭파(선형파)의 기초방정식이다.

표면장력을 무시할 수 있는 경우에는 (A.45)식과 (A.46)식에 의해 η을 제거하면 다음 식을 얻을 수 있다.

$$\left(\frac{\partial^2 \phi}{\partial t^2}\right)_{z=0} = -g\left(\frac{\partial \phi}{\partial z}\right)_{z=0} \tag{A.48}$$

따라서 (A.43), (A.44) 및 (A.48)식이 중력파를 지배하는 기초방정식이다. 이러한 식을 만족하는 해는 간단히 구할 수 있다.

시간에 대해 주기적인 파(각주파수 ω)를 고려하여, 속도 퍼텐셜 $\phi(x, z, t)$를

$$\phi(x, z, t) = X(x)Z(z)e^{-i\omega t} \tag{A.49}$$

로 두면, (A.43), (A.44), (A.48)의 모든 식을 만족하는 속도 퍼텐셜 ϕ는 다음과 같이 구할 수 있다.

$$\phi = -a\frac{g}{\omega}\frac{\cosh k(d+z)}{\cosh kd} + \cos(kx - \omega t) \tag{A.50}$$

또한 이 속도 퍼텐셜 $\phi(x, z, t)$에 대응하는 표면파형은 (A.50)식을 (A.46)식에 대입함으로써,

$$\eta = a\sin(kx - \omega t) \tag{A.51}$$

로 구할 수 있다. 그리고 속도 퍼텐셜 ϕ가 바닥조건 (A.44) 및 표층조건 (A.48)을 각각 만족함으로써 파수 k와 각주파수 ω와의 사이에는 다음의 관계가 성립한다.

$$\omega^2 = gk\tanh kd \tag{A.52}$$

이는 **분산관계**(dispersion relation)라고 불리는 매우 중요한 식이다. 이를 변형시켜보면,

$$C^2 = \frac{g}{k}\tanh kd \tag{A.53}$$

$$C = \frac{L}{T} = \frac{\omega}{k} = \frac{gT}{2\pi}\tanh kd \tag{A.54}$$

$$L = CT = \frac{gT^2}{2\pi}\tanh kd \tag{A.55}$$

등으로 잘 알려진 파속 및 파장에 관한 식을 얻을 수 있다.

이렇게 파속 및 파장은 파의 주기 T와 수심 d에 의해 결정된다는 것을 알 수 있지만, 우변의 쌍곡선 함수 안에도 파장이 포함되어 있으므로 직접적으로는 계산할 수 없다. 축차근사법으로 결정된 값을 토대로 한 여러

실용적인 표들 중 한 예를 표 A.1에 나타내었다. 단주기의 파는 수심이 깊어지면($d > L/2$) 파장과 파속이 수심에 의존하지 않게 되는 것에 주의해야 한다. 또한 수심이 매우 얕으면($d < L/25$) 파속이 주기에는 거의 의존하지 않게 된다.

분산관계식 (A.52)를 이용하면 속도 퍼텐셜은 다음과 같이 표현할 수 있다.

$$\phi = -a\frac{\omega}{k}\frac{\cosh k(d+z)}{\sinh kd}\cos(kx-\omega t) \tag{A.56}$$

파에 의한 물속의 물입자 속도(u, w)는 속도 퍼텐셜 ϕ의 정의로부터 다음과 같이 손쉽게 구할 수 있다.

$$u = \frac{\partial\phi}{\partial x} = a\omega\frac{\cosh k(d+z)}{\sinh kd}\sin(kx-\omega t) = \omega\frac{\cosh k(d+z)}{\sinh kd}\eta \tag{A.57}$$

$$w = \frac{\partial\phi}{\partial z} = -a\omega\frac{\sinh k(d+z)}{\sinh kd}\cos(kx-\omega t) \tag{A.58}$$

이들 식으로부터 물입자의 수평속도 성분 u는 표면파형과 같은 위상에서 수위 η이 정상 수위(static level)보다 높아져 있을 때의 물입자 속도 u는 플러스, 수위가 내려가 있을 때는 마이너스라는 것을 알 수 있다. 물속의 물입자가 그리는 궤도는 (A.57)식 및 (A.58)식을 시간에 관해 적분함으로써 구할 수 있다. 단, 시간 함수인 x, z가 피적분함수(우변)에 포함되어 있기 때문에 이대로는 적분할 수 없지만, 미소량을 무시하면 우변의 x, z를 각 물입자의 평균 위치 x_0, z_0로, 근사적으로 치환이 가능하므로 적분할 수 있으며, 파에 의한 물입자의 궤도를 기술하는 다음 식을 얻을 수 있다.

$$x - x_0 = a\frac{\cosh k(d + z_0)}{\sinh kd}\cos(kx_0 - \omega t) \quad \text{(A.59)}$$

$$z - z_0 = a\frac{\sinh k(d + z_0)}{\sinh kd}\sin(kx_0 - \omega t) \quad \text{(A.60)}$$

두 식으로부터 시간 t를 제거하면, 다음 식을 얻을 수 있다.

$$\frac{(x - x_0)^2}{\left\{a\frac{\cosh k(d + z_0)}{\sinh kd}\right\}^2} + \frac{(z - z_0)^2}{\left\{a\frac{\sinh k(d + z_0)}{\sinh kd}\right\}^2} = 1 \quad \text{(A.61)}$$

이는 잘 알려진 타원 공식이다. 따라서 (A.61)식으로부터 물입자의 궤도가 타원을 그린다는 점, 그 단축(the minor axis)은 $z_0 = 0$에서는 파의 진폭 a와 같다는 점, 깊이와 함께(z_0의 마이너스 방향으로의 증대와 함께) 수립자의 운동이 감소한다는 점, 바닥 $z_0 = -d$에서 단축(the minor axis)은 0이 되어 수립자는 x방향의 왕복운동을 한다는 점 등을 알 수 있다.

또한 수중 압력 p는 운동방정식의 적분 (A.38)식에서 비선형항을 무시한 식

$$\frac{p}{\rho_w} = -\frac{\partial \phi}{\partial t} - gz \qquad \text{(A.62)}$$

에 속도 퍼텐셜 ϕ을 대입함으로써 구할 수 있다. 다만 p_0는 0으로 두며, $F(t)$는 ϕ 안에 포함되어 있다. 수중의 정수압(hydrostatic pressure) 주변의 변동압력 $p(x, z, t)$는 다음 식에서 주어진다.

$$\begin{aligned} p &= \rho_w g a \frac{\cosh k(d+z)}{\cosh kd} \sin(kx - \omega t) \\ &= \rho_w g \frac{\cosh k(d+z)}{\cosh kd} \eta(x, t) \end{aligned} \qquad \text{(A.63)}$$

이로부터

$$p = \rho_w g \eta(x, t), \quad z = 0 \qquad \text{(A.64)}$$

$$p = \rho_w g (\cosh kd)^{-1} \eta(x, t), \quad z = -d \qquad \text{(A.65)}$$

등의 식을 얻을 수 있다. 즉, 정수면(静水面) 부근의 수중 압력은 수면의 상승량에 대응하는 정수압력과 같고, 아래쪽으로 갈수록 압력은 감소하며, 바닥에서는 η에 대응하는 정수압의 $1/\cosh kd$가 된다. (A.63)식 또는 (A.65)식은 수중 압력을 측정하여 파형을 측정하는, 이른바 수압형 파랑계를 이용한 데이터 정리에 사용되는 변환식이다.

표 A.1 수심과 주기로부터 계산된 파장과 파속(수리공식집 1971년판)

주기(s) / 수심(m)	3.0		4.0		5.0		6.0	
	파장 (m)	파속 (m/s)	파장 (m)	파속 (m/s)	파장 (m)	파속 (m/s)	파장 (m)	파속 (m/s)
0.5	6.39	2.13	8.67	2.17	10.92	2.18	13.16	2.19
1.0	8.69	2.90	11.99	3.00	15.23	3.05	18.43	3.07
1.5	10.21	3.40	14.37	3.59	18.40	3.68	22.36	3.73
2.0	11.30	3.77	16.22	4.05	20.94	4.19	25.57	4.26
2.5	12.09	4.03	17.71	4.43	23.08	4.62	28.31	4.72
3.0	12.67	4.22	18.95	4.74	24.92	4.98	30.71	5.12
3.5	13.09	4.36	19.98	5.00	26.52	5.30	32.84	5.47
4.0	13.39	4.46	20.85	5.21	27.93	5.59	34.75	5.79
4.5	13.60	4.53	21.57	5.39	29.18	5.84	36.49	6.08
5.0	13.75	4.58	22.18	5.55	30.29	6.06	38.07	6.34
6.0	13.91	4.64	23.11	5.78	32.17	6.43	40.84	6.81
7.0	13.99	4.66	23.75	5.94	33.67	6.73	43.19	7.20
8.0	14.02	4.67	24.19	6.05	34.86	6.97	45.19	7.53
9.0	14.03	4.68	24.47	6.12	35.81	7.16	46.91	7.82
10.0	14.03	4.68	24.65	6.16	36.56	7.31	48.37	8.06
11.0	14.04	4.68	24.77	6.19	37.15	7.43	49.62	8.27
12.0	14.04	4.68	24.84	6.21	37.60	7.52	50.69	8.45
13.0	14.04	4.68	24.89	6.22	37.95	7.59	51.60	8.60
14.0	14.04	4.68	24.91	6.23	38.22	7.64	52.38	8.73
15.0	14.04	4.68	24.93	6.23	38.42	7.68	53.03	8.84
16.0	14.04	4.68	24.94	6.23	38.57	7.71	53.58	8.93
17.0	14.04	4.68	24.95	6.24	38.68	7.74	54.04	9.01
18.0	14.04	4.68	24.95	6.24	38.77	7.75	54.42	9.07
19.0	14.04	4.68	24.95	6.24	38.83	7.77	54.74	9.12
20.0	14.04	4.68	24.95	6.24	38.87	7.77	55.00	9.17
22.0	14.04	4.68	24.95	6.24	38.93	7.79	55.39	9.23
24.0	14.04	4.68	24.96	6.24	38.96	7.79	55.65	9.28
26.0	14.04	4.68	24.96	6.24	38.98	7.80	55.83	9.30
28.0	14.04	4.68	24.96	6.24	38.98	7.80	55.94	9.32
30.0	14.04	4.68	24.96	6.24	38.99	7.80	56.02	9.34
35.0	14.04	4.68	24.96	6.24	38.99	7.80	56.11	9.35
40.0	14.04	4.68	24.96	6.24	38.99	7.80	56.14	9.36
50.0	14.04	4.68	24.96	6.24	38.99	7.80	56.15	9.36
60.0	14.04	4.68	24.96	6.24	38.99	7.80	56.15	9.36
70.0	14.04	4.68	24.96	6.24	38.99	7.80	56.15	9.36
심해파	14.08	4.68	24.96	6.24	38.99	7.80	56.15	9.36

표 A.1 수심과 주기로부터 계산된 파장과 파속(수리공식집 1971년판)(계속)

수심(m) \ 주기(s)	7.0		8.0		9.0		10.0	
	파장 (m)	파속 (m/s)	파장 (m)	파속 (m/s)	파장 (m)	파속 (m/s)	파장 (m)	파속 (m/s)
0.5	15.39	2.20	17.62	2.20	19.84	2.20	22.06	2.21
1.0	21.61	3.09	24.78	3.10	27.94	3.10	31.09	3.11
1.5	26.39	3.76	30.19	3.77	34.08	3.79	37.95	3.80
2.0	30.14	4.31	34.67	4.33	39.18	4.35	43.68	4.37
2.5	33.46	4.78	38.56	4.82	43.62	4.85	48.67	4.87
3.0	36.39	5.20	42.01	5.25	47.58	5.29	53.13	5.31
3.5	39.02	5.57	45.13	5.64	51.18	5.69	57.19	5.72
4.0	41.42	5.92	47.98	6.00	54.48	6.05	60.92	6.09
4.5	43.61	6.23	50.61	6.33	57.53	6.39	64.40	6.44
5.0	45.63	6.52	53.05	6.63	60.38	6.71	67.64	6.76
6.0	49.24	7.03	57.47	7.18	65.57	7.29	73.58	7.36
7.0	52.39	7.48	61.37	7.67	70.20	7.80	78.92	7.89
8.0	55.16	7.88	64.86	8.11	74.38	8.26	83.77	8.38
9.0	57.61	8.23	68.01	8.50	78.19	8.69	88.22	8.82
10.0	59.78	8.54	70.85	8.86	81.68	9.08	92.32	9.23
11.0	61.72	8.82	73.44	9.18	84.89	9.43	96.12	9.61
12.0	63.44	9.06	75.80	9.48	87.85	9.76	99.67	9.97
13.0	64.98	9.28	77.96	9.74	90.59	10.07	102.98	10.30
14.0	66.35	9.48	79.93	9.99	93.14	10.35	106.07	10.61
15.0	67.58	9.65	81.73	10.22	95.51	10.61	108.98	10.90
16.0	68.66	9.81	83.39	10.42	97.71	10.86	111.71	11.17
17.0	69.63	9.95	84.90	10.61	99.77	11.09	114.29	11.43
18.0	70.49	10.07	86.29	10.79	101.68	11.30	116.71	11.67
19.0	71.25	10.18	87.56	10.95	103.47	11.50	119.00	11.90
20.0	71.92	10.27	88.72	11.09	105.14	11.68	121.16	12.12
22.0	73.03	10.43	90.76	11.35	108.14	12.02	125.12	12.51
24.0	73.89	10.56	92.46	11.56	110.76	12.31	128.66	12.87
26.0	74.54	10.65	93.86	11.73	113.04	12.56	131.83	13.18
28.0	75.03	10.72	95.02	11.88	115.01	12.78	134.66	13.47
30.0	75.40	10.77	95.97	12.00	116.72	12.97	137.19	13.72
35.0	75.96	10.85	97.64	12.20	120.03	13.34	142.38	14.24
40.0	76.22	10.89	98.61	12.33	122.26	13.58	146.25	14.63
50.0	76.39	10.91	99.46	12.43	124.71	13.86	151.16	15.12
60.0	76.42	10.92	99.72	12.46	125.71	13.97	153.68	15.37
70.0	76.42	10.92	99.79	12.47	126.10	14.01	154.92	15.49
심해파	76.43	10.92	99.82	12.48	126.34	14.04	155.97	15.60

표 A.1 수심과 주기로부터 계산된 파장과 파속(수리공식집 1971년판)(계속)

주기(s) / 수심(m)	11.0		12.0		13.0		14.0	
	파장 (m)	파속 (m/s)	파장 (m)	파속 (m/s)	파장 (m)	파속 (m/s)	파장 (m)	파속 (m/s)
1.0	34.2	3.11	37.4	3.12	40.5	3.12	43.7	3.12
2.0	48.2	4.38	52.6	4.39	57.1	4.39	61.6	4.40
3.0	58.6	5.33	64.2	5.35	69.6	5.36	75.1	5.37
4.0	67.3	6.12	73.7	6.14	80.1	6.16	86.5	6.18
5.0	74.9	6.81	82.0	6.84	89.2	6.86	96.3	6.88
6.0	81.5	7.41	89.4	7.45	97.3	7.48	105.1	7.51
7.0	87.6	7.96	96.1	8.01	104.7	8.05	113.2	8.08
8.0	93.1	8.46	102.3	8.52	111.4	8.57	120.6	8.61
9.0	98.1	8.92	108.0	9.00	117.7	9.05	127.4	9.10
10.0	102.8	9.35	113.2	9.44	123.6	9.50	133.8	9.56
12.0	111.3	10.12	122.8	10.24	134.2	10.33	145.6	10.40
14.0	118.8	10.80	131.3	10.95	143.8	11.06	156.1	11.15
16.0	125.5	11.41	139.0	11.58	152.4	11.72	165.7	11.83
18.0	131.4	11.95	145.9	12.16	160.3	12.33	174.4	12.46
20.0	136.8	12.44	152.3	12.69	167.5	12.88	182.5	13.04
22.0	141.7	12.89	158.1	13.17	174.1	13.39	190.0	13.57
24.0	146.2	13.29	163.4	13.61	180.3	13.87	197.0	14.07
26.0	150.2	13.66	168.3	14.02	186.0	14.31	203.5	14.53
28.0	153.9	13.99	172.8	14.40	191.3	14.72	209.6	14.97
30.0	157.3	14.30	176.9	14.74	196.2	15.10	215.3	15.38
35.0	164.4	14.95	186.0	15.50	207.2	15.94	228.1	16.29
40.0	170.1	15.46	193.5	16.12	216.5	16.65	239.1	17.08
45.0	174.5	15.86	199.6	16.64	224.4	17.26	248.7	17.76
50.0	178.0	16.18	204.7	17.06	231.0	17.77	256.9	18.35
55.0	180.7	16.42	208.8	17.40	236.6	18.20	264.1	18.86
60.0	182.7	16.61	212.1	17.68	241.4	18.57	270.3	19.31
70.0	185.5	16.86	216.9	18.08	248.7	19.13	280.3	20.02
80.0	187.0	17.00	220.9	18.33	253.7	19.52	287.7	20.55
90.0	187.8	17.07	221.9	18.49	257.2	19.78	293.1	20.93
100.0	188.3	17.11	223.0	18.58	259.5	19.96	297.0	21.21
120.0	188.6	17.15	224.1	18.67	261.9	20.15	301.6	21.54
140.0	188.7	17.15	224.4	18.70	262.9	20.23	303.8	21.70
160.0	188.7	17.16	224.5	18.71	263.3	20.26	304.9	21.78
180.0	188.7	17.16	224.6	18.72	263.5	20.27	305.3	21.81
200.0	188.7	17.16	224.6	18.72	263.6	20.27	305.5	21.82
심해파	188.7	17.16	224.6	18.72	263.6	20.28	305.7	21.84

표 A.1 수심과 주기로부터 계산된 파장과 파속(수리공식집 1971년판)(계속)

주기(s) / 수심(m)	15.0		16.0		18.0		20.0	
	파장 (m)	파속 (m/s)	파장 (m)	파속 (m/s)	파장 (m)	파속 (m/s)	파장 (m)	파속 (m/s)
1.0	46.8	3.12	50.0	3.12	56.2	3.12	62.5	3.13
2.0	66.0	4.40	70.5	4.40	79.4	4.41	88.2	4.41
3.0	80.6	5.37	86.1	5.38	97.0	5.39	107.9	5.39
4.0	92.8	6.19	99.1	6.20	111.8	6.21	124.4	6.22
5.0	103.4	6.90	110.5	6.91	124.7	6.93	138.8	6.94
6.0	113.0	7.53	120.8	7.55	136.3	7.57	151.8	7.59
7.0	121.6	8.11	130.1	8.13	146.9	8.16	163.7	8.19
8.0	129.6	8.64	138.7	8.67	156.7	8.71	174.7	8.74
9.0	137.1	9.14	146.7	9.17	165.9	9.22	185.0	9.25
10.0	144.1	9.60	154.2	9.64	174.5	9.69	194.7	9.73
12.0	156.8	10.45	168.0	10.50	190.3	10.57	212.5	10.63
14.0	168.3	11.22	180.5	11.28	204.7	11.37	228.7	11.44
16.0	178.8	11.92	191.9	11.99	217.9	12.11	243.7	12.18
18.0	188.5	12.57	202.4	12.65	230.1	12.78	257.6	12.88
20.0	197.4	13.16	212.2	13.26	241.5	13.42	270.6	13.53
22.0	205.7	13.72	221.3	13.83	252.2	14.01	282.8	14.14
24.0	213.5	14.23	229.9	14.37	262.3	14.57	294.3	14.72
26.0	220.8	14.72	237.9	14.87	271.8	15.10	305.3	15.26
28.0	227.6	15.17	245.5	15.34	280.8	15.60	315.7	15.78
30.0	234.1	15.60	252.7	15.79	289.4	16.08	325.6	16.28
35.0	248.7	16.58	269.0	16.81	309.1	17.17	348.6	17.43
40.0	261.4	17.43	283.4	17.71	326.7	18.15	369.3	18.46
45.0	272.6	18.17	296.2	18.51	342.6	19.03	388.1	19.41
50.0	282.5	18.83	307.6	19.23	357.0	19.83	405.4	20.27
55.0	291.1	19.41	317.8	19.86	370.1	20.56	421.3	21.06
60.0	298.8	19.92	326.9	20.43	382.0	21.22	435.9	21.80
70.0	311.6	20.77	342.4	21.40	403.0	22.39	462.1	23.10
80.0	321.5	21.43	354.9	22.18	420.5	23.36	484.6	24.23
90.0	329.1	21.94	364.9	22.80	435.3	24.19	504.2	25.21
100.0	334.9	22.32	372.8	23.30	447.8	24.88	521.2	26.06
120.0	342.5	22.83	383.9	23.99	466.9	25.94	548.8	27.44
140.0	346.6	23.11	390.6	24.41	480.1	26.67	569.5	28.48
160.0	348.7	23.25	394.4	24.65	489.1	27.17	585.0	29.25
180.0	349.8	23.32	396.6	24.79	495.0	27.50	596.4	29.82
200.0	350.4	23.36	397.8	24.87	498.8	27.71	604.6	30.23
심해파	350.9	23.40	399.3	24.96	505.3	28.07	623.9	31.19

(c) 수면파의 분류와 그 표현

전항에서 구한 미소진폭파의 해는 유한한 수심 d에서의 파에 관한 것으로, 이 파는 천해파라고 불린다. 그러나 파장에 비해 상대적으로 수심이 깊은 경우, 혹은 매우 얕은 경우에는 파의 식은 매우 단순해진다. 이것이 다음에 서술할 심해파 및 장파라고 하는 것이다.[5]

심해파

파장에 비해 수심이 충분히 깊고, $d/L \to \infty$의 경우에는 당연히 $kd \to \infty$이기 때문에, 충분한 근사로 $\sinh kd \to (1/2)e^{kd}$, $\cosh kd \to (1/2)e^{kd}$, $\sinh k(d+z) \to (1/2)e^{k(d+z)}$, $\cosh k(d+z) \to (1/2)e^{k(d+z)}$, $\tanh kd \to 1$이 되고, 파의 기본식은 다음과 같이 간단해진다.

$$\omega^2 = gk \quad \text{(분산관계식)} \tag{A.66}$$

$$C = \frac{gT}{2\pi} = \frac{g}{\omega} \quad \text{(파속)} \tag{A.67}$$

$$L = CT = \frac{gT^2}{2\pi} \quad \text{(파장)} \tag{A.68}$$

$$\phi = -a\frac{\omega}{k}e^{kz}\cos(kx-\omega t) \quad \text{(속도 포텐셜)} \tag{A.69}$$

$$\left.\begin{aligned} u &= a\omega e^{ks}\sin(kx-\omega t) \\ w &= -a\omega e^{ks}\cos(kx-\omega t) \end{aligned}\right\} \quad \text{(물입자 속도)} \tag{A.70}$$

실제로는 $d/L \to \infty$은 필요 없고, $d/L \geq 1/2$, 즉 수심이 파장의 1/2

---

5 미소진폭파의 범위에서는 천해파의 해에서 심해파 및 장파의 해가 도출되지만, 유한진폭파의 경우에는 불가능하다.

이상이라면, 분산식은 1% 이하의 오차로 위의 근사가 허용된다. $d \geq L/2$ 이라면 운동은 수심과는 거의 무관해져, 파속이나 파장은 파의 주기만으로 결정되게 된다(표 A.1 참조). 이러한 파를 **심해파**(deep water wave)라고 한다.[6] 수립자의 궤도를 나타낸 (A.61)식은

$$(x-x_0)^2+(z-z_0)^2=(ae^{kz_0})^2 \tag{A.71}$$

이 되므로, 수립자는 원운동을 하며, 그 반경 $r(=ae^{kz_0})$은 정수위에 해당하는 좌표에서 파의 진폭 a와 같고, 아래쪽을 향해 기하급수적으로 감쇠한다는 것을 알 수 있다. 예를 들면, 정수면으로부터 1/2 파장 아래쪽의 $z_0=-L/2$ 에서는 수립자의 궤도반경이

$$r=ae^{-\pi}\approx 0.043a$$

이 되고, 파 진폭의 약 4%로 감소한다. 여기서 주의할 점은, 심해파의 정의는 파에 상대적인 것으로 반드시 수심의 절댓값에 의한 것은 아니라는 것이다. 예를 들어, 주기 3초인 심해파의 경우, 그 파장은

$$L_0=\frac{gT^2}{2\pi}=14\mathrm{m}$$

이므로, 수심 $d \geq 7\mathrm{m}$ 라면 심해파로 간주한다. 한편, 주기 15초인 파

---

6 파의 운동이 수표면 가까이에 한정되기 때문에 표면파라고 부르는 경우도 많지만, 내부파에 반대되는 표면파와 혼동하기 쉬우므로 여기에서는 심해파라는 명칭을 주로 사용한다.

의 경우에는

$$L_0 = \frac{gT^2}{2\pi} = 351\text{m}$$

이므로, $d \geq 180\text{m}$가 아니기 때문에 심해파로 간주할 수 없다. 그러나 수심 200m 전후의 대륙붕, 또는 4,000m 전후의 외해에서 바람으로 발생하는 해양파는 그 대부분을 심해파로 간주한다.

장파

반대로 파장에 비해 수심이 얕아 $d/L \to 0$, 이에 따라 $kd \to 0$인 경우를 고려해보면, $\sinh kd \to kd$, $\cosh kd \to 1$, $\cosh k(d+z) \to 1$, $\sinh k(d+z) \to k(d+z)$, $\tanh kd \to kd$가 되므로, 파의 기본식은 각각 다음과 같다.

$$\omega^2 = gdk^2 \quad (\text{분산관계식}) \tag{A.72}$$

$$C = \frac{g}{\omega}kd = \sqrt{gd} \quad (\text{파속}) \tag{A.73}$$

$$L = CT = \sqrt{gd}\,T \quad (\text{파장}) \tag{A.74}$$

$$\phi = -a\frac{g}{\omega}cos(kx - \omega t) \quad (\text{속도 포텐셜}) \tag{A.75}$$

$$\left.\begin{aligned} u &= a\frac{gk}{\omega}\sin(kx-\omega t) = \frac{gk}{\omega}\eta = \sqrt{\frac{g}{d}} \cdot \eta \\ w &= -a\frac{gk}{\omega}kd\left(1+\frac{z}{d}\right)\cos(kx-\omega t) \end{aligned}\right\} (\text{물입자 속도}) \tag{A.76}$$

이러한 파를 **장파**(long wave)라 한다(극천수파(極淺水波)라고도 한다). 위의 식으로부터 파속이 수심의 제곱근에 비례하며 수심만으로 결정된다는 점, 물입자 속도의 수평 성분 u가 z를 포함하지 않으므로 연직 방향으로 동일하다는 점, 연직 성분 w는 바닥 $z=-d$에서는 제로이며, 일반적인 위치에서도 $2\pi d/L$이므로 매우 작다는 점 등을 알 수 있다.[7] 실제로는 $d/L=0$이 아니어도 $d/L<1/25$이면 상당히 정밀하게 장파 근사가 허용된다. 예를 들어 표 A.1에서, 수심이 얕으면 파속이 주기에 거의 의존하지 않으므로 수심에 의해서만 변화하고 있음을 알 수 있다.

표면장력파

파장이 매우 짧은 파에서는 표면장력의 영향을 무시할 수 없다. 복원력 중에서도 중력보다도 표면장력이 지배적인 파를 **표면장력파**(capillary wave)라고 한다. 해양파를 구성하는 성분파 중 표면장력파(잔물결)가 가지는 파 에너지는 극소량으로, 공학적으로는 거의 문제시되지 않지만, 수조실험 등에서 매우 작은 파를 사용할 경우에는 문제가 된다. 물리적으로는 바람에서 파로의 에너지 전달 구조에서, 혹은 해상풍에 대한 해면의 거친 정도(粗度)의 지표라는 측면에서도 표면장력파는 무시할 수 없는 역할을 담당하고 있다.

표면장력을 고려하자면 역학적 표면조건으로 (A.41)식을 사용하지 않으면 안 된다. 미소진폭파의 근사로 비선형항 $(\partial\eta/\partial x)^2$은 무시할 수 있으며, 또한 표면조건을 $z=0$으로 규정하는 것이 가능하므로 (A.41)식은

---

7 w는 $d/L\to 0$의 극한에서 당연히 0으로, 장파의 근사에서는 $w=0$으로 두는 경우가 많지만, 일반적으로는 (A.76)식처럼 된다.

다음과 같아진다((A.47)식과 동일함).

$$\frac{\partial \phi}{\partial t} + g\eta - \gamma \frac{\partial^2 \eta}{\partial x^2} = 0 \tag{A.77}$$

여기에, 표면파형을

$$\eta = a\sin(kx - \omega t)$$

으로 두면,

$$\frac{\partial^2 \eta}{\partial x^2} = -ak^2 \sin(kx - \omega t) = -k^2 \eta \tag{A.78}$$

이 되므로, (A.77)식은 다음과 같이 표현된다.

$$\left(\frac{\partial \phi}{\partial t}\right)_{z=0} + (g + \gamma k^2)\eta = 0 \tag{A.79}$$

즉, 표면장력이 영향을 미치는 미소진폭파를 지배하는 식은, 역학적 표층조건을 나타내는 식에서 중력가속도 g에 표면장력의 효과를 더한 $g + \gamma k^2$으로 치환하면 된다는 것을 알 수 있다. 따라서 분산관계식은,

$$\omega^2 = (g + \gamma k^2)k\tanh kd = (gk + \gamma k^3)\tanh kd \tag{A.80}$$

파속의 식은

$$C = \sqrt{\frac{g + \gamma k^2}{k} \tanh kd} \tag{A.81}$$

이 된다. 그러나 표면장력을 고려하지 않을 수 없는 경우는 g에 비해 γk^2가 무시할 수 없을 때이므로, 예를 들어 양쪽 모두 동일하게

$$g = \gamma k^2 \tag{A.82}$$

를 만족하는 파를 일종의 경계파로 고려한다고 하면, 이 파의 파수 및 파장은 다음과 같다.

$$k_m = \sqrt{\frac{g}{\gamma}}, \quad L_m = 2\pi \sqrt{\frac{\gamma}{g}} \tag{A.83}$$

따라서

$$g = 980\text{dyn}, \quad \gamma = 73.5\text{dyn} \cdot \text{cm}^2$$

를 대입하면 경계파의 파수 k_m 및 파장 L_m

$$k_m = 3.35\text{cm}^{-1}, \quad L_m = 1.72\text{cm}$$

가 된다.[8] 표면장력이 지배적인 파는 이처럼 파장이 매우 작다. 혹은 이 이상으로 작은, 극단적으로 수심이 얕은 특수한 경우를 제외하면 표면장력파는 많은 경우에 심해파로 간주할 수 있다. 따라서 대부분의 경우에 분산관계식은,

$$\omega^2 = (g + \gamma k^2)k = gk + \gamma k^3 = gk\left(1 + \frac{\gamma k^2}{g}\right) \quad \text{(A.84)}$$

파속의 식은,

$$C = \sqrt{\frac{g}{k} + \gamma k} = \sqrt{\frac{gL}{2\pi} + \frac{2\pi\gamma}{L}} \quad \text{(A.85)}$$

가 된다. 그리고 위에서 말한 분산관계식을 사용하면 속도 퍼텐셜은,

$$\phi = -a\frac{\omega}{k}e^{kz}\cos(kx - \omega t) \quad \text{(A.86)}$$

이 된다. 이 표현에서는 표면장력파의 속도 퍼텐셜과 심해중력파의 속도 퍼텐셜이 같은 형태를 가진다.

파속의 식 (A.85)를 사용하면, 앞서 말한 $g = \gamma k_m^2$ 을 만족하는 파의 파속 C_m 은 다음과 같이 표현할 수 있다.

---

8 이 경계파는 파속이 최솟값을 취하는 파라는 것이 뒤에 밝혀진다.

$$C_m = \sqrt{\frac{gL_m}{\pi}} \tag{A.87}$$

$L_m = 1.72\text{cm}$의 값을 대입하면 C_m의 값은 다음과 같아진다.

$$C_m = 23.2\text{cm/s} \tag{A.88}$$

또한 (A.85)식으로부터 중력이 우세한 파에서는 파장 L의 증대와 함께 파속이 커지지만(곡선 a), 표면장력이 우세한 파에서는 파장 L이 증대되면 파속이 감소한다(곡선 b). 따라서 어느 파장 부분에서 파속의 최솟값이 존재하는지를 예측할 수 있다. 사실 (A.85)식을 사용하여 파장 L에 대한 파속 C의 변화를 도식화하면 그림 A.13과 같아지며, 파속의 최솟값이 존재하여 이보다 작은 파속의 파는 존재하지 않는다는 것을 알 수 있다.

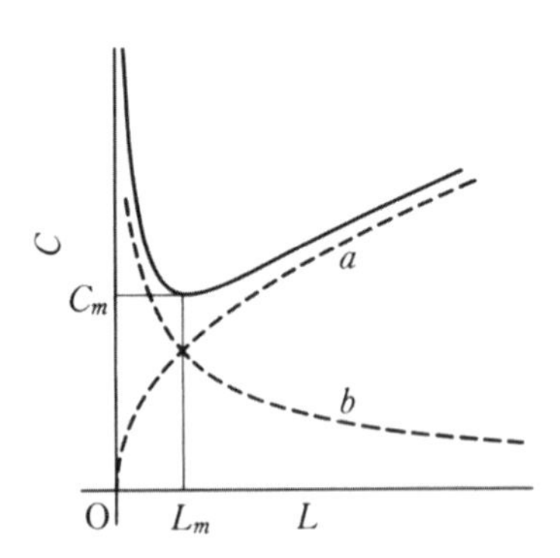

그림 A.13 표면장력의 파속

이렇게 파속이 최솟값을 보이는 파의 파장은 $\partial C / \partial L = 0$의 조건에서 $L = 2\pi\sqrt{\gamma/g}$ 이 되고, 이를 (A.83)식과 비교하면 최소 파속의 파와 $g = \gamma k^2$를 만족하는 경계파가 일치함을 알 수 있다. 따라서 최소 파속의 파의 파수는 (A.83)식(의 처음 식)으로 주어진다. 최소 파속 C_m 및 최소 파속의 파의 파장 L_m을 사용하면, 파속의 식 (A.85)는 다음과 같이 매우 깔끔한 형태로 표현할 수 있다.

$$\frac{C}{C_m} = \sqrt{\frac{1}{2}\left(\frac{L}{L_m} + \frac{L_m}{L}\right)} \tag{A.89}$$

또한 파장이 매우 작아지면 표면장력에 비해 중력이 무시할 수 있을 정도가 되어 순수한 표면장력파가 된다. 이 경우 파속은,

$$C = \sqrt{\gamma k} \tag{A.90}$$

분산관계식은

$$\omega^2 = \gamma k^3 \tag{A.91}$$

속도 퍼텐셜은

$$\phi = -a\frac{\gamma k^2}{\omega}e^{kz}\cos(kx - \omega t) \tag{A.92}$$

가 된다. 중력의 효과에 비해 표면장력의 효과가 10배가 되는 파수 k_s 를 고려해보면, $\gamma k_s^2 = 10g$ 이므로, $k_s = \sqrt{10g/\gamma} = 11.5\text{cm}^{-1}$ 및 주파수 $f_s = 56\text{Hz}$ 가 된다.

(d) 파의 에너지

파의 운동에 의해 수중에 잠재된 에너지에 대해 생각해보기로 하자.

역학적 에너지는 위치에너지와 운동에너지로 나눌 수 있다. 위치 (x, z) 에 있는 유체의 미소 부분 $dxdz$ 가 중력장에서 가지는 위치에너지는 $\rho_w gzdxdz$ 이다. 따라서 단위 폭, 단위 길이에 포함된 위치에너지 E_p 는 다음과 같다.

$$\begin{aligned} E_p &= \frac{1}{L}\int_0^L dx \int_{-d}^{\eta} \rho_w gzdz - \frac{1}{L}\int_0^L dx \int_{-d}^{0} \rho_w gzdz \\ &= \frac{1}{2L}\rho_w g \int_0^L \eta^2 dx = \frac{1}{2L}\rho_w g a^2 \int_0^{2\pi/k} \sin^2(kx - \omega t)dk \\ &= \frac{1}{4}\rho_w g a^2 \qquad \text{(A.93)} \end{aligned}$$

한편, 같은 미소 부분 $dxdz$ 가 갖는 운동에너지는 $(1/2)\rho_w(u^2 + w^2)dxdz$ 이므로, 단위 폭, 단위 길이에 포함된 운동에너지 E_k 는 다음과 같다.

$$\begin{aligned} E_k &= \frac{1}{L}\int_0^L dx \int_{-d}^{\eta} \frac{1}{2}\rho_w(u^2 + w^2)dz \\ &= \frac{1}{L}\int_0^L dx \int_{-d}^{\eta} \frac{1}{2}\rho_w \left\{\left(\frac{\partial\phi}{\partial x}\right)^2 + \left(\frac{\partial\phi}{\partial z}\right)^2\right\}dz \qquad \text{(A.94)} \end{aligned}$$

속도 퍼텐셜에 미소진폭파의 속도 퍼텐셜 (A.56)을 이용한 미소진폭파의 근사에서 적분 상한을 η 대신에 0으로 두고 계산하면, E_k는 다음과 같아진다.[9]

$$E_k = \frac{\rho_w a^2 \omega^2 \sinh 2kd}{8k(\sinh kd)^2} = \frac{1}{4}\rho_w g a^2 \qquad \text{(A.95)}$$

따라서 파의 위치에너지 E_p와 운동에너지 E_k는 같다는 것을 알 수 있다.

파의 단위 폭, 단위 길이가 가지는 파의 전체 에너지, 즉 에너지 밀도 E는 다음과 같다.

$$E = E_p + E_k = \frac{1}{2}\rho_w g a^2 \qquad \text{(A.96)}$$

한편, 수위 변동 $\eta(t)$의 제곱 평균 $\overline{\eta^2}$는

$$\overline{\eta^2} = \frac{1}{T}\int_0^T \eta^2 dt = \frac{1}{L}\int_0^{2\pi/k} a^2 \sin^2 \omega t dt = \frac{1}{2}a^2 \qquad \text{(A.97)}$$

이다. 따라서 파가 가지는 에너지 밀도 E는

9 마지막 식을 도출하기 위해 분산관계식 $w^2 = gk\tanh kd$를 이용한다.

$$E = \frac{1}{2}\rho_w g a^2 = \rho_w g \overline{\eta^2} \tag{A.98}$$

라는 것을 알 수 있다. 서로 독립적인 복수의 사인파가 중첩된 합성파 $\sum_{i=1}^{n}\eta_i$의 경우, 확장하면 이 관계는 다음과 같아진다.

$$E = \rho_w g \overline{\eta^2} = \frac{1}{2}\rho_w g \sum_{i=1}^{n} a_i^2 = \rho_w g \sum_{i=1}^{n} \overline{\eta_i^2} = \sum_{i=1}^{n} E_i \tag{A.99}$$

주기가 매우 짧은 단주기로 표면장력의 효과를 고려할 필요가 있는 경우에 파의 에너지는 앞서 말한 (A.96)식에서 가속도 g를 $g+\gamma k^2$로 치환하면 된다(역학적 표면조건(A.46)과 (A.79)를 비교하면, 표면장력파의 경우에는 복원력에 중력 g 외의 표면장력 γk^2가 더해진다). 즉, 파의 에너지 밀도 E는

$$E = \frac{1}{2}\rho_w (g + \gamma k^2) a^2 \tag{A.100}$$

로 주어진다. 이 중 운동에너지가

$$E_k = \frac{1}{4}\rho_w (g + \gamma k^2) a^2 \tag{A.101}$$

로 주어진다는 점은, 표면장력파의 속도 퍼텐셜 (A.92)를 (A.94)에 대입하여 계산함으로써 쉽게 나타낼 수 있다.

한편, 위치에너지는 (A.93)과 다르지 않지만, 여기에 추가로 표면장력의 효과를 고려하자면, 파에 의한 수면 변형(면적의 증가)에 의해 수표면의 에너지가 증가한다. 이는 단위 표면적당,

$$
\begin{aligned}
S &= \rho_w \frac{\gamma}{L} \int_0^L \left[\left\{ 1 + \left(\frac{\partial \eta}{\partial x} \right)^2 \right\}^{\frac{1}{2}} - 1 \right] dx \approx \rho_w \frac{\gamma}{L} \int_0^L \frac{1}{2} \left(\frac{\partial \eta}{\partial x} \right)^2 dx \\
&= \frac{1}{2} \rho_w \frac{\gamma}{L} a^2 k^2 \int_0^L \cos^2 (kx - \omega t) dx \\
&= \frac{1}{4} \rho_w \gamma k^2 a^2 \qquad \text{(A.102)}
\end{aligned}
$$

으로 주어진다. 따라서 위치에너지 E_p에 이 표면 에너지 S를 더하면

$$
E_p + S = \frac{1}{4} \rho_w (g + \gamma k^2) a^2 \qquad \text{(A.103)}
$$

가 되어 운동에너지와 같은 형태가 된다. 결국 표면장력의 효과를 고려하면, 파의 에너지는

$$
E = E_p + S + E_k = \frac{1}{2} \rho_w (g + \gamma k^2) a^2 \qquad \text{(A.104)}
$$

$$
E_k = E_p + S = \frac{1}{4} \rho_w (g + \gamma k^2) a^2 \qquad \text{(A.105)}
$$

가 된다.

(e) 파의 에너지 플럭스

파의 에너지 밀도는 물 밑에서 표면까지 단위 단면의 물기둥이 보유한 파에 의한 에너지 밀도로, 이 에너지가 그대로 파속, 즉 파의 위상 속도로 전달되는 것은 아니다.

파의 **에너지 플럭스**, 즉 파가 전달하는 에너지는, 전파 방향에 수직인 한 면을 기준으로, 한 쪽의 매질이 다른 쪽의 매질에 대해 단위 시간에 행하는 작업(=힘×속도)을 계산함으로써 구할 수 있다. 그러므로 단위 폭의 파의 부분을 고려할 경우, 수중 압력 p와 x방향의 물입자 속도 $u = \partial\phi/\partial x$의 곱을 물밑에서 수표면까지 적분하고, 그 시간 평균을 계산함으로써 전달 에너지(에너지 플럭스) W를 구할 수 있다. 즉, 다음과 같이 계산된다.

$$W = \frac{1}{T}\int_0^T\int_{-d}^{\eta} pudzdt \tag{A.106}$$

임의의 지점에서의 수중압력 p는 (A.62)식으로, 물입자 속도 u는 (A.57)식으로 주어지는데, 이들을 (A.60)식에 대입시켜 계산하면 다음과 같다.

$$\begin{aligned} W &= \frac{\rho_w a^2 \omega^3}{k\sinh^2 kd}\frac{1}{T}\int_0^T \sin^2(kx-\omega t)dt\int_{-d}^{0}\cosh^2 k(d+z)dz \\ &= \frac{1}{2}\rho_w g a^2 \cdot \frac{C}{2}\left(1+\frac{2kd}{\sinh 2kd}\right) \\ &= EnC \end{aligned} \tag{A.107}$$

단,

$$n = \frac{1}{2}\left(1 + \frac{2kd}{\sinh 2kd}\right) \tag{A.108}$$

한편, 파의 군속도 C_g는 그 정의에 따라 $C_g = C + k\partial C/\partial k$이므로, 미소진폭 천해파의 파속의 식(A.53)을 C에 대입하여 계산하면 다음과 같다.

$$C_g = \frac{C}{2}\left(1 + \frac{2kd}{\sinh 2kd}\right) = nC \tag{A.109}$$

에너지 전달식 (A.107)을 파의 군속도식 (A.109)과 비교해보면,

$$W = EC_g \tag{A.110}$$

으로, 즉, 파의 에너지는 군속도로 전파된다는 것을 알 수 있다. 파의 에너지 E에 (A.108)식으로 주어지는 $n(\leq 1)$을 곱한 것이 위상 속도로 전달된다고 생각하는 것도 무방하다. 심해파의 경우에 $n = 1/2$이고, 이에 따라 $C_g = C/2$가 되므로,

$$W = \frac{1}{2}EC \tag{A.111}$$

가 된다. 장파의 경우에는 $n = 1$로 $C_g = C$가 되므로,

표 A.2 파에 관한 기본식(미소진폭파)

변수	장파(극천수파)	천해파(천수파)	심해파(심수파)
$\eta(x,t)$	$a\sin\Theta$	$a\sin\Theta$	$a\sin\Theta$
$\phi(x,z,t)$	$-a\dfrac{g}{\omega}\cos\Theta$	$-a\dfrac{\omega}{k}\dfrac{\cosh k(d+z)}{\sinh kd}\cos\Theta$	$-a\dfrac{\omega}{k}e^{kz}\cos\Theta$
C	$\sqrt{gd}$	$\dfrac{gT}{2\pi}\tanh kd$	$\dfrac{gT}{2\pi}$
C_g	C	$\dfrac{1}{2}C\left(1+\dfrac{2kd}{\sinh kd}\right)$	$\dfrac{1}{2}C$
$u(x,z,t)$	$a\dfrac{gk}{\omega}\sin\Theta$	$a\omega\dfrac{\cosh k(d+z)}{\sinh kd}\sin\Theta$	$a\omega e^{kz}\sin\Theta$
$w(x,z,t)$	0	$-a\omega\dfrac{\sinh k(d+z)}{\sinh kd}\cos\Theta$	$-a\omega e^{kz}\cos\Theta$
$p(x,z,t)$	$\rho_w ga\sin\Theta$	$\rho_w ga\dfrac{\cosh k(d+z)}{\cosh kd}\sin\Theta$	$\rho_w gae^{kz}\sin\Theta$
E	$\dfrac{1}{2}\rho_w ga^2$	$\dfrac{1}{2}\rho_w ga^2$	$\dfrac{1}{2}\rho_w ga^2$
E_k	$\dfrac{1}{2}E$	$\dfrac{1}{2}E$	$\dfrac{1}{2}E$
E_p	$\dfrac{1}{2}E$	$\dfrac{1}{2}E$	$\dfrac{1}{2}E$
W	EC_g	EC_g	EC_g

$$W = EC \tag{A.112}$$

가 된다.

마지막으로 미소진폭파 이론으로 구한 파의 물리량에 관한 표현을 표 A.2에 정리하여 나타내보았다(단, 표면장력의 효과는 무시). 여기에서,

$$\Theta = kx - \omega t, \quad k = \frac{2\pi}{L}, \quad \omega = \frac{2\pi}{T}, \quad C = \frac{\omega}{k} = \frac{L}{T},$$

$$C_g = \frac{d\omega}{dk} = C + k\frac{dC}{dk}, \quad u = \frac{\partial \phi}{\partial x}, \quad w = \frac{\partial \phi}{\partial z}, \quad p = -\rho_w \frac{\partial \phi}{\partial t}$$

이다.

참고도서

일반도서

[1] Cornish, V. : Ocean Waves and Kindred Geophysical Phenomena, Cambridge Univ. Press, 1934. 日高孝次訳 : 海の波, 中央公論社, 1975.

[2] Barber, N.F. : Water Waves, Wykeham Publications, 1969. 高橋毅訳, スクールマスター岡山誠司 : 水の波, 共立出版, 1975.

[3] Bascom, W. : Waves and Beach, Doubleday & Company, 1964. 吉田耕造·内尾高保訳 : 海洋の科学海面と海岸の力学一, 河出書房新社, 1975.

[4] 永田豊 : ハワイの波は南短から一海の波の不思議一, 丸善, 1990.

[5] 光易恒 : 海の波一特性と推算一, 海洋出版, 1977.

전문도서

A. 일반적인 수면파에 관한 도서

[6] Lamb, H. : Hydrodynamics, Cambridge University Press, 1932, Dover Publications, N.Y. (1945), 1st edition, 1879.

[7] Whitham, G.B. : Linear and Nonlinear Waves, Wiley Interscience, 1974.

[8] Lighthill, J. : Waves in Fluid, Cambridge University Press, 1978.

[9] Mei, C.C. : The Applied Dynamics of Ocean Surface Waves, World Scientific Publishing Co., 1989, 1st Printing, Wiley Interscience, 1983.

[10] Crapper, G.D. : Introduction to Water Waves, Ellis Horwood Limited, 1984.

[11] Craik, A.D.D. : Wave Interactions and Fluid Flows, Cambridge University Press, 1985.

[12] Yuen, H.C. and Lake, B.M. : Nonlinear Dynamics of Deep-Water Gravity Waves, in *Advance in Applied Mechanics*, 22, Academic Press, 1982.

[13] 日本流体力学会編 : 流体における波動 (流体力学シリーズ1), 朝倉書庖, 1991.

[14] 井島武士.海岸工学, 朝倉書応, 1970.

[15] 솔리톤 관계 서적

(a) 渡辺慎介 : ソリトン物理入門, 培風館, 1985.

(b) 戸田盛和 : 非線形波動とソリトン, 日本評論社, 1983.

(c) Drazin, P.G. and Johnson, R.S. : Solitons : an Introduction, Cambridge University Press, 1989.

B. 풍파 또는 해양파 관련 서적

[16] Pierson, W.J., Neumann, G. and James, R.W. : Observing and Forecasting Ocean Waves by Means of Wave Spectra and Statistics, *U.S. Naval Oceanogr. Office Pub.*, No. 603, 284pp, 1955, 1960, 1967.

[17] Kinsman, B. : Wind Waves, Prentice Hall, Inc., 1965.

[18] ブレア・キンズマン著, 大久保明, 大久保慧子共訳 : 海洋の風波 (上, 下), 築地書館, 1971, 1972.

[19] 永田豊 : 波浪, 海洋物理III, 海洋科学基礎講座3, 東海大学出版会, 1971.

[20] 富永政英 : 海洋波動-基礎理論と観測成果-, 共立出版, 1976.

[21] Phillips, O.M. : Dynamics of the Upper Ocean, Cambridge University Press, 1st edition 1966, 2nd edition 1977.

[22] LeBlond, P.H. and Mysak, L.A. : Waves in the Ocean, Elsevier, 1978.

[23] The SWAMP Group (24 Authors) : Ocean Wave Modeling, Plenum Press, New York, 1985.

[24] 磯崎一郎：波浪概論, 日本気象協会, 1990.

[25] 首藤伸夫：海の波の水理, 新体系土木工学24, 技報堂, 1981.

[26] 合田良実：港湾構造物の耐波設計, 鹿島出版会, 1982, 1990.

[27] Goda, Y.：Random Sea and Design of Marine Structures, University of Tokyo Press, 1985.

[28] Komen, G.J., Cavaleri, L., Donelan, M., Hasselmann, K., Hasselmann, S. and Janssen, P.A.E.M：Dynamics and Modelling of Ocean Waves, Cambridge University Press, 1994.

[29] 기타

(a) Favre, A. and Hasselmann, K.：Turbulent Fluxes through the Sea Surface, Wave Dynamics and Prediction, Plenum Publishing Co., 1979.

(b) Earle, M.D. and lvlalahoff, A.：Ocean Wave Climate, Plenum Publishing Co., 1979.

(c) Phillips, O.M. and Hasselmann, K.：Wave Dynamics and Radio Probing of the Ocean Surface, Plenum Publishing Co., 1986.

(d) Toba, Y. and Mitsuyasu, H.：The Ocean Surface, Wave Breaking, Turbulent Mixing and Radio Probing, D. Reidel Publishing Co., 1985.

[30] 인공위성을 이용한 해양관측관계 서적

(a) Stewart, R.H.：Method of Satellite Oceanography, University of California Press, 1985.

(b) 杉森康宏：海洋のリモートセンゾング, 共立出版, 1982.

(c) 電気通信学会編：マイクロ波リモートセンシング, コロナ社, 1986.

참고논문

[31] Al'Zanaidi, M.A. and Hui, H.W.：Turbulent air flow over water

waves–Anumerical study, *J. Fluid Mech.*, 48, 225–246, 1984.

[32] Bandou, T., Mitsuyasu, H. and Kusaba, T. : An experimental study on wind waves and low frequency oscillations of water surface, *Report Res. Inst. Appl. Mech.*, Kyushu Univ., 33, 13–32, 1986.

[33] Banner, M.L. : Equilibrium spectra of wind waves, *J. Phys. Oceanogr.*, 20, 966–984, 1990.

[34] Banner, M.L., Jones, I.S.F. and Trinder, J.C. : Wave numbers pectra of short gravity waves, *J. Fluid Mech.*, 198, 321–344, 1989.

[35] Banner, M.L. and Peregrine, D.H. : Wave breaking in deep water, *Ann. Rev. Fluid Mech.*, 25, 373–397, 1993.

[36] Barnett, T.P. and Wilkerson, J.C. : On the generation of ocean wind waves as inferred from airborne radar measurements of fetch–limited spectra, *J. Mar. Res.*, 25, 292–321, 1967.

[37] Barnett, T.P. : On the generation, dissipation and prediction of ocean wind waves, *J. Geophys. Res.*, 73, 513–529, 1968.

[38] Barnett, T.P. and Sutherland, A.J. : A note on an overshoot effect in wind–generated waves, *J. Geophys. Res.*, 73, 6879–85, 1968.

[39] Belcher, S.E. and Hunt, J.C.R. : Turbulent shear flow over slowly moving waves, *J. Fluid Mech.*, 251, 109–148, 1993.

[40] Blackman, R.B. and Tukey, J.W. : The Measurement of Power Spectra, Dover Pub. Inc., 190pp, 1958.

[41] Bretschneider, C.L. : The generation and decay of wind waves in deep water, *Trans.* A.G.U., 33(3), 381–389, 1952.

[42] Bretschneider, C.L. : Revisioni n wave forecasting; deep and shallow water, *Proc. 6th Conf. on Coastal Eng.*, 30–67, 1958.

[43] Bretschneider, C.L. : Wave variability and wave spectra for wind–generated gravity waves, *U.S. Army Corps of Engnrs., Beach*

Erosion Board, Tech. Memo., No.113, 192pp, 1959.

[44] Bretschneider, C.L. : Significant waves and wave spectrum, *Ocean Industry*, Feb., 40−46, 1968.

[45] Bouws, E., Gunther, H., Resenthal, W., Vincent, C.L. : Similarity of the wind wave spectral form, *J. Geophys. Res.*, 90(C1), 975−986, 1985.

[46] Cartwright, D.E. and Longuet−Higgins, M.S. : Statisticaldistribution of the maxima of random function, *Proc. Roy. Soc.* A, 237, 212−232, 1956.

[47] Clancy, R.M., Kaitala, J.E. and Zambresky, L.V. : The Fleet Numerical Oceanography Center Global Spectral Ocean Wave Model, *Bull. Am. Meteorol. Soc.*, 67, 498−512, 1986.

[48] Collins, J.I. : Prediction of shalow water spectra, *J. Geophys. Res.*, 77, 2693−2707, 1972.

[49] Davis, R.E. : On the prediction of the turbulent flow over a wavy boundary, *J. Fluid Mech.*, 52, 287−306, 1972.

[50] Donelan, M.A., Hamilton, J. and Hui, W.H. : Directionals pectra of wind−generated waves, *Phil. Trans. Roy. Soc.*, London, (A)315, 509−562, 1985.

[51] Eckert, C. : The generation of wind waves over a water surface, *J. Appl. Phys.*, 24, 1485−1494, 1953.

[52] Fox, M.J.H. : On the nonlinear transfer of energy in the peak of a gravity wave spectrum−II, *Proc. Roy. Soc.*, A, 348, 467−483, 1976.

[53] Gastel, K. van, Janssen, P.A.E.M. and Komen, G.J. : On phase velocity and growth rate of wind−induced gravity−capillary waves, *J. Fluid Mech.*, 161, 199−216, 1985.

[54] Gelci, R., Cazale, H. and Vassale, J. : Prevision de la houle. La methode des densites spectroangulaires, *Bull. Infor. Comite Centml Oceanogr.* d'Etude Cotes, 9, 416–435, 1957.

[55] Gent, P.R. and Taylor, P.A. : A numerical model of the air flow above water waves, *J. Fluid Mech.*, 77, 105–128, 1976.

[56] 合田良実 : 数値シミュレーションによる波浪の標準スペクトルと統計的性質, 第34回海岸工学講演会論文集, 131–135, 1987.

[57] Golding, B. W. : A wave prediction system for real–times sea state forecasting, *Q. J. R. Meteorol. Soc.*, 109, 393–416, 1983.

[58] Gunther, H., Rosenthal, W., Weare, T. J., Worthington, B. A., Hasselmann, K. and Elwing, J. A. : A hybrid parametrical wave prediction model, *J. Geophys. Res.*, 84, 5727–5738, 1979.

[59] 橋本典明 : 海洋波の方向スペクトルの推定法に関する研究, 港湾技研資料, No.722, 1–118, 1992.

[60] Hasselmann, K. : Grundgleichungen der Seegangsvoraussage, *Schiffstechnik*, 7, 191–195, 1960.

[61] Hasselmann, K. : On the non–linear energy transfer in a gravity wave spectrum Part 1, *J. Fluid Mech.*, 12, 481–500, 1962.

[62] Hasselmann, K. : On the non–linear energy transfer in a gravity wave spectrum Part 2, *J. Fluid Mech.*, 1 5, 273–281, Part 3, Ibid., 15, 385–398, 1963.

[63] Hasselmann, K. : Weak interaction theory of ocean surface waves, in *Basic Developments in Fluid Mechanics* (ed. M. Holt), 2, 117–182, Academic, 1968.

[64] Hasselmann, K. : On the spectral dissipation of ocean waves due to white capping, *Boundary Layer Meteor.*, 6, 107–127, 1974.

[65] Hasselmann, K. and Collins, J. I. : Spatial dissipation of finite–

depth gravity waves due to turbulent bottom friction, *J. Mar. Res.*, 26, 1-12, 1968.

[66] Hasselmann, K. and 15 authors : Measurements of wind wave growth and swell decay during the Joint North Sea Wave Project (JONSWAP), *Dt. Hydrogr. Z.*, A8(12), 95pp, 1973.

[67] Hasselmann, D. E., Dunkel, M. and Ewing, J. A. : Directional wave spectra observed during JONSWAP 1973, *J. Phys. Oceanogr.*, 10, 1264-80, 1980.

[68] Hasselmann, S. and Hasselmann, K. : A symmetrical method of computing the nonlinear transfer in a g ravity-wave spectrum, *Hamb. Geophys. Einzelschriften, Reihe A : Wiss. Abhand.*, 52, 138pp, 1981.

[69] Hasselmann, S. and Hasselmann, K. : Computations and parameterizations of the nonlinear energy transfer in a gravity-wave spectrum Part I : A new method for efficient computations of the exact nonlinear transfer integral, *J. Phys. Oceanogr.*, 15, 1369-1377, 1985.

[70] Hasselmann, S., H asselmann, K., Allender, J. H. and Barnett, T. P. : Computations and parameterizations of the nonlinear energy transfer in a gravity-waves pectrum Part II : Parameterizations of the nonlinear energy transfer for application in wave models, *J. Phys. Oceanogr.*, 15, 1378-1391, 1985.

[71] Honda, T. and Mitsuyasu, H. : The statistical distributions for elevation, velocity and acceleration of the surface of wind waves, *J. Oceanogr. Soc. Japan*, 31, 93-104, 1975.

[72] 本多忠夫, 光易恒 : 外洋波の波高と周期の結合確率分布について, 第25回海岸工学講演会論文集, 75-79, 1978.

[73] Hsiao, S. V. and Shemdin, O. H. : Measurements of wind velocity and pressure with a wave follower during MARSEN, *J. Geophys. Res.*, 88(C14), 9841–9849, 1983.

[74] Inoue, T. : On the growth of the spectrum of a wind–generated sea according to a modified Miles–Phillips mechanism and its application to wave forecasting, *N. Y. U., Geophys. Sci. Lab. Rep*, No.TR67–5, 7 4pp, 1967.

[75] Isozaki, I. and Uji, T. : Numerical prediction of ocean wind waves, *Paper Meteorol. Geophys.*, 24, 207–231, 1973.

[76] Janssen, P. A. E. M., Komen, G. J. and de Voogt, W. J. P. : An operational coupled hybrid wave prediction model, *J. Geohys. Res.*, 89(C3), 3635–3654, 1984.

[77] Jeffreys, H. : On the formation of waves by wind, *Proc. Roy. Soc.*, A, 107, 189–206, 1924.

[78] Jeffreys, H. : On the formation of waves by wind, II, *Proc. Roy. Soc.*, A, 110, 341–347, 1925.

[79] Joseph, P. S., Kawai, S. and Toba, Y. : Ocean wave prediction by a hybrid m odel–Combination of single–parameterized wind waves with spectrally treated swells, *Sci. Rep. Tohoku Univ.*, Ser. 5, (*Tohoku Geo. phys. J.*), 28, 27–45, 1981.

[80] Kahma, K. K. and Donelan, M. A. : A laboratory study of the minimum wind speed for wind wave generation, *J. Fluid Mech.*, 192, 339–364, 1988.

[81] Kawai, S. : Generation of initial wavelets by instability of a coupled shear flow and their evolution to wind waves, *J. Fluid Mech.*, 93, 661–703, 1979.

[82] Kawai, S., Joseph, P. S. and Toba, Y. : Precliction of ocean waves

based on the single-parameter growth equation of wind waves, *J. Oceanogr. Soc. Japan*, 35, 151-167, 1979.

[83] Kitaigorodskii, S. A. : Applications of the similarity to the analysis of wind-generated wave motion as a stochastic process. Izv., *Geophys. Ser. Acad. Sci., USSR*, 1, 105-117, 1962.

[84] Komen, G. J., Hasselmann, S. and Hasselmann, K. : On the existence of a fully developed wind sea spectrum, *J. Phys. Oceanogr.*, 14, 1271-1285, 1984.

[85] Kondou, J., Fujinawa, Y. and Naitou, G. : High frequency components of ocean waves and their relation to the aerodynamic roughness, *J. Phys. Oceanogr.*, 3, 197-202, 1973.

[86] Kusaba, T. and Masuda, A. : The wind-wave spectra based on the hypothesis of local equilibrium, *J. Oceanogr. Soc. Japan*, 45, 1, 45-64, 1989.

[87] 草場忠夫, 増田章, 丸林賢次, 石橋道芳, 光易恒 : 局所平衡仮説に基く風波のスペクトル, 応用力学研究所所報, 67, 69-103, 1989.

[88] Lazanoff, S. M. and Stevenson, N. M. : An evaluation of a hemispheric operational wave spectral m odel, *Fleet Numerical Weather Center Tech.*, Note 75-3, 1975.

[89] Lleonart, G. T. and Blackman, D. R. : The spectral characteristics of wind generated capillary waves, *J. Fluid Mech.*, 97, 455-479, 1980.

[90] Lock, R. C. : Hydrodynamic stability of the flow in the laminar boundary layer between parallel streams, *Proc. Camb. Phil. Soc.*, 50, 105-124, 1954.

[91] Long, R .B. : Scattering of surface waves by an irregular bottom, *J. Geophys. Res.*, 78, 7861-7870, 1973.

[92] Longuet-Higgins, M. S. : On the statistical distribution of the height of sea waves, *J. Mar. Res.*, 11, 245-266, 1952.

[93] Longuet-Higgins, M. S. : The statistical analysis of a random moving surface, *Phil. Trans. Roy. Soc.*, London, A(966), 249, 321-387, 1957.

[94] Longuet-Higgins, M. S. : The effect of nonlinearities on the statistical distributions in the theory of sea waves, *J. Fluid Mech.*, 17, 459-480, 1963.

[95] Longuet-Higgins, M. S. : On the joint distribution of the periods and amplitudes of sea waves, *J. Geophys. Res.*, 80, 2688-2694, 1975.

[96] Longuet-Higgins, M. S. : On the nonlinear transfer of energy in the peak of a gravity-wave spectrum a simplified model, *Proc. Roy. Soc.*, A, 347, 311-328, 1976.

[97] Longuet-Higgins, M. S. : On the joint distribution of the periods and amplitudes in a random wave field, *Proc. Roy. Soc.*, London, (A)389, 241-258, 1983.

[98] Longuet-Higgins, M. S., Cartwright, D. E. and Smith, N. D. : Observations of the directional spectrum of sea waves using a floating buoy, in *Ocean Wave Spectra*, Englewood Cliffs N. J., Prentice-Hall Inc., 111-132, 1961.

[99] Masuda, A., Kuo, Yi-Yu, Mitsuyasu, H. : On the dispersion relation of random gravity waves, Part 1, Theoretical framework, *J. Fluid Mech.*, 92, 717-730, 1979.

[100] Masuda, A. : Nonlinear energy transfer between wind waves, *J. Phys. Oceanogr.*, 10, 2082-2092, 1980.

[101] Melville, W.K. and Rapp, R.J. : Momentum flux in breaking waves,

Nature, 317, 514–516, 1985.

[102] Miles, J.W. : On the generation of surface waves by shear flow, *J. Fluid Mech.*, 3, 185–204, 1957.

[103] Miles, J.W. : On the generation of surface waves by tmbulent shear flow, *J. Fluid Mech.*, 7, 469–478, 1960.

[104] Miles, J.W. : Surface–wave generation revisited, *J. Fluid Mech.*, 256, 427–441, 1993.

[105] Mitsuyasu, H. : A note on the nonlinear energy transfer in the spectrum of wind–generated waves, *Rept. Res. Inst. Appl. Mech., Kyushu Univ.*, 16, 251–264, 1968.

[106] Mitsuyasu, H. : On the growth of the spectrum of wind–generated waves 1, Rept. *Res. Inst. Appl. Mech., Kyushu Univ.*, 16, 459–465, 1968.

[107] Mitsuyasu, H. : On the growth of the spectrum of wind–generated waves II, *Rept. Res. Inst. Appl. Mech., Kyushu Univ.*, 17, 235–243, 1969.

[108] Mitsuyasu, H. : On the form of fetch–limited wave spectrum, *Coastal Engineering in Japan*, 14, 7–14, 1971.

[109] Mitsuyasu, H. : Recent studies on ocean wave spectra, in *Theoretical and Applied Mechanics* (eds. F.I. Niordson and N. Olhoff), North–Holland, 249–261, 1985.

[110] Mitsuyasu, H. : A note on the momentum transfer from wind to waves, *J. Geophys. Res.*, 90C2, 3343–3345, 1985.

[111] Mitsuyasu, H. and Honda, T. : The high frequency spectrum of wind–generated waves, *J. Oceanogr. Soc. Japan*, 30, 185–198, 1974.

[112] Mitsuyasu, H., Tasai, F., Suhara, T., Mizuno, S., Ohkusu, M.,

Honda, T. and Rikiishi, K. : Observation of the directional spectrum of ocean waves using a clover-leaf buoy, *J. Phys. Oceanogr.*, 5, 750-760, 1975.

[113] Mitsuyasu, H., Tasai, F., Suhara, T., Mizuno, S., Ohkusu, M., Honda, T. and Rikiishi, K. : Observation of the power spectrum of ocean waves using a clover-leaf buoy, *J. Phys. Oceanogr.*, 10, 286-296, 1980.

[114] Mitsuyasu, H. and Rikiishi, K. : The growth of duration-limited wind waves, *J. Fluid Mech.*, 85, 705-730, 1978.

[115] Mitsuyasu, H. and Honda, T. : Wind-induced growth of water waves, *J. Fluid Mech.*, 123, 425-442, 1982.

[116] Mitsuyasu, H. and Kusaba, T. : On the relation between the growth rate of water waves and wind speed, *J. Oceanogr. Soc. Japan*, 44, 136-142, 1988.

[117] Mitsuyasu, H. and Uji, T. : A comparison of observed and calculated directional waves pectra in the East China Sea, *J. Oceanogr. Soc. Japan*, 45, 338-349, 1989.

[118] Mitsuyasu, H., Kusaba, T., Marubayashi, K. and Ishibashi, M. : The microwave back scattering from wind waves, *Proc. PORSEC-'92 in Okinawa*, 1, 381-386, 1992.

[119] 光易恒 : 水面波の砕波と海洋におけるその役割, 九州大学応用力学研究所所報, 65, 17-32, 1987.

[120] 光易恒 : 波浪惟算-数値モデルならびに関連した物理-, 土木学会論文集II, No.423/II-14, 1-13, 1990.

[121] 光易恒, 問才福造, 柏原寿郎, 水野信二郎, 大楠丹, 本多忠夫, 力石園男, 高木幹雄, 肥山央 : 海洋波の計測法の開発研究(1), 九州大学応用力学研究所所報, 39, 105-181, 1973.

[122] 光易恒, 丸林賢次, 石橋道芳, 草場忠夫：風波によるマイクロ波の散乱特性(1), 九州大学応用力学研究所所報, 67, 21−38, 1989.

[123] 光易恒, 吉田賀一：風に逆行するうねりが存在する海面における大気海洋相互作用, 九州大学応用力学研究所所報, 68, 47−71, 1989.

[124] 光易恒, 草場忠夫：大気海洋間の運動量交換について, 海洋, No.3, 10−16, 1990.

[125] Mizuno, S.：Pressure measurements above mechanicaly generated water waves(1), *Rept. Res. Inst. Appl. Mech., Kyushu Univ.*, XXIII, 113−129, 1976.

[126] Mognard, N.M., Campbel, W.J., Cheney, R.E. and Marsh, J.G.：Southern ocean mean monthly waves and surface winds for winter 1978 by SEASAT radar altimeter, *J. Geophys. Res.*, 88, 1736−1744, 1983.

[127] Motzfeld, H.：Die turbulente Stromung an welligen Wanden, *Z. Angew. Math. Mech.*, 17, 193−212, 1935.

[128] Nagata, Y.：The statistical properties of orbital wave motions and their application for the measurement of directional wave spectra, *J. Oceanogr. Soc. Japan*, 19(4), 169−181, 1964.

[129] Neumann, G.：On ocean wave spectra and a new method of forecasting wind-generated sea, *Beach Erosion Board, Tech. Memo.*, No.43, 42pp, 1953.

[130] Phillips, O.M.：On the generation of waves by turbulent wind, *J. Fluid Mech.*, 2, 417−445, 1957.

[131] Phillips, O.M.：The equilibrium range in the spectrum of wind-generated ocean waves, *J. Fluid Mech.*, 4, 426−434, 1958.

[132] Phillips, O.M.：The Dynamics of the Upper Ocean, Cambridge University Press, 1st edition 1966, 2nd edition 1977.

[133] Philips, O.M. : Spectral and statistical properties of the equilibrium range of wind-generated gravity waves, *J. Fluid Mech.*, 156, 505-, 1985.

[134] Pierson, W.J. : Aunified mathematical theory for the analysis, propagation and refraction of storm generated ocean surface waves, Parts I and II, N.Y.U., Coll. of Eng., Res. Div., *Dept. Meteorol. and Oceanogr.*, 461pp, 1953.

[135] Pierson, W.J. and Moskowitz, L. : A proposed spectral form for fully developed wind seas based on the similarity theory of S.A. Kitaigorodskii, *J. Geophys. Res.*, 69, 5181-5190, 1964.

[136] Plant, W.J. : A relationship between wind stress and wave slope, *J. Geophys Res.*, 87, 1961-1967, 1982.

[137] Putnum, J.A. : Loss of wave energy due to percolation in a permeable sea bottom, *Trans. AGU*, 30, 349-356, 1949.

[138] Ramamonjiarisoa, A., Baldy, S. and Choi, I. : Laboratory studies on wind wave generation, amplification and evolution, in *Turbulent Fluxes through the Sea Surface, Wave Dynamics and Prediction* (eds. A. Favre and K. Hasselmann), Plenum Press, 403-420, 1978.

[139] Rice, S.O. : Mathematical analysis of random noise, *Reprint in Selected Papers on Noise and Stochastic Proceses*, Dover Pub. Inc., 133-294, 1944.

[140] Sel, W. and Hasselmann, K. : Computation of nonlinear energy transfer for JONSWAP and empirical wind waves pectra, *Rep. Inst. Geophys., Univ. Hamburg*, 1-6, 1972.

[141] Sanders, J.W. : A growth-stage scaling model for the wind-driven sea, *Dt. Hydrogr. Z.*, 29, 136-161, 1976.

[142] Shemdim, O., Hasselmann, K., Hsiao, S.V. and Herterich, K. :

Nonlinear and linear bottom interaction effects in shallow water, in *Turbulent Fluxes through the Sea Surface, Wave Dynamics and Prediction* (eds. A. Favre and K. Hasselmann), Plenum Press, 647–665, 1978.

[143] Snyder, R.L. and Cox, C.S. : A field study of the wind generation of ocean waves, *J. Mar. Res.*, 24, 141–178, 1966.

[144] Snyder, R.L., Dobson, F.W., Elliott, J.A. and Long, R.B. : Array measurements of atmospheric pressure fluctuations above surface gravity waves, *J. Fluid Mech.*, 102, 1–59, 1981.

[145] Sverdrup, H.U. and Munk, W.H. : Wind sea and swell Theory of relation for forecasting, *U.S. Navy Hydrogr. Office, Washington*, No.601, 44pp, 1947.

[146] The SWAMP Group (24 authors) : Ocean Wave Modeling, Plenum Press, New York, 256pp, 1985.

[147] The SWIM Group (9 authors) : A shalow water intercomparison of three numerical wave prediction models (SWIM), *Q. J. R. Met. Soc.*, 111, 1087–1112, 1985.

[148] The WAMDI Group (13 authors) : The WAM model–A third generation ocean wave prediction model, *J. Phys. Oceanogr.*, 18, 1775–1810, 1988.

[149] Toba, Y. : Local balance in the air–sea boundary processes I, On the growth process of wind waves, *J. Oceanogr. Soc. Japan*, 28, 109–120, 1972.

[150] Toba, Y. : Local balance in the air–sea boundary processes III, On the spectrum of wind waves, *J. Oceanogr. Soc. Japan*, 29, 209–220, 1973.

[151] Toba, Y. : Stochastic form of the growth of wind waves in a single

parameter representation with physical implications, *J. Phys. Oceanogr.*, 8, 566–592, 1978.

[152] Townsent, A.A. : Flow in a deep turbulent boundary–layer over a surface distorted by water waves, *J. Fluid Mech.*, 55, 719–735, 1972.

[153] Tsuruya, H. : Experimental study on the wave decay in an opposing wind, *Coastal Eng. in Japan*, 30, No.2, 25–43, 1988.

[154] 土屋義人, 山口正隆, 平口博丸 : 日本海における季節風時の波浪予知(2)–波浪の数値予知–, 京都大学防災研究所年報, 第26号, B–2, 599–635, 1983.

[155] Uji, T. : Numerical estimation of sea wave in a typhoon area, *Rep. Meteorol. Geophys.*, 26, 199–217, 1975.

[156] Uji, T. : A coupled discrete wave model MRI–II, *J. Oceanogr. Soc. Japan*, 40, 303–313, 1984.

[157] Ursel, F. : Wave Generation by Wind, in *Survey in Mechanics*, Cambridge University Press, 216–249, 1956.

[158] Valenzuela, G.R. : The growth of gravity–capillary waves in a coupled shear flow, *J. Fluid Mech.*, 76, 229–250, 1976.

[159] Walsh, E.J., Hancock, D.W., Hines, D.E., Swift, R.N. and Scott, J.F. : Directional wave spectra measured with the surface contour radar, *J. Phys. Oceanogr.*, 15, 566–592, 1985.

[160] Wilson, B.W. : Deep water wave generation by moving wind system, *Proc. ASCE*, 87(WW2), 113–141, 1961.

[161] Wilson, B.W. : Numerical prediction of Ocean waves in the North Atlantic for December, 1959, *Dt. Hydrogr. Z.*, 18, 114–130, 1965.

[162] Wuest, W. : Beitrag zur Entstehung von Wasserwellen durch Wind, *Z. Angew. Math. Mech.*, 29, 239–252, 1947.

[163] 山口正隆 : 波浪推算法とその適用性, 水工学シリーズ, 85–B–2, 土木学会水理

委員会, 20pp, 1985.

[164] 山口正隆, 畑田佳男, 細野浩司, 日野幹雄：エネルギー平衡方程式に基づく浅海波浪の数値モデルについて, 第31回海岸工学講演会論文集, 123-127, 1984.

[165] 山口正隆, 畑田佳男, 小淵恵一郎, 日野幹雄：波浪推算に基づくわが国太平洋岸の台風発生最大波高の地域分布の推定, 土木学会論文集, 381/II-7, 131-140, 1987.

[166] 山口正隆, 畑田佳男, 日野幹雄, 小倒恵一郎：エネルギー平衡方程式に基づく浅海波浪推算モデルの適用性について, 土木学会論文集, 369/II-5, 233-242, 1986.

[167] 山口正隆, 畑田佳男, 宇都宮好博：一地点を対象とした浅海波浪推算モデルとその適用性, 土木学会論文集, 381/II-7, 151-160, 1987.

[168] Young, I.R. and Sobey, R.J. : Measurements of the wind-wave energy flux in an opposing wind, *J. Fluid Mech.*, 151, 427-442, 1985.

[169] Yamamoto, T. : Ocean wave spectrum transformations due to sea-seabed interaction, *Proc. Offshore Technol. Conf.*, 13th Houston, 249-258, 1981

추 기

[170] Barnett, T.P. and Kenyon, K. E. : Recent advances in thes tudy of wind waves, *Rep. Prog. Phys.*, 3338, 667-729, 1975.

[171] Sobey, R.J. : Wind-wave prediction, in *Ann. Rev. Fluid Mech.*, 18, 149-172, 1986.

찾아보기

기타